卫星激光通信总体技术

General Technology of Satellite Laser Communications

程洪玮　佟首峰　张　鹏　陈二虎　何清举　编著

科学出版社

北　京

内 容 简 介

全书共 10 章。第 1 章为绪论，主要阐述卫星通信技术现状，卫星激光通信的特点、性能、研究意义与应用潜力；第 2 章重点归纳及总结国外卫星激光通信发展历程，以及卫星激光通信国内外发展现状及趋势；第 3 章重点阐述天基信息系统传输需求分析；第 4 章重点对卫星激光通信系统组成、种类、特殊设计进行阐述；第 5 章分析卫星激光通信系统外界约束环境；第 6 章在第 5 章的基础上重点讲述链路特性中捕获链路和跟踪链路功率分析；第 7 章主要阐述卫星激光通信系统指标体系；第 8 章介绍卫星激光通信有效载荷各个分系统；第 9 章介绍激光通信有效载荷与卫星平台适配技术；第 10 章介绍激光通信有效载荷环境及环境适应性技术。

本书可供从事空间激光通信研发的科技人员参考，也可作为高等院校光学、光学工程、光电信息科学与工程、通信工程及其相关专业的本科生和研究生学习专业知识的辅导材料、参考书。

图书在版编目(CIP)数据

卫星激光通信总体技术/程洪玮等编著. —北京：科学出版社，2020.8
ISBN 978-7-03-065986-6

I.①卫… Ⅱ.①程… Ⅲ.①卫星通信–激光通信 Ⅳ.①TN927
②TN929.1

中国版本图书馆 CIP 数据核字(2020) 第 164614 号

责任编辑：周 涵 郭学雯/责任校对：彭珍珍
责任印制：赵 博/封面设计：无极书装

科 学 出 版 社 出版
北京东黄城根北街 16 号
邮政编码：100717
http://www.sciencep.com

涿州市般润文化传播有限公司印刷
科学出版社发行 各地新华书店经销
*
2020 年 8 月第 一 版 开本：720×1000 1/16
2024 年 4 月第三次印刷 印张：16 插页：4
字数：323 000
定价：128.00 元
(如有印装质量问题，我社负责调换)

前　言

自由空间光通信既具有信道容量大、抗干扰能力强、保密性好、无须频谱许可证等优点，又无须铺设通信线缆且安装维护便捷，所以自由空间光通信是未来信息领域的发展趋势。经过近 30 年的快速发展，以美国、德国、日本等为代表的国家先后攻关了系统的诸多关键技术，研制了多种平台的原理样机，并成功开展了多个链路的演示验证，而且在不断提高系统的工程性能和应用可行性的同时，系统的主要性能指标也在不断提高。此领域所取得的科研成就也促进和推动了相关技术和学科的快速发展，使空间光通信技术成为适应信息社会需求而迅速发展的光电技术领域中的一门新兴交叉学科。

本书的内容主要建立在北京跟踪与通信技术研究所及长春理工大学空间光电技术研究所科研团队长期从事卫星激光通信规划、顶层设计、空间激光通信理论探索、项目研究与研究生教学的基础上，对快速发展的激光通信技术和复杂的空间激光通信系统进行调研、归纳、分析和总结，不仅突出卫星激光通信总体技术，而且全面阐述空间激光通信最新的发展动态与趋势、激光通信链路特性及载荷特性。本书不仅直接面向从事空间激光通信研发的科技人员，而且可为通信工程、光电工程及其相关专业的研究生或高年级本科生提供参考。

全书共 10 章。第 1 章为绪论，主要阐述卫星通信技术现状，卫星激光通信的特点、性能、研究意义与应用潜力，使读者对空间激光通信技术有一个宏观和大致了解；第 2 章重点归纳及总结国外卫星激光通信发展历程，给出未来几年国际空间激光通信系统的发展规划，介绍卫星激光通信国内外发展现状，总结发展趋势；第 3 章重点阐述天基信息系统传输需求分析，针对现有高速传输、宽覆盖传输、实时传输的要求进行分析；第 4 章重点对卫星激光通信系统组成、种类、特殊设计进行阐述，包括中继卫星激光通信载荷子系统、LEO 卫星激光通信子系统、航空/临近空间激光通信子系统等；第 5 章分析卫星激光通信系统外界约束环境，重点阐述卫星激光通信链路特性、运动特性、信道特性、背景光特性；第 6 章在第 5 章的基础上重点讲述链路特性中捕获链路和跟踪链路功率分析，包括 GEO-GEO/GEO-LEO 等不同链路特性分析；第 7 章主要阐述卫星激光通信系统指标体系，具体从系统总体指标、捕获性能指标、跟踪性能指标、通信性能指标进行分析；第 8 章介绍卫星激光通信有效载荷各个分系统，重点介绍通信分系统、捕跟分系统、光学分系统；第 9 章介绍激光通信有效载荷与卫星平台适配技术，在介绍卫星姿态控制、平台振动、谐振频率、反作用力矩的基础上，提出了相关匹配技术与措施；第 10 章介绍激光通信有效载荷环境及环境适应性技术，针对空间粒子辐射环境、空间真空环境、空间太阳辐照环境、空间原子氧环境、空间光污染环境进行分析并给出了相关环境适应性技术。

　　本书由北京跟踪与通信技术研究所和长春理工大学空间光电技术研究所的科研人员集体创作而成。由程洪玮、佟首峰、张鹏、陈二虎、何清举编著；范雯琦、张肃、韩成、李晓燕、刘鹏、李小明、张雷、于笑楠参与了部分内容的编写。在文字录入、图表绘制和计算机仿真等工作中得到了苏熠伟、宫喜宇、魏佳、何爽的协助。在此，编著者向他们表示衷心的感谢。姜会林院士在百忙之中为本书审阅，对此表示最诚挚的谢意。

　　卫星激光通信涉及光学、通信、光电子与控制等多学科领域的基础理论和专业知识，而且发展日新月异，由于作者学识有限，书中不妥之处在所难免，敬请广大读者提出宝贵意见。

作　者

2020 年 1 月

目　　录

第1章 绪 论

1.1 卫星通信技术现状

1.1.1 卫星通信的特点

卫星通信是利用人造地球卫星作为中继站转发或反射信号,在卫星通信地球站之间或地球站与航天器之间进行的通信。与地面无线通信和光纤、电缆等有线通信手段相比,卫星通信具有以下特点。

(1) 覆盖面积大、通信距离远,通信成本与通信距离无关。通信卫星所处位置高,可实现大面积覆盖。一颗地球静止轨道通信卫星即可覆盖地球表面 42% 以上的面积;在地球静止轨道均匀布置 3 颗通信卫星,就可以实现除两极附近地区以外的全球连续通信;单星覆盖区域内,任意两个地球站均可通过卫星进行通信,通信成本与距离无关,而且地球站的架设成本也不因通信站之间的自然条件恶劣程度而变化。在远距离通信上,卫星通信相对于微波中继、电缆、光纤及短波无线通信具有明显的优势。

(2) 组网方式灵活,具有多址连接能力,支持复杂的网络构成。卫星通信方式灵活多样,可以实现点对点,一点对多点,多点对一点和多点对多点等通信方式。多个地球站通过通信卫星相连,就可以实现灵活组网,支持干线传输、电视广播、新闻采集、企业网通信等多种服务。

(3) 安全可靠,对地面基础设备依赖程度低。卫星通信系统整个通信链路的环节少,无线信号主要在自由空间中传播,链路的稳定性和可靠性较高。同时,通信卫星位置较高,受地面条件限制少,在发生自然灾害和战争的情况下,卫星通信是安全可靠的通信手段,有时是唯一有效的应急通信手段。

(4) 具有大范围机动性。卫星通信系统的建立不受地理条件限制,地面站可建在偏远地区,如海岛、大山、沙漠、丛林等地形地貌复杂区域,也可以装载于汽车、飞机和舰船上;既可以在静止时通信,也可以在移动中通信。这对真正实现在任何时间、任何地点都能便捷地获得和交流信息至关重要。因此,卫星通信在军事领域有着广泛的应用。

同时,卫星通信也存在一定的局限性。例如,卫星通信系统建设的一次性投入费用较高,而且由于卫星在轨运行期间难以进行检修和维护,因此对卫星的高可靠和长寿命技术要求高;此外,由于通信传输距离远,信号传输时延大,卫星通信较难支持对时间敏感的业务。

1.1.2   卫星射频通信现状

1958 年，美国发射了"斯科尔"(Score) 卫星，全球首次通过人造地球卫星实现了语音通信。在此后半个多世纪里，通信卫星从技术试验到商业应用，从自旋稳定到三轴稳定，从透明转发到星上处理，技术水平取得了长足的进步。纵观 50 余年的发展历程，通信卫星在不同时期呈现出了不同的发展特点。

20 世纪 60 年代，通信卫星发展处于起步阶段，以技术试验为主，并逐渐向实用化过渡。美国相继发射了"回声"(Echo)、"电星"(Telstar)、"辛康"(Syncom)等卫星，用于无源和有源技术验证，为通信卫星的未来发展奠定了基础。1962 年，美国发射了"电星-1"卫星，首次实现了跨洋卫星通信；1964 年发射的"辛康-3"卫星成为全球首颗地球静止轨道通信卫星。1965 年，国际通信卫星组织的首颗卫星——"国际通信卫星-1"(Intelsat-1) 成功发射，成为全球首颗实用通信卫星，标志着通信卫星进入实用化阶段。在这一时期，美国和苏联开始部署应用首批军用通信卫星。美国部署了第一代国防卫星通信系统 (DSCS)，又称初级国防通信卫星计划(IDCSP)；苏联发展了大椭圆轨道的"闪电"(Molniya) 系列军民两用卫星和低地球轨道 (LEO) 的"天箭座"(Strela) 军用卫星。总体来看，这个时期的通信卫星多采用自旋稳定方式，能力非常有限。

20 世纪 70 年代，通信卫星向商业化快速发展，成为跨洋通信 (语音和数据传输) 和电视广播的常规手段，一些国家和地区成立了运营通信卫星的商业公司或组织。1972 年，加拿大拥有了全球第一颗国内通信卫星——"阿尼克"(ANIK)卫星。1974 年，美国也出现了第一颗国内商用通信卫星——"西联"(Westar) 卫星。1976 年，苏联发展了世界上首个用于直播到户电视广播的卫星系列——"荧光屏"(Ekran)。这个时期，商业通信卫星的技术水平有所提高，但仍以自旋稳定为主，可支持 1000 多路语音和几路电视信号的传输。在军事通信卫星领域，三轴稳定方式得到广泛使用，提供的业务类型不断增加。美国开始部署第二代国防卫星通信，发展了军用数据中继卫星——卫星数据系统 (SDS) 和军用移动通信卫星——舰队卫星通信 (FLTSATCOM) 系统等；苏联发展了首个地球静止轨道军民两用通信卫星系列——"虹"(Raduga) 卫星。

20 世纪 80 年代是通信卫星技术快速进步和广泛应用的时期。欧洲、日本、中国、印度等多个国家和地区纷纷大力发展本国 (地区) 的实用通信卫星；欧洲通信卫星公司、阿拉伯卫星通信组织、国际海事卫星组织等一大批国际运营商蓬勃涌现。这个时期的通信卫星广泛采用三轴稳定和太阳翼技术，整星尺寸、质量、功率得到极大提高；点波束和双极化技术也得到了广泛应用，卫星可支持上万路的语音传输。美国和苏联相继建立民用数据中继卫星系统。在军用通信卫星领域，美国发

展了租赁卫星 (Leasat)，进一步提高了战术卫星移动通信能力，促使军用通信卫星从战略应用向战术应用转型；苏联发展了"急流"(Potok) 军用数据中继卫星等。

20 世纪 90 年代，通信卫星在原有业务的基础上，开始向移动通信和数字电视直播方向发展，军用通信卫星宽带、窄带、防护三大体系初步形成。这一时期移动通信卫星系统逐渐发展起来；国际海事卫星组织利用静止轨道卫星提供覆盖全球的移动通信业务，并将该业务范围逐步扩展到地面和航空领域；美国先后发展了铱星 (Iridium)、全球星 (Globalstar) 和轨道通信卫星 (Orbcomm) 三大低轨通信卫星星座，提供手持移动语音通信业务。全球甚小口径终端 (VSAT) 系统应用大幅度增长，直播到户系统在亚洲和欧洲发展壮大。随着通信卫星技术的不断成熟，为缩短研制周期，降低研制成本，通信卫星采用模块化的发展思路，形成了可以满足多种任务的卫星公用平台系列，极大地推动了通信卫星产业化进程。

进入 21 世纪以来，人们对大容量、高速率的要求越来越高，通信卫星也呈现出向高功率、长寿命、高可靠的大型静止轨道通信卫星发展的趋势，军用通信卫星在信息化作战背景下开始向网络化转型。多种有效载荷技术广泛应用，星上处理能力逐步提高，多点波束技术、星载大天线技术和频率复用技术的广泛应用极大地提升了卫星通信容量。2011 年，美国发射"卫讯-1"(ViaSat-1) 卫星，整星的吞吐量高达 140Gbit/s。在军用通信卫星领域，三大体系更新换代，大幅度提升了整星性能和网络化能力。从通信卫星有效载荷承载能力来看，整星质量 6t 以上、整星功率 15~20kW 的大型通信卫星越来越多。

未来，通信卫星的发展将朝着构筑太空信息高速公路方向发展，向高速率、宽带、多媒体因特网的目标不断迈进。

1.2 激光通信与微波通信性能对比

目前卫星通信主要采用微波通信方式，但是微波的波长较长，天线尺寸较大，从而系统的体积和质量大，功耗较高。随着数据容量的不断增大，这种不足更为明显。为了解决卫星通信的瓶颈，各国将星间通信的研究转向了光波段。具体来说，对于微波，使用激光进行卫星通信具有以下优点。

1. 高调制带宽

光的波长 λ 和频率 f 之间的关系为

$$\lambda \cdot f = c$$

其中，c 是光速，在真空中 $c_0 \approx 3 \times 10^8 \text{m/s}$；$\lambda$ 为 0.1~10μm。

激光的波长很短，所以激光载波的频率很高，它的频带宽度大概是微波带宽的万倍左右。激光波长短，一般用于通信的半导体激光器 (LD) 的工作波长为 $0.8\sim0.9\mu m$, $1.3\mu m$ 和 $1.55\mu m$, 频率高达 THz 以上，可利用带宽是微波的 10^3 倍以上，因此激光通信容量可以显著增大。目前星间光通信已经在研制 10Gbit/s 以上的系统。

2. 光学增益

较小的发射功率需求。天线增益与束散角的平方成反比。准直后的半导体激光器发散角远小于微波的束散角，所以星间光通信的天线增益远大于微波通信。在通信距离相同的情况下，星间光通信可用较小的发射功率来实现卫星通信。如公式 (1.1) 所述，增益与束散角的平方成反比：

$$\frac{\mathrm{Gain(optical)}}{\mathrm{Gain(RF)}} = \frac{4\pi/\theta^2_{\mathrm{div(optical)}}}{4\pi/\theta^2_{\mathrm{div(RF)}}} \tag{1.1}$$

其中，$\theta_{\mathrm{div(optical)}}$ 和 $\theta_{\mathrm{div(RF)}}$ 分别是光学束散角和微波束散角。

在相同的天线系统口径 D 条件下，光通信具备更小的衍射极限角发射能力。例如，美国国家航空航天局 (NASA) 的空间激光通信，采用直径为 250mm 的卡塞格林望远镜，衍射极限角为 $8\mu rad$。如果要使 $\lambda = 2cm$ 的 Ka 波段微波束质量达到同等水平，其天线口径至少要 1000m 以上，这显然是不现实的。实际卫星上的抛物面天线口径为 1m 左右，远场发散角大于 10mrad，发散角的差别导致经过空间传输后电磁能量的利用率将不同。

对于通信接收端，其光学增益可理解为大口径光学系统接收的光功率与等效于艾里斑尺寸的探测器直接接收的光功率的倍数。

由此可见，正是利用光通信具有较高的光学增益特性，实现近衍射极限角发射，进而减小自由空间损耗，可以极大增加接收端的功率密度，为降低通信发射的功率或增加通信距离创造条件，这是空间激光通信具有远距离、实现轻小型化能力的技术基础。

3. 低功耗和低质量

光学通信具有较小的收发天线和系统结构。工作波长越短，所需的收发天线口径就越小。激光通信的工作波长比微波通信工作波长小 2 个以上量级，当微波通信所需天线口径量级为米时，激光通信所需天线口径只有厘米量级，所以星间光通信系统的质量和体积相对可以做得轻小，这有利于卫星尤其是小卫星应用。表 1.1 给出了各链路中激光通信与微波通信在通信速率为 2.5Gbit/s 下的质量和功耗对比。

表 1.1　激光通信与微波通信的质量和功耗对比表

链路		激光通信	微波通信
GEO①-LEO②	天线口径	10.2cm(1.0)	2.2m(21.6)
	质量	65.3kg(1.0)	152.8kg(2.3)
	功耗	93.8W(1.0)	213.9W(2.3)
GEO-GEO	天线口径	13.5cm(1.0)	2.1m(15.6)
	质量	86.4kg(1.0)	145.8kg(1.7)
	功耗	124.2W(1.0)	204.2W(1.6)
LEO-LEO	天线口径	3.6cm(1.0)	0.8m(22.2)
	质量	23.0kg(1.0)	55.6kg(2.4)
	功耗	33.1W(1.0)	77.8W(2.3)

4. 电磁干扰

各通信链路间的电磁干扰小。星间光通信系统使用激光作为光源,光束发散角很小,光能量可以集中在非常窄的光束中,束宽窄意味着卫星间的通信干扰将会极大减少,这在卫星数目较多的小卫星星座中尤其重要。

5. 保密性强

通信激光束发散角很小,因此无法干扰和侦听通信信息。这一点对军事应用十分重要。

1.3　卫星激光通信的特点

1.3.1　卫星激光通信的优点

卫星是对功耗、体积、质量有着严格限制的载体,卫星激光通信相比于地面激光通信有着较大优点,具体如下。

1. 覆盖面积大

由于受到地面曲率半径和地面建筑的影响,地面激光通信距离有限。而卫星激光通信系统由于处于一定轨道将覆盖地球部分区域,该覆盖区域将远大于地面激光通信站。特别是地球同步轨道上的激光通信卫星将覆盖约 1/3 地球表面。通过多颗同步轨道上的激光通信卫星将实现对近全球 (地球) 表面的覆盖。

2. 安全可靠

相比于地面激光通信站而言,卫星激光通信不容易受到地面自然灾害等影响,

---

① GEO: geostationary earth orbit, 地球静止轨道。
② LEO: low earth orbit, 地球低轨道。

也不受地面电力等资源的管控，为此卫星激光通信相对安全可靠。另外激光具有高度的定向性，发射波束纤细，并且在短时间内能够传输大量数据，从而减少持续通信时间。因此卫星激光通信具有高度的保密性和抗干扰性，能有效地防止窃听和侦测，对于军事和民用都有较大的意义。

3. 轻小型突出

发射机较低的发射功率和功率消耗使得发射机及其供电系统的质量得以下降；同时因为激光的波长短，在同样的发射波束发散角和接收视场角要求下，发射和接收望远镜的口径都可以较小，这对于卫星通信是十分有利的。另外激光的发散角很小，能量高度集中，落在接收机的望远镜天线上的功率密度高，从而发射机的发射功率可以极大降低，通信发射机功耗相对较低。这对于卫星通信这种功率资源宝贵的场合十分适用。

1.3.2　卫星激光通信的不足

1. 需复杂 PAT 跟踪

卫星激光通信的发射波束很窄，这为其带来很多优点。但同时发射波束窄也在技术上造成了巨大困难。相距很远的两颗卫星之间存在相互的高速运动，并且由卫星本身的振动可造成发射光束的抖动，这种情况下将通信发射光束准确地瞄准、照射并锁定在接收端卫星上是有相当大的难度的。

2. 受大气影响严重

卫星对地通信中，大气对微波和激光的传输都有影响，但对激光传输的影响要严重得多。其中，对微波传输影响最大的是雨、云、雾，随着频率升高，影响也加大。总体来说，微波的雨衰最为严重，一般气象条件下可忽略其影响；而激光在大气中的吸收和散射较微波严重，另外，云层、大气湍流等因素对激光通信的影响更为严重，甚至会中断通信。随着大气中激光传输理论的研究和进步，各种抑制大气影响的技术不断涌现。不过现阶段无法彻底消除大气对激光通信的负面影响，所以尽量在局部区域、特殊时间开展临时、紧急大气激光通信，大气激光通信和射频通信将形成互补可靠的通信方式。

3. 无法广播式通信

微波通信的波束发散角较大、覆盖面积较大、易于跨越复杂地形，可灵活地组成点、线结合的通信网，使得地面多用户与卫星、卫星和卫星之间可方便地利用无线进行信息交换；激光通信的波束为微弧度量级的束散角，具有非常高的方向性，它带来较高的安全性的同时，也意味着它比较适合开展点对点通信，即在重要设施之间 (如卫星与卫星之间、控制平台与卫星之间、通视的两地面重要信息中枢之间)

进行高速通信, 而较难进行广播式通信。随着一点对多点激光通信的研究, 一点对多点激光通信为激光广播式通信提供了技术途径。

1.4 卫星激光通信应用潜力

1.4.1 天基骨干网宽带中继

当前的卫星通信的主要通信模式是射频通信, 其传输速率远满足不了通信速率要求, 不得不采取数据压缩技术 (虽然可保证实时传输, 但是图像压缩将引起图像分辨率的降低) 和大容量存储器缓冲模式数据传输 (虽然可保证局部区域的空间分辨率, 但是不能保证实时传输), 从而制约了信息化水平的整体提高。虽然射频通信速率也在不断提高, 但是由于在理论上其通信带宽受到波段限制, 其通信速率已经接近极限。

同步轨道卫星激光通信具有中继通信、高速率、大容量的特点, 非常适合海量、高分辨率原始数据高速中继传输。可有效解决临近空间侦察平台、低轨道数据传输的瓶颈。例如, 对于高分辨率可见光/多光谱遥感相机, 原始数据所需的传输速率为几 Gbit/s 甚至 10Gbit/s 以上, 将来还可通过波分复用等技术继续提高速率。所以激光通信非常适合高分辨率、复合侦察平台开展高速率信息传输。

1.4.2 高速率军用保密通信

卫星激光通信系统具有抗干扰能力和抗截获能力强等突出优点, 非常适合开展国防安全、保密信息传输。激光通信远离射频频谱, 其具有较强的抗干扰能力, 激光通信的光束具有非常小的束散角, 不易截获。利用这些特点, 可将激光通信应用于战时海量数据中继通信或 GEO 与 GEO 数据信息中转等应用场合。

电子对抗的手段和措施越来越丰富, 在微波、毫米波波段及其以下频段内的对抗具有强度大、频度高、手段多、使用广泛等特点。因此, 从打赢中小规模局域战争的角度讲, 军事电子对抗领域对于多波段、大容量、高保密、具有较强电子对抗功能的通信手段的需求非常强烈。空间激光通信由于自身具有大容量、高保密、强抗干扰和截获能力的特点, 所以在军事领域起到越来越重要的作用。尽管将激光通信应用于战术通信时会受到一定的限制 (大气、全天候、初始对准等), 但是, 将激光通信和射频通信进行复合模式工作, 已经成为未来军事通信的趋势, 所以空间激光通信可在特殊时段、特殊区域和特殊天气条件下进行辅助通信, 共同构成高速、无缝、保密军用激光通信链路。未来的战争通信模式既需要传统的射频通信, 也需要激光通信, 重要的技术挑战就是在现存的射频通信网络中集成光通信技术的组成结构。

1.4.3   天地一体化网络重要组成

随着地面通信网建设的发展，局域网以及千兆以太网开始快速增长，可以将这些高速的局域网和千兆以太网连接到运营商的通信网络。而天地之间则缺少相应连接，当前有很多接入技术可供选择，比如微波、自由空间光 (free space optical, FSO) 通信。卫星微波通信技术日渐成熟，但这种接入方式需要高频谱许可证等，同时所能提供的带宽有限；而自由空间光通信作为一种新兴的宽带无线接入方式，它具有无须频谱许可证、带宽高、协议透明、成本低廉、链路部署快捷、安全保密性能强、便携性好等突出特点，是解决天地一体化网络中天地建立连接的有效途径。卫星激光通信将运用在 GEO-LEO、GEO-GEO、GEO-地面、LEO-LEO 通信链路：几条通信链路都是天地一体化信息网络的重要节点，可见卫星激光通信将在天地一体化信息网络领域有着巨大应用前景。

第2章 卫星激光通信的发展现状

2.1 国外卫星激光通信发展历程

2.1.1 GEO 卫星–地面首次激光通信在轨试验

日本首次实现了 GEO 卫星–地面的激光通信在轨试验,其利用搭载于日本工程测试卫星 6 号 (ETS-VI) 上的激光通信设备与地面站间成功地进行了激光通信试验。

日本从 1987 年开始研制空间激光通信设备 (LCE),并于 1993 年全部建成,主要建立了面包板模型 (BBM)、结构动态模型 (SDM)、热动态模型 (TDM)、系统工程模型 (SEM) 及工程飞机模型 (EFM)。1994 年,LCE 搭载在 ETS-VI 卫星上,用于检验同步地球卫星和光学地面站间的指向捕获跟踪 (PAT) 技术。

1995 年 6 月,ETS-VI 卫星与美国 JPL(Jet Propulsion Laboratory) 的大气观测卫星进行双向激光通信,在 32000km 的距离上实现长达 8min 的通话;1995 年 7 月,ETS-VI 卫星与日本邮政省的通信研究实验室 (CRL) 地面站间成功进行了星地激光通信试验,传输距离为 37800km,传输速率为 1.024Mbit/s,系统质量为 22.4kg,实现了世界上首次星地激光通信,进一步证明了星地间激光通信的可行性。图 2.1 为 ETS-VI 星地激光通信系统示意图。

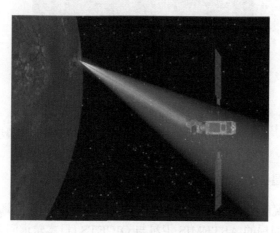

图 2.1 ETS-VI 星地激光通信系统示意图

2.1.2   GEO 卫星-SPOT 卫星在轨激光通信试验

世界上首次成功实现星间激光通信的系统是 SILEX(半导体激光卫星间链路试验) 系统，它也是欧洲第一个完整意义上的星间激光通信系统。

1985 年，欧洲空间局 (European Space Agency, ESA) 为了对卫星间激光通信的单元和系统技术进行验证，开展了 SILEX 计划。该系统包括一个搭载于欧洲空间局 ARTEMIS(高级中继技术任务) 同步卫星上的高轨终端和一个搭载在法国地球观测卫星 SPOT-4 上的低轨终端，LEO 终端的光源和 GEO 终端的光源采用半导体激光器，波长分别为 847nm 和 819nm，与传统 CO_2 激光器相比，体积更小、质量更轻、可靠性更好。1998 年，法国成功发射的 SPOT-4 卫星，成为世界上第一个搭载激光通信终端的地面观测卫星。2001 年 7 月，欧洲空间局的地球同步卫星 ARTEMIS 成功发射，并于 2001 年 11 月，同低轨卫星 SPOT-4 建立激光通信链路，通信距离近 40000km，通信速率为 50Mbit/s，误码率为 10^{-6}，首次实现了 GEO 卫星-SPOT 卫星的激光通信。图 2.2 为 ARTEMIS 卫星与法国 SPOT-4 卫星激光通信试验示意图。

图 2.2   ARTEMIS 卫星与法国 SPOT-4 卫星激光通信试验示意图

2.1.3   GEO 卫星-OICETS 卫星双向激光通信在轨试验

首次成功实现的 GEO 卫星与 OICETS 卫星间的双向激光通信在轨试验是于 2005 年由欧洲空间局的 ARTEMIS 卫星与 OICETS (日本轨道间通信工程试验) 卫星间的通信完成的。

　　在 GEO 卫星与 SPOT 卫星于 2001 年成功实现星间激光通信后，截止到 2005 年，两星间的激光通信累计共进行了 1100 多次激光传输，总时长超过 230h，通过传输，大量低轨卫星的图像数据由同步卫星中转到地面。2005 年 8 月，日本研制的 OICETS 卫星激光通信终端 LUCE(laser utilizing communications equipment) 升空，LUCE 终端如图 2.3 所示。2005 年 12 月，ARTEMIS 卫星与 OICETS 卫星成功进行了试验，此次试验与 SPOT 卫星进行的单向通信不同，可实现卫星间的收、发双向通信，其中上行通信速率为 2.048Mbit/s，下行通信速率为 50Mbit/s，通信距离达到 45000km，成为世界上首次星间双向光学链路通信。图 2.4 为 OICETS 卫星与 ARTEMIS 卫星间进行激光通信试验的示意图。

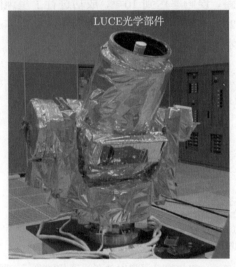

图 2.3　搭载在 OICETS 卫星上的 LUCE 终端

图 2.4　OICETS 卫星与 ARTEMIS 卫星间进行激光通信试验的示意图

2.1.4　LEO 卫星与地面间在轨通信试验

自 2005 年日本 OICETS 卫星激光通信终端 LUCE 与 ARTEMIS 同步卫星上的高轨终端进行通信后，2006 年 3 月，OICETS 又将终端对准地面，与日本国家通信技术研究所 (NICT) 光学地面站成功地进行了星地双向激光通信试验，通信距离为 600~1500km，通信波长为 800nm，发射和接收的通信速率分别为 50Mbit/s 和 2.048Mbit/s，这也是世界上首次低轨卫星与地面间进行的双向激光通信试验，图 2.5 为 OICETS 卫星对地激光通信链路示意图。2006 年 6 月，OICETS 卫星与德国宇航中心 (DLR) 移动光学地面站间进行了 18 次夜间试验，在晴朗天气情况下成功建立了光学链路，误码率达到 10^{-7}，成功进行了星地间第二阶段的通信试验，OICETS 卫星于 2006 年 9 月完成所有试验，该计划也在一定程度上推动了星间与星地激光通信技术的发展。

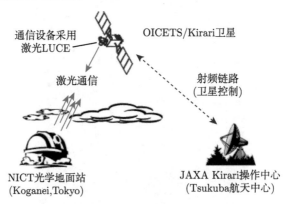

图 2.5　OICETS 卫星对地激光通信链路示意图

2.1.5　GEO 卫星与飞机间激光通信在轨试验

法国为了验证 GEO 卫星和飞机间的通信性能，研制了机载光学激光链路技术演示器 (LOLA)，相比于空间卫星上的激光通信终端 (LCT)，此终端考虑了剧烈振动和大气影响等多种机载因素。该项目始于 2003 年底，法国国防部采办局 (DGA) 和欧洲航空航天防务公司 (EADS) 于 2006 年进行了 LOLA 的演示试验，建立了 ARTEMIS 卫星与 "神秘 20" 飞机间的高速通信链路，其通信波长为 800nm，通信距离为 40000km，通信速率为 50Mbit/s，首次实现了 GEO 卫星与飞机之间的激光通信。该系统的主天线望远镜采用离轴形式设计，采用二进制键控调制方式，通信过程中可有效地抑制太阳与天空背景光的影响，实现了发射视轴与接收视轴的精密装校。图 2.6 为 ARTEMIS 卫星与 "神秘 20" 飞机的激光通信试验示意图。

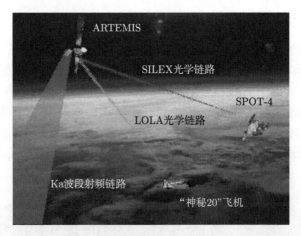

图 2.6 ARTEMIS 卫星与 "神秘 20" 飞机的激光通信试验示意图

2.1.6 LEO-LEO 相干激光通信在轨试验

德国在 SILEX 的基础上，研制了相干激光通信终端 LCT，其采用 BPSK 相位解调技术，最大调制速率可达 8Gbit/s，发射和接收均采用 1064nm 的激光器，该设备的望远镜系统采用卡塞格林结构，口径增大到 125mm，质量小于 15kg。该 LCT 设备分别搭载在德国 X 频段陆地合成孔径雷达卫星 (TerraSAR-X) 与美国近场红外试验 (NFIRE) 卫星上，并于 2008 年 2 月成功地进行了通信试验，通信距离为 5000km，通信速率高达 5.625Gbit/s，误码率为 10^{-11}，链路持续时间可达 50~650s。此次通信实现了首次 LEO-LEO 之间相干激光在轨试验，体现了激光通信大带宽、高速率的优势，验证了相干激光通信在低轨卫星间通信的可行性。图 2.7 为 TerraSAR-X 卫星示意图。

图 2.7 TerraSAR-X 卫星示意图

2.1.7　飞机与飞机间激光通信飞行试验

在早期的激光机载通信试验中，进行了多次飞机间的激光通信演示试验。1998 年 9 月，TT 公司在美国佛罗里达州进行了 T-39 飞机间的激光通信演示试验，通过在相距 50~500km 的两飞机上各安装一套激光通信系统，实现了飞行高度为 40000 英尺 (ft, 1ft= 0.3048m)，通信速率为 1Gbit/s，误码率为 10^{-6} 的激光通信演示试验，图 2.8 所示为 T-39 飞机的机载光学通信系统。随着飞机与飞机间的激光通信飞行试验的不断进行，美国空军研究实验室 (AFRL) 于 2011 年成功实现了通信速率为 2.5Gbit/s，误码率为 10^{-9} 的激光通信飞行试验。

图 2.8　T-39 飞机的机载光学通信系统

2.1.8　月球-地面激光通信试验

由 NASA 研究的月球激光通信演示验证系统 (LLCD) 首次尝试从月球轨道航天器到地球上地面接收器的双向激光通信演示验证。该项目于 2008 年 3 月立项，主要是为了确定月球大气的密度、成分及其随时间变化的情况，研究月球外大气层中是否存在月球尘埃，并解释月球尘埃的来源和变化原因。整个 LLCD 系统由太空终端 (LLST)、地面终端 (LLGT) 和月球激光通信操作中心 (LLOC) 组成。其中 LLST 被装载在月球大气与尘埃环境探测器 (LADEE) 上，作为太空终端；除地面终端 (LLGT) 外，还有两个备用终端 LLOT(月球激光通信光学终端) 和 LLOGS(月球激光通信光学地面系统)，用来增加操作时间，以应对试验时间短 (1 个月) 和云层遮挡问题；LLOC 用于协调整个 LLCD 的系统工作。LLCD 采用脉位调制 (PPM) 体制，PPM 技术结合单光子探测技术，适合超远距离深空光通信系统。该试验中应用的航天器于 2013 年 9 月 6 日发射，工作时间为 160 天，在此期间，完成了太空终端与多孔径电子计数地面终端的双向光通信演示验证，其下行链路数据速率与上行链路数据速率分别高达 622Mbit/s 和 20Mbit/s。图 2.9 为月球激光通信试验示意图。

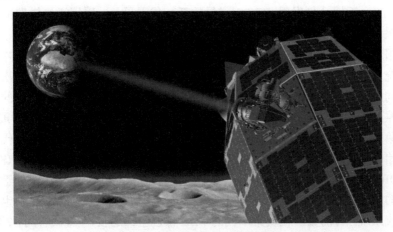

图 2.9 月地激光通信试验示意图

2.2 空间激光通信系统的发展规划

2.2.1 中继卫星激光通信发展规划

随着激光通信过程中对数据量和信息实时性要求的不断增加，激光链路中继卫星系统的发展也成为必然趋势。其中，欧洲空间局、日本、美国在中继卫星激光通信发展中做出了突出贡献。

1989 年，欧洲空间局批准了数据中继和技术飞行计划，该计划分两部分完成，一部分是研制 ARTEMIS 技术飞行卫星，另一部分是研制 2 颗数据中继卫星。但通过试验过程中对该计划的不断调整，数据中继卫星仅剩下一颗，并于 1998 年发射，用于中继对地观测卫星和科学卫星数据。由于该卫星即将达到使用寿命及用户需求的不断增加，欧洲空间局即将开展新一代的中继卫星计划——欧洲数据中继卫星系统 (EDRS) 计划，该计划主要由 2 颗卫星组成，用于 GEO-LEO、GEO-GEO 及 GEO-OGS 间的双向激光通信，进行移动通信、光通信及数据中继试验。

日本中继卫星激光通信的发展规划主要分为 4 步，分别为技术试验卫星 (ETS-VI)、通信广播工程试验卫星 (COMET)、光学轨道间通信工程试验卫星 (OICETS) 及 2 颗数据中继试验卫星 (DRTS)。其中，ETS-VI 卫星于 1994 年发射，以其部分有效载荷作为中继卫星使用，与日本通信研究实验室的地面站建立光链路，完成首次 GEO-地面的激光通信试验；1997 年，COMET 卫星发射，作为中继卫星使用，继续进行激光通信试验；2005 年，日本 OICETS 卫星与欧洲 ARTEMIS 卫星成功进行了激光通信试验，完成了世界上首次星间双向光学链路通信。以上 3 步规划主要针对激光通信的试验阶段，第 4 步是发射 2 颗实用型"数据中继试验卫星"(DRTS)，近期计划发射 DRTS 卫星的新一代卫星——采用激光链路的光数据中继卫星。

美国现有的中继卫星系统主要包括跟踪与数据中继卫星系统 (TDRSS) 和卫星数据系统 (SDS)。其中第一代的跟踪与数据中继卫星 (TDRS) 是世界上首次在一颗卫星上同时采用 S、C 和 Ku 三个频段的通信卫星，其支持的用户航天器的数据中继和测控业务已超过 270 万分钟。随着低轨道卫星和载人空间站的不断发展，相继建立了第二代 TDRS 系统，确保在 1997~2012 年间提供连续业务。第三代 TDRS 的部署始于 2012 年，并于 2013 年和 2014 年相继发射了 TDRS-11 和 TDRS-12，第 3 颗 TDRS 卫星已于 2017 年发射，截止到目前，TDRS 系统由 10 颗处于地球同步轨道的卫星和相应的地面系统组成。具有美军高保密特点的 SDS 目前也已发展为第三代系统，目前第一代及第二代的 SDS 都已全部退役，在轨运行的 7 颗 SDS 卫星中，有 4 颗为 GEO，3 颗为闪电型大椭圆轨道，用于军事侦察及探测。

除了欧洲、日本和美国各自在中继卫星激光通信方面的发展外，三方还共同建立了数据中继卫星系统的国际合作，实现通信系统的三方共用，并将此系统逐渐用于三方以外的国家。

2.2.2　小卫星激光通信发展规划

进入 20 世纪 80 年代以来，国外开始逐步进行小卫星的研究，主要集中在英国、美国、日本和德国。

1979 年，英国 Surrey 大学首次开展了低轨微型卫星技术的研究计划，并于 1984~1991 年间成功发射了 UOSAT 系列卫星，实现了数据存储转发、地球观测、遥感等领域的研究，并在微型卫星星体的标准化和载荷的模块化方面取得了进展。在此基础上组建的 Surrey 卫星技术有限公司 (SSTL)，又为世界上多家用户设计制造了具有不同功能的小型卫星，推动了其在商业、工业及军事等领域的应用。

美国一直都在致力于小卫星的发展。美国高级研究计划署 (ARAP) 提出了先进空间技术计划 (ASTP)，该计划包括两大研究项目：一是为军方研制高性能微型卫星运载火箭；另一项则是开发低成本、性能有限、用于各种军事目的的微型卫星。该微型卫星系统主要包括 2 颗 Macsat 卫星和 7 颗 Microsat 中继卫星，其中 Macsat 存储转发通信卫星于 1985 年发射，卫星质量为 150lb(1lb= 0.453592kg)，该卫星在海湾战争中为美国空军提供战术支持，并为海军陆战队无人值守用户终端传递信息；另外 7 颗 Microsat 卫星于 1991 年发射，卫星质量为 22.5kg，可在战区内提供语音、数据、传真、低速图像等传输中继。除此之外，美国还于 1998 年提出了纳米卫星计划，发展小于 10kg 的纳米卫星，用于验证微型总线技术、编队飞行技术等。2000 年 1 月，美国国防高级研究计划局 (DAPRA) 成功发射了 5 颗微小卫星。轨道高度为 750km，质量为 8.6kg，尺寸为 89cm×89cm×107cm，用于承载部署微小卫星和固定试验仪器。2000 年 5 月，DAPRA 开始实施"轨道快车"先期演示计划，应用并制造称为"自主空间运输机器人"(ASTRO) 的新概念小卫星，为侦察卫星提供服务。与此同时，美国国防部大力推进军用小卫星星座技术的开发，重点将空中战术侦察向卫星战术侦察转移，并积极开展利用小卫星星座实现通信的研究。

日本的小卫星计划主要应用于空间探测、月球探测和天文等领域，目前主要发展对地观测型小卫星和合成孔径雷达卫星组成的军事侦察小卫星星座系统。2005 年 8 月，日本发射 2 颗试验卫星。在 OICETS 计划中，研制专用于进行空间光通信系统试验的小型光学星间工程试验卫星 (OICETS)，只携带光学终端的小型卫星 OICETS 质量达 600kg，可以借助激光进行大容量信息传输试验，而 INDEX 卫星 (新技术验证卫星) 质量达 72kg，可对北极光进行研究及试验。

德国的合成孔径雷达 (SAR) 系统由 5 颗 X 波段照相侦察卫星组成，卫星分别分布在高度为 500km 的轨道面上，卫星间具备星间链路能力。卫星质量达 770kg，外形尺寸为 4m × 3m × 2m，该卫星可提供 0.5m 分辨率的图像，星上存储器可存储 10 颗 SAR 图像数据，并可确保地面用户在成像指令发出 11h 后接收到对全球任一点拍摄的图像数据。该系统的第 2 颗和第 3 颗卫星分别于 2007 年 7 月和 10 月发射。

2.2.3 深空激光通信发展规划

对于深空激光通信的发展，最具代表性的是美国开展的火星激光通信演示验证系统 (MLCD) 和月球激光通信演示验证系统 (LLCD)。

2003 年起，美国开展了火星激光通信的演示验证计划，MLCD 是由 NASA 戈达德航天中心 (GSFC)、喷气推进实验室 (JPL) 和麻省理工学院 (MIT) 林肯实验室共同建立的，研究重点是：开展火星与地球间的激光通信演示验证，并测试不同条件下激光通信系统的性能。该系统激光发射波长为 1.06μm，采用光纤泵浦激光发射单元、组合对准与跟踪系统、光子计数探测器和高效的调制与编码技术。将该 MLCD 的太空终端安装在火星轨道飞行器 (MTO) 上，用于传递和中继近火星科学采集任务的数据，该卫星计划于 2009 年发射，但由于该计划的经费问题，2005 年 7 月被取消，MLCD 任务被迫终止。

2008 年起，NASA 又发展了另一深空激光通信计划——月球大气与尘埃环境探测器计划。该计划的主要目的是在载人登月任务对月球环境造成影响之前，探测月球大气和尘埃的原始状态。该计划中的一些终端仍沿用 MLCD 中的设计，整个 LLCD 系统 (LLST、LLGT 和 LLOC) 由 MIT 林肯实验室研制，于 2013 年 5 月运至美国白沙靶场；备用的两个地面终端 LLOT 和 LLOGS 分别由 JPL 和欧洲空间局研制,分别坐落于加利福尼亚州 JPL 的 Table Mountain Facility 上和西班牙 Tenerife 岛上的欧洲空间局光学地面站,用于天气异常时的使用。2013 年 9 月 6 日,月球大气与尘埃环境探测器发射,搭载的太空终端 LLST 与地面终端 LLGT 进行了下行链路数据速率与上行链路数据速率分别高达 622Mbit/s 和 20Mbit/s 的通信。两个备用终端 LLOT 和 LLOGS 可接收的下行链路数据速率可分别达到 39Mbit/s 和 38Mbit/s。

2.3　主要发展趋势

2.3.1　研究阶段从试验阶段向应用阶段转化

进入 20 世纪 90 年代以来,激光通信的研究已经从概念与试验阶段的研究逐渐进入应用阶段,随着通信商业化市场化的用户需求不断上升,激光通信已不断向民用方向发展,它的商业应用价值不断被开发,而这也必将促进激光通信在应用方向的迅速发展。

2.3.2　研究重点从快速捕跟向高速率通信转移

随着高精度快速捕跟核心技术的突破,提高激光通信系统的速率和带宽是一个重要发展趋势。根据国际上主要的空间激光通信系统的通信速率指标显示,通信速率已从最初的 2Mbit/s 发展到当前的 Gbit/s 量级,在未来的规划中已经达到几十 Gbit/s 量级,逐渐向高速率通信转移。

2.3.3　应用领域从星际链路向广域立体空间拓展

随着轨道卫星数目的逐渐增加,空间激光通信从星际链路逐渐向星地、星空、空空、空地和地面间链路延伸,以 LEO、GEO 及 MEO 卫星为基础,与地面终端的通信网络一起构建天、空、地一体化的、无缝通信系统已成为必然趋势,实现广域立体空间覆盖。

2.3.4　应用模式从点对点链路通信向链路组网探索

在空间激光通信研究初期,研究对象主要以单向信息传输为主,进入 2000 年以后,研究者相继投入到了通信网络方面的研究,发展双向对称信息传输、中继转发通信模式。建立通信链路组网,实现通信全球覆盖、网络互联互通,必将成为未来激光通信的发展方向。

2.3.5　系统功能从单一通信向复合攻关融合

随着空间激光通信系统性能的不断提高,空间激光通信的系统功能逐渐从单一模式,向复合攻关融合方向快速发展。考虑天、空、地立体覆盖和信息传输的实时性，迫切需要将同步静止轨道、中轨道、低轨道卫星，航天飞机，宇宙飞船，浮空平台，航空平台统一建立复合通信模式。

2.4 激光通信国内发展现状

国内对于激光通信的研究起步较晚，但却受到了国家和科研单位的高度重视，主要的研究工作始于 2000 年以后。据不完全统计，目前国内激光通信的研究机构主要有哈尔滨工业大学、长春理工大学、北京大学、清华大学、浙江大学、武汉大学、电子科技大学、空军工程大学、中国航天科技集团有限公司、中国科学院及中国电子科技集团有限公司。主要开展的研究工作包括星间和星地激光通信、空间激光通信仿真与关键技术、抗强背景光探测与关键器件、通信系统性能测试与评估、大气信道特性和相关探测等。在国家的大力支持和推动下，目前国内激光通信的研究已经在激光通信系统设计与仿真、关键技术及演示验证试验中取得了很大的进展。目前，国内开展系统级试验验证的研究单位是哈尔滨工业大学、上海光学精密机械研究所、武汉大学和长春理工大学。其中，哈尔滨工业大学实现了 LEO-地面的激光通信试验，通信速率为 504Mbit/s，通信方式为 IM/DD；上海光学精密机械研究所实现了 LEO-地面的激光通信试验，通信速率为 20Mbit/s，通信方式为 DPSK/PPM；武汉大学实现了 LEO-地面的激光通信试验，通信速率为 1.6Gbit/s，通信方式为 IM/DD；长春理工大学实现了飞机对飞机、飞艇与船舶间双动态激光通信试验，通信速率为 2.5Gbit/s，通信方式为 IM/DD。

我国空间激光通信事业的首要任务是加大力度突破关键技术，深入开展激光通信系统及应用研究，为我国早日实现天、空、地一体化激光通信和信息组网奠定技术基础。

第3章 天基信息系统对卫星激光通信的需求分析

3.1 天基信息系统传输需求分析

3.1.1 高速率空间信息传输的迫切需要

随着国家高分辨率对地观测系统发展规划的实施，到 2020 年，我国将建成覆盖微波、可见光、红外、多光谱、超光谱、激光等观测谱段的，高、中、低轨道结合的，具有全天时、全天候、全球观测能力的大气、陆地、海洋的完整对地观测体系。在此期间，论证发射的遥感卫星类型达十几种之多。高分辨率对地观测系统的遥感数据传输速率要求高、速率范围大，并且数据传输设备还将搭载于各类不同的卫星平台，运行于不同的轨道，应用于星间和星地链路。到 2020 年左右，我国天基高分辨率对地观测系统的空间分辨率将达到 0.3m、光谱分辨率将达到 5nm、时间分辨率将达到小时级。图 3.1 为我国典型天基高分辨率对地观测系统数据传输速率要求。从图可知，当前的天基高分辨率对地观测系统数据传输速率已经超过 Gbit/s 量级，未来 10 年将超过几十 Gbit/s 量级。

图 3.1 典型天基高分辨率对地观测系统数据传输速率要求

表 3.1 为我国对高分辨率对地观测系统中的各类卫星对数据传输载荷的速率需求的初步估算。由此可见，各种卫星平台所搭载的有效载荷的数据传输的速率需求从 240Mbit/s 到 30Gbit/s，这就需要具有高速通信和信息处理系统予以保障。而当前射频通信的通信速率接近理论极限，已经不能直接满足传输速率的要求 (天链 1 的速率为 300Mbit/s，天链 2 的速率为 800Mbit/s，也不超过 1Gbit/s)，不得不采用数据压缩 (影响分辨率) 或海量存储 (载荷有限，信息实时性差) 等权宜之计，影

响了数据的快速传递与应用，进而阻碍了信息现代化的发展。

表 3.1 高分辨率对地观测系统中的各类卫星对数据传输载荷的速率需求

高分辨率对地观测系统	轨道类型	载荷速率需求	备注
高光谱观测卫星	太阳同步极轨卫星，卫星平台平均高度约 796km	240Mbit/s	卫星质量为 600kg，数传总码速率为 240Mbit/s
2m 分辨率全色及 8m 分辨率多光谱光学成像卫星	太阳同步轨道，平均高度约 650km		载荷为 355kg(含数传 80kg)，需要数据速率为 1.4Gbit/s
1m 分辨率 X 频段多极化 SAR 成像卫星	太阳同步轨道	2.5Gbit/s	原始数据速率为 1.6Gbit/s
1m 分辨率全色/4m 分辨率多光谱光学成像卫星	太阳同步轨道		原始数据速率为 6.76Gbit/s
高分辨率小型敏捷光学成像卫星	太阳同步 (近) 圆轨道，轨道高度约 645km	5Gbit/s	整星质量为 800kg，其中有效载荷为 286kg，原始数据速率为 2.29Gbit/s，分辨率为 0.7m
0.5m 分辨率光学成像卫星	太阳同步轨道		—
高分辨率国土测绘卫星	太阳同步轨道	10Gbit/s	原始数据速率为 5.8Gbit/s
0.3m 分辨率 SAR 成像卫星	太阳同步轨道	20Gbit/s	原始数据速率为 15Gbit/s，5:1 压缩后为 3Gbit/s
0.3m 分辨率敏捷光学成像卫星	太阳同步轨道	30Gbit/s	原始数据速率为 18~23Gbit/s，压缩后为 4.5Gbit/s
高精度立体测绘卫星	太阳同步轨道		原始数据速率为 26Gbit/s，4.3:1 压缩后为 6Gbit/s
地球同步轨道 50m 分辨率光学成像卫星	地球同步轨道	5Gbit/s	原始数据速率为 4Gbit/s(突发模式)
地球同步轨道 20m 分辨率光学成像卫星	地球同步轨道	20Gbit/s	原始数据速率为 16Gbit/s(突发模式)

空间激光通信是人们经过多年探索并于近几年取得突破性进展的新技术。由于空间激光通信的一系列优点，它已成为解决微波通信的高速率瓶颈，构建天基宽带网，实现对地观测海量数据实时传输的有效手段，具有很大的军民应用潜力。

因此，先进的空间激光通信系统将为星地、星际间的数据海量传输技术的发展起到极大的促进和支撑作用。

3.1.2 天地一体化高速信息网的构建需要

天地一体化数据传输系统包括 LEO-GEO 星际激光通信链路、GEO-GEO 星际激光通信链路，GEO-地面激光通信链路和 LEO-地面激光通信链路 (图 3.2)。

GEO 卫星是航天装备的重要组成部分之一。通过 GEO 卫星可实现对中、低轨航天器 (卫星、载人飞船等) 和其他用户平台 (无人侦察机、导弹、技侦船等) 实时跟踪而完成高速数据转发和测控任务。它具有高轨道覆盖率、高实时性、多目标同时服务等能力。

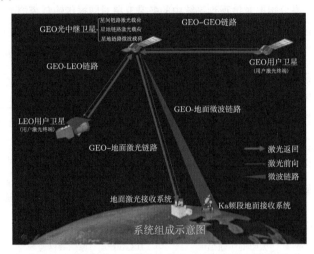

图 3.2 空间激光通信系统链路示意图 (后附彩图)

利用 GEO 卫星进行中继并实施 GEO-地面链路激光通信，可以克服 LEO-地面站激光通信传输的不足，是地面指控中心获取高速率、海量数据的重要模式。虽然 GEO-地面激光通信链路同样受到大气、云层等影响，但是，通过地面多点布站，星地激光通信链路的可通率可提高到 95% 以上，满足任务要求。所以，高速率的星地激光通信链路是实现天基光网-地面光纤网的纽带。而星地激光通信地面激光接收系统是开展 GEO-地面链路激光通信不可或缺的重要组成部分，开展 GEO 卫星对地面激光通信链路的可行性、总体技术指标分析，以及地面激光接收系统设计，对自由空间激光通信领域的发展将有重要的战略意义。

3.1.3 激光通信是未来空间通信发展趋势

激光通信是未来空间通信发展的趋势，美、德等世界航天大国已在此领域开展了较为深入的研究，开展了一系列地面和在轨演示验证试验。目前，欧洲已经突破了 5.6Gbit/s 高速率星间激光通信技术，并将在数年之内实现高速率空间激光通信技术工程化。

随着对地高分辨率观测等军事需求的增加，我国对星间、星地的实时高速数据传输的码速率、保密性等要求越来越高。毫无疑问，空间激光通信将是未来高速数据传输的发展趋势。任何系统型号发射之前，都需要在地面进行系统化的演示验证，以确定链路指标的合理性以及终端性能的可靠性。空间激光通信系统部分指标，地面试验无法全面模拟，如星载平台的真实姿态、振动情况、地面背景光、空间环境，以及斜程大气信道环境等。因此，在完善的地面仿真及外场演示验证试验的前提下，仍需进行星载平台演示验证，对许多关键技术的最终可行性进行充分验证。

　　以未来 LEO-GEO、LEO-地面、GEO-地面等星地、星间高速数据传输为应用背景，及时开展星间激光链路的演示试验，通过搭载 LEO 卫星进行关键技术和系统级试验，验证激光链路应用于卫星系统的可行性和适应性，确认技术状态，这对推动后续型号立项，提高我国卫星系统的数据传输能力具有十分重要的意义。

3.2　信息直接下传的局限性

　　对于高分辨率对地观测卫星而言，绝大多数为中、低轨卫星。若将中、低轨卫星的有效载荷数据直接传输到地面存在几个不利因素：① 实时传输能力弱，如果地面接收站有限，低轨卫星只能在地面站的上空进行数据传输，对于其他区域，需要将原始数据暂存后下传，影响传输实时性；② 可通窗口时间短，根据低轨卫星的轨道特性，每次下传地面的通信时间仅为十几分钟，需要频繁的捕获操作，留给数据传输的时间有限；③ 大气信道影响大，对于低轨卫星，星地链路为典型的斜程大气信道，大气散射衰减、大气湍流闪烁等严重影响通信性能。因此，直接将低轨卫星上的有效载荷数据下传地面，受到死区、捕获时间和天气条件的限制，无法实时、全天时传输，如图 3.3 所示。

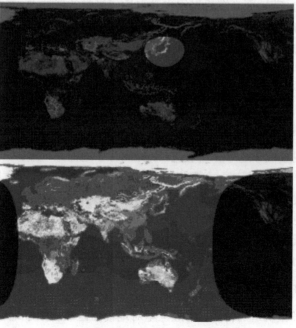

图 3.3　LEO-地面链路与 GEO 中继链路的通信效能对比

从国际上看, 利用 GEO 中继卫星所具有的高轨道覆盖率这个突出优点, 先建立 LEO-GEO 链路将海量遥感数据传至 GEO 卫星, 再由 GEO 卫星传送回地面成为重要研究热点。该方案利用一颗或多颗 GEO 卫星用于联系地面站和 LEO 卫星平台。GEO 卫星起到中继的作用, GEO 卫星是 LEO 卫星平台和地面站之间通信的桥梁和枢纽, 可有效增加 LEO 平台的工作区间, 传输实时性强。从图 3.3 可见, 如果采用 GEO 卫星中继, 单次可通信时间可从 8min 提高到 40min, 全天可通信时间从 24min 提高到 15h, 极大地提高了通信系统效能。因此, 将 LEO 平台载荷获得的有效数据经远距离 (45000km)、高速率 (几 Gbit/s) 传输到 GEO 中继卫星上, 再经 GEO 卫星中继传输到地面站, 已成为建立全天候、天地立体化的空间通信的研究重点。

对于星地链路, 从应用的角度而言, 它是整个空天信息网路重要的链路。因为所有卫星获得的原始数据, 无论它如何传输, 最终都需要传输至地面指控中心进行数据的分析。但是从技术难度而言, 星地激光通信链路又受到云层、大气和气溶胶等介质的影响, 进而影响星地激光通信的全天候性能。为了保障星地链路兼具高速性和全天候性, 需要将激光通信与微波通信进行复用。在信道理想的条件下, 实施星地激光高速通信, 保障天基信息网络的骨干连接, 保障数据的高速率传输, 确保信息的实时性。

随着技术的不断进步, 采用地面大口径接收, 可有效提高探测灵敏度和减小大气湍流闪烁影响; 若地面光端机采用主动自适应光学补偿技术, 可提高动态跟踪精度和通信接收的效率, 这将极大提升星地激光通信的单站可通概率, 进而提高星地通信的综合能力; 通过地面多点布站可有效避开云层和恶劣天气的影响。

3.3　中继卫星对天基信息系统性能的改善

3.3.1　增加连续可通信时间

由于中继卫星位于地球静止轨道, 长时间位于地面站顶端。一年中春分和秋分期间, 当地面站指向卫星时, 太阳将出现在地面站视场里, 此时太阳光将淹没光端机发射的信标光和通信光。另外每天太阳光将照射次镜等结构, 从而引起镜面变形。为此中继卫星每天通信时间将大于 16h。而如果低轨卫星直接与地面站通信, 由于卫星轨道低, 过顶时间短, 过顶时间去除建链时间, 每天通信时间为分钟量级, 远小于 16h。为此通过中继通信卫星将极大地增加连续通信时间。

3.3.2　拓展用户星覆盖范围

根据地球静止轨道的特点, 中继卫星对地覆盖区域将大于地球表面的 1/3。而低轨道卫星 (高度范围 300~1500km), 轨道周期为 1.5~2h; 中轨道卫星, 轨道高度为 8000~18000km，轨道周期为 5~10h。覆盖面积的大小取决于轨道高度和最小仰角，可知中、低轨道卫星高度远低于静止轨道卫星，所以对地覆盖区域将远小于地球表面的 1/3。

3.3.3 提高数据传输时效性

中继卫星相对地球上的地面站是固定的，为此如果天气允许，数据将能实时传输回地面站，保证天地之间数据传输的时效性。而 LEO 和 MEO 卫星相对于地球上固定的地面站是运动的，所以过顶时间每天都是有限的，同时，激光通信的仰角需要大于一定角度。图 3.4 给出过头顶的 MEO 和 LEO 卫星随时间变化的仰角，其中 MEO 在 70° 时和 LEO 在 40° 时发生变化。如图可知，LEO 和 MEO 卫星过顶时间有限，从而不利于保证数据传输的时效性。

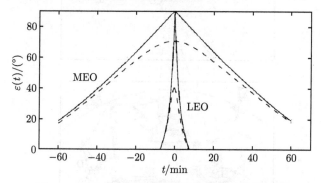

图 3.4 MEO 和 LEO 卫星过顶仰角随时间变化

实线是 90°(天顶) 时 LEO/MEO 随时间变化的仰角；虚线为 MEO 在 70° 时和 LEO 在 40° 时发生变化

第4章 卫星激光通信系统

4.1 卫星激光通信系统组成

卫星激光通信系统与卫星微波通信系统类似，主要由空间段和地面段两部分组成，如图 4.1 所示。

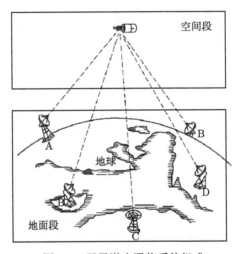

图 4.1 卫星激光通信系统组成

4.1.1 空间段

空间段以通信卫星为主体，根据功能可分为通信分系统、控制分系统、遥测指令分系统、电源分系统、温控分系统、天线分系统。

1. 通信分系统

通信分系统分为光机子系统、通信子系统、指向捕获跟踪 (PAT) 子系统、总控子系统。光机子系统包括精密机械组件和光学组件；通信子系统包括通信发射组件和通信接收组件；PAT 子系统包括数引单元、粗跟单元和精跟单元；总控子系统包括系统总控、热控、二次电源等部分。

2. 控制分系统

控制分系统由可控的调整装置组成，如各种喷气推进器、驱动装置和转换开关等。

3. 遥测指令分系统

地球上的控制站需要经常不断地了解卫星内部设备的工作情况,有时要通过遥测指令信号控制卫星上的设备产生一定的动作。

4. 电源分系统

卫星上的电源除了要求体积小、质量轻、效率高和可靠性高之外,还要求电源能在长时间内保持足够的输出。

5. 温控分系统

在激光通信卫星上,除了传统卫星热控的保证,还需对激光通信中特有的光纤功率放大器、通信种子源等发热部位进行控制。

6. 天线分系统

天线分系统主要由望远镜、滤光片和天线方位俯仰转动平台等设备组成。
图 4.2 为激光通信卫星组成。

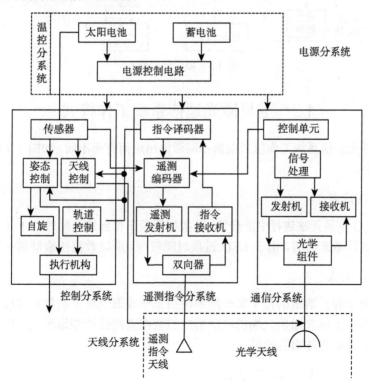

图 4.2 激光通信卫星组成

4.1.2　地面段

　　地面段包含支持实现用户间通信的所有地面设施，卫星地面站是地面段的主体，提供用户与卫星的连接链路。除了地面站外，还有"地面链路"，即用户终端与地面站连接的地面光纤链路。地面站被狭义地理解为地面段。地面站一般具有以下几方面要求：发射稳定、大功率的激光信号，能接收由通信卫星发射到的微弱光信号；可与地面光纤网络连接，转发各种高速数据；性能稳定、可靠，维护使用方便；建设成本和维护费用不应太高。地面站的具体介绍见 4.6 节。图 4.3 为地面站组成。

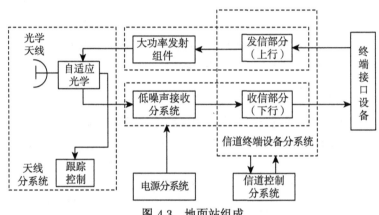

图 4.3　地面站组成

4.2　卫星激光通信系统工作模式

　　卫星激光通信系统工作模式根据不同通信用途而有所不同，如图 4.4 所示可分为如下几种。

　　1. LEO-地面

　　当 GEO 卫星无法进行中继传输，而数据亟须下传到地面站时，LEO 将在地面站过顶时进行激光通信。由于 LEO 过顶时间较少，所以数据传输量相对有限。

　　2. GEO-地面

　　当前处于静止轨道的几十米分辨率级别光学成像卫星正在蓬勃发展，成像卫星可利用卫星上激光通信光端机将所形成的数据直接传输到地面站，从而完成成像卫星数据采集和传输的过程。

　　3. LEO-GEO-地面 (GEO 中继)

　　正如 3.1.1 小节所述，大量的光学成像、SAR 等卫星都处于太阳同步轨道 (轨

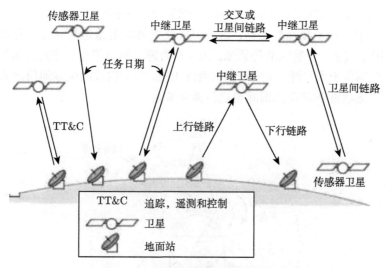

图 4.4 卫星激光通信系统工作模式

道高度 600km），属于 LEO 范畴。而 LEO 卫星由于过顶时间少，覆盖范围小等原因不适合直接数据下传，为此 LEO 卫星将数据传输至 GEO 中继卫星，而 GEO 中继卫星通过对不同地面站的选择将数据传输到地面站。

4. LEO-GEO-GEO-地面（GEO 中继）

由于 LEO 卫星的轨道范围分布全球，所以有时候数据落地单纯经过一颗 GEO 中继卫星是无法实现的。为此数据需要经过两颗 GEO 中继卫星传递，并由靠近国土上空的 GEO 卫星对地传输，从而完成 LEO 卫星的数据落地。

5. LEO-LEO-地面（LEO 网）

随着 LEO 卫星数量的增加，大量 LEO 卫星将组成 LEO 网，为此 LEO 卫星可通过激光通信将数据传输至将过顶的另一颗 LEO 卫星上，过顶的 LEO 卫星将数据下传至地面站，从而完成 LEO-LEO-地面的数据传输过程。当然 LEO 卫星数据也可以通过 2 颗乃至更多颗 LEO 完成数据传递。

4.3 中继卫星激光通信载荷子系统

4.3.1 中继卫星属性与布局

目前世界各国的主要军用、民用或商用通信系统多采用地球静止轨道的中继卫星，该卫星位于赤道上方 35800km 高度。地球静止轨道中继卫星对地静止，而且覆盖面积大，一颗卫星能覆盖约 40% 的地球表面，赤道上等间隔的 3 颗地球静止轨道中继卫星可实现除了两极以外的全球通信, 如图 4.5 所示。目前有 400 余颗地球静止轨道中继卫星在轨工作, 这些卫星最主要的用途是为各种远程通信提供平台, 也用于气象、导航辅助等领域。图 4.5 为静止轨道卫星的布局配置图。三颗同步卫星分别位于太平洋、印度洋和大西洋上空, 它们构成的全球通信网承担着大部分的国际通信业务和全部国际电视转播业务。

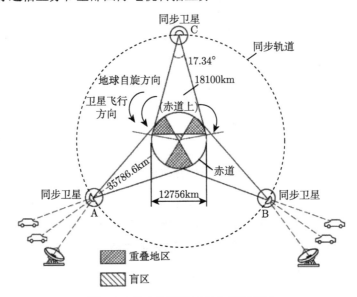

图 4.5　静止轨道卫星的布局配置图

4.3.2　中继通信卫星的特点和种类

1. 中继通信卫星的特点

中继通信卫星一般都位于地球静止轨道, 而该轨道是一个特殊轨道, 处在这种轨道上的卫星, 其星下点位置 (地理经纬度) 是静止不动的, 固定在赤道上空给定的经度位置上。所以卫星相对于地面上观测者的方位角、仰角也不变。理想的地球静止轨道具有三个特征。

(1) 轨道的周期与地球自旋周期一致, $T = 23\text{h}56\text{min}4.1\text{s}$;

(2) 轨道是圆形的, 偏心率 $e = 0$;

(3) 轨道倾角 $i = 0$。

不过, 地球受非球形引力、日月引力和太阳辐射压力等摄动因素的影响, 实际的地球静止轨道半长轴约为 42165.79km, 且卫星轨道的半长轴、偏心率、轨道倾角还会发生不断变化, 无法保持永久周期同步, 使得卫星不断偏离定点位置, 因此不存在理想的地球静止轨道。为了使地球静止轨道保持在要求的定点位置范围内,需要根据卫星轨道的变化特点，周期性地对卫星的轨道位置进行控制。

静止轨道中继通信卫星的优点：卫星相对地球固定，不会因为相对位移而产生多普勒频移；卫星捕获跟踪简单；卫星具有大覆盖区域。

静止轨道中继通信卫星存在的问题：通信距离远造成信号衰减大；由于静止卫星的发射与控制成本高，所以对质量和功耗有着严格限制；地球高纬度地区的通信效果不好；存在日凌中断现象；有较大的信号传输时延，影响高速相干通信质量。

2. 中继通信卫星的种类

1) 国内典型中继通信卫星

自 1970 年 6 月，中国运载火箭技术研究院和中国空间技术研究院分别组织队伍，开展了运载火箭和通信卫星新技术的研究。至今，中国通信卫星先后研制和发射了东方红 2 号、2 号甲、3 号通信卫星和采用东方红 4 号卫星平台的通信卫星。目前东方红 3 号和 4 号卫星平台正在广泛使用。

东方红 3 号卫星及平台：从 1986 年开始，中国启动了第 2 代通信卫星——东方红 3 号的研制工作，中国空间技术研究院攻克了多项关键技术和难题，于 1994 年完成了第一颗卫星的研制工作。该卫星本体为箱体结构，起飞质量约为 2250kg，载有 24 台 C 频段转发器，其中 6 台是 16W 中功率转发器，用于传输电视节目；其余 18 台是 8W 低功率转发器，用于传输电话、电报和传真及数据。转发器可连续向全国同时传输 6 路彩色电视节目和 15000 路电话，工作寿命达 8 年。东方红 3 号卫星采用了许多当时的新技术，如全三轴稳定技术、统一双组元液体推进技术、公用平台设计、大面积密栅太阳电池阵、双栅双抛物面多馈源赋形波束天线和高强度轻质量碳纤维多层复合材料等。它的研制成功标志着中国通信卫星技术跨上了一个新台阶。

东方红 4 号卫星及平台：东方红 4 号卫星平台是中国空间技术研究院新研制的中国第 3 代大型静止轨道卫星公用平台，具有输出功率大、承载能力强和服务寿命长等特点，整体性能达到国际同类通信卫星平台的先进水平。该平台可用于大容量广播和宽带多媒体等多种国民经济建设和国内外市场急需的业务类型，并具有确保信息传输安全可靠的有效技术手段。中国空间技术研究院在"九五"期间开始研制东方红 4 号卫星及平台，突破了多项重点技术，如大型重型承力筒技术、大容量贮箱技术、卫星电源及控制技术、星上综合数据管理技术、大型静止轨道卫星公用平台、机械太阳电池翼及二次开展机构等。具备携带 38 台 C 频段转发器、16 台大功率 Ku 频段转发器的能力。2001 年 1 月，该项目完成了预研制阶段任务，2002 年初，通过国家转阶段评审并转入正样卫星研制阶段。东方红 4 号卫星平台的能力与目前国际上通信卫星平台水平相当。卫星平台的具体性能参数如表 4.1 所示。

表 4.1   卫星平台的具体性能参数

平台名称	东方红 3 号平台	东方红 4 号平台
平台尺寸	2.20m×1.72m×2.00m	2.36m×2.10m×3.60m
平台质量	2330kg	5150kg
有效载荷承载	220kg	595kg
轨道	地球静止轨道	地球静止轨道
设计寿命	8 年	15 年
天线指向误差 (3σ)	± 0.15°	正常条件下 <0.1
俯仰、滚动误差	±0.5°	正常条件下 <0.1
偏航误差		
位置保持精度 (3σ)	±0.1°(南北)	±0.05°(南北)
	±0.1°(东西)	±0.05°(东西)
太阳电池翼输出功率	1700W	10500W
可提供有效载荷功率	980W	8000W

2) 国际典型中继通信卫星

美国 AEHF 卫星：AEHF 卫星是美国新一代高防护性能的地球静止轨道军用通信卫星，用于在包括核战争在内的各种规模战争中，为关键战略和战术部队提供防截获、抗干扰、高保密和强生存能力的全球卫星通信。卫星的主承包商为洛克希德·马丁公司，采用 A2100M 平台，设计寿命为 15 年，发射质量约为 6600kg。卫星采用极高频 (EHF) 频段，单星容量为 430Mbit/s，单条链路传输速率可达 8.192Mbit/s，可同时支持 2000 个用户终端。卫星系统的星间链路具备路由功能和抗干扰能力，传输速率为 60Mbit/s。卫星的有效载荷采用全数字化处理技术进行星上基带处理，具备非常高的抗干扰能力和灵活性，可以在几分钟内对通信网络进行重构。卫星的星间通信可以实现全球服务，并有非常强的战场生存能力，减少了对地面支持系统的依赖程度，即便在地面控制站被破坏后，整个系统仍能自主工作半年以上。

欧洲 Ka-SAT 卫星：Ka-SAT 卫星是专门用于欧洲宽带通信业务的全 Ka 频段卫星，主承办商是欧洲航空航天防务集团–阿斯特里姆公司，采用 Eurostar-3000 平台。卫星于 2010 年 12 月 27 日发射，发射质量为 6150kg，整星功率为 15kW，有效载荷功率为 11kW，设计寿命为 15 年。Ka-SAT 卫星采用弯管转发，装有 4 副 2.6m 口径多馈源反射器天线，可形成 82 个点波束；采用频率复用技术，整星吞吐量达 70Gbit/s，用户终端上行数据传输速率可达 1Mbit/s，下行数据传输速率可达 10Mbit/s。

美国 TDRS-H 卫星：TDRS 系列卫星是 NASA 的跟踪与数据中继卫星，为中、低轨道航天器和国际空间站提供测控和数据中继服务。TDRS-H 卫星由波音公司研制，采用 BSS-601 平台，设计寿命为 15 年，发射质量为 3180kg，寿命末期功率为 2042W。卫星采用独有的有效载荷结构和频率规划,有双频段自动跟踪能力的三频段馈源,有复杂的 S 频段多址星上波束成型天线系统,也包括双频段、双频段跟踪、遥测和遥控 (TT&C) 转发器等装置,以及回弹式反射器天线。卫星数据速率:用户飞行器到中继星为 800Mbit/s;中继星到用户飞行器为 25Mbit/s。

4.3.3　中继通信卫星激光通信载荷设计特殊性

1. 通信性能高

中继卫星对地面、LEO、GEO 三条链路,通信距离均大于 45000km,其中 GEO-GEO 通信距离约 70000km,所以通信距离远。而中继通信卫星是通信中的主干网重要节点,其通信速率要求高,往往要求大于 5Gbit/s 的传输速率,且保证误码率优于 10^{-6}。再者,由于要保证通信链路余量,相比于 LEO 卫星而言,中继通信卫星激光通信载荷的口径大,增加了设计及研制难点。

2. 工作寿命长

作为中继通信卫星,有效载荷的寿命一般应为 15 年。这就同时要求有效载荷的各分系统设计与研制预期寿命为 15 年。针对激光通信有效载荷而言,相对特殊器件为通信激光器、通信调制器、通信放大器、通信光电探测器等,所以在器件选择上需要保证足够寿命,也要进行相关环境适应性的设计。

3. 建链时间快

因为 GEO 卫星基本保持静止不动,所以易实现快速捕获和高精度跟踪。比如 GEO-地面链路表现:① 星地全天可通视,无须频繁捕获和跟踪,除非受到强烈背景光干扰和云层遮挡,需要再次捕获;② 地面站为静止平台,无姿态扰动且可获得高精度指向,通过信标光束散角优化选取,工作于凝视工作模式,可实现快速捕获和精密跟踪;③ 二者无高速的相对运动速度和加速度,无须提前量补偿和多普勒补偿,有利于轻量化设计。为此在设计中考虑旋转角度小的轻小型伺服转台。

4.4　LEO 卫星激光通信子系统

4.4.1　LEO 卫星特点

随着航天技术的发展,用户越来越广泛,为克服同步卫星的传输时延和不能实现高纬度覆盖的缺陷,非静止轨道通信卫星也被广泛应用。非静止轨道通信卫星组成的星座不仅可以覆盖赤道两侧的广大区域,而且能覆盖包括两极在内的全球区域,克服了静止轨道卫星只能对南北纬 70° 以内区域实现覆盖的缺点。在卫星通信系统中,根据轨道高度,可分为低轨道 (low earth orbit,LEO)、中轨道 (medium earth orbit，MEO) 和同步轨道 (geostationary earth orbit，GEO) 三类。LEO 系统轨道高度范围为 500~1500km，作为个人通信的重要补充方式，可实现全球覆盖，它的低时延和地面移动终端低消耗的特点，正成为未来移动通信的一个重要发展方向。LEO 系统单颗卫星对地覆盖面积较小 (占全球表面积的 3%~5%)，因此，如果实现全球无缝覆盖往往需要由较多的卫星组成，卫星数目多达数十颗至数百颗。LEO 星座卫星相对于地面高速移动 (超过 25000km/h)，平均过顶时间仅有10min 左右，因此 LEO 星座的网络拓扑随时间不断变化。和 MEO、GEO 卫星通信系统相比，LEO 卫星移动通信系统具有以下特点。

(1) 卫星轨道高度较低，具有更小的信号衰减和更低的传播时延。LEO 系统的路径传输损耗通常比 GEO 低几十分贝，所需发射功率是 GEO 的 1/200~1/2000，有利于地面移动终端设备的简化。LEO 系统传播时延仅为 GEO 的 1/20~1/50。

(2) LEO 网用户可随时接入系统，通过星间通信链路将多个轨道平面上的卫星连接起来，构成全球无缝覆盖，只要服务区用户至少被一颗卫星覆盖，用户就可随时接入系统。

4.4.2　LEO 卫星平台种类

LEO 卫星平台主要有侦察卫星、遥感卫星、测绘卫星、空间站四类。

1. 侦察卫星

侦察卫星用于获取军事情报。侦察卫星利用所载的光电遥感器、雷达或无线电接收机等侦察设备，从轨道上对目标实施侦察、监视或跟踪，以获取地面、海洋或空中目标辐射、反射或发射的电磁波信息，用胶片、磁带等记录器存储于返回舱内，在地面回收或通过无线电传输方式发送到地面接收站，经过光学、电子设备和计算机加工处理，从中提取有价值的军事情报。

2. 遥感卫星

用卫星作为平台的遥感技术称为卫星遥感。遥感卫星 (remote sensing satellite)是用作外层空间遥感平台的人造卫星。通常遥感卫星可在轨道上运行数年。卫星轨道可根据需要来确定。遥感卫星能在规定的时间内覆盖整个地球或指定的任何区域，当沿地球同步轨道运行时，它能连续地对地球表面某指定地域进行遥感。所有的遥感卫星都需要有遥感卫星地面站，从遥感集市平台获得的卫星数据可监测到农业、林业、海洋、国土、环保、气象等情况。遥感卫星主要有气象卫星、陆地卫星和海洋卫星三种类型。

气象卫星 (meteorological satellite) 是从太空对地球及其大气层进行气象观测的人造地球卫星。它是卫星气象观测系统的空间部分。卫星所载各种气象遥感器，接收和测量地球及其大气层的可见光、红外和微波辐射，并将其转换成电信号传送给地面站。地面站将卫星传来的电信号复原，绘制成各种云层、地表和海面图片，再经进一步处理和计算，得出各种气象资料。气象卫星观测范围广，观测次数多，观测时效快，观测数据质量高，不受自然条件和地域条件限制，它所提供的气象信息已广泛应用于日常气象业务、环境监测、防灾减灾，以及大气科学、海洋学和水文学的研究。气象卫星也是世界上应用最广的卫星之一，美国、俄罗斯、法国和中国等众多国家都发射了气象卫星。

陆地卫星用于调查地下矿藏、海洋资源和地下水资源，监视和协助管理农、林、畜牧业和水利资源的合理使用，预报和鉴别农作物的收成，研究自然植物的生长和地貌，考察和预报各种严重的自然灾害 (如地震) 和环境污染，拍摄各种目标的图像，借以绘制各种专题图 (如地质图、地貌图、水文图等)。

海洋卫星 (ocean satellite) 是主要用于海洋水色色素的探测，为海洋生物资源开发利用、海洋污染监测与防治、海岸带资源开发、海洋科学研究等领域服务而设计发射的一种人造地球卫星。自 2002 年实现我国海洋卫星"零"的突破，到 2020 年我国开启了海洋水色业务卫星组网观测，打造出以"海洋一号"系列卫星命名的中国海洋水色观测卫星家族。卫星家族包括海洋一号 A(2002 年)、海洋一号 B(2007 年)、海洋一号 C(2012 年)、海洋一号 D(2020 年)。

3. 测绘卫星

测绘卫星的种类日趋完善，从光学卫星发展到干涉雷达卫星、激光测高卫星、重力卫星、导航卫星等；卫星测绘应用技术也不断进步，从过去有控制测图，发展到稀少控制点测图甚至无控制测图，从单机测图发展到协同无缝测图；测图精度也日益提高，从满足 1:250000 地形图制图发展到满足 1:5000 地形图制图；测绘应用也日益广泛，应用范围从军用向军民共用、从限于本国到全球共享，从单一的测绘产品生产扩展为全球各行业地理信息的获取与更新等。卫星传感器技术与测绘应用技术的巨大进步，为国民经济和社会的发展做出了重要贡献。具备立体测图或者高程测量能力的卫星都可以称为测绘卫星。在近半个世纪的发展进程中，测绘卫星从最初的胶片返回式卫星，发展到目前的传输型卫星；从框幅式相机，发展到现在的单线阵、双线阵甚至三线阵电荷耦合器件 (CCD) 相机；民用测绘卫星的空间分辨率从上百米提高到当前的 0.41m，时间分辨率和光谱分辨率也不断提高。

4. 空间站

空间站 (space station) 是一种在近地轨道长时间运行，可供多名航天员巡访、长期工作和生活的载人航天器。空间站分为单一式和组合式两种。单一式空间站可由航天运载器一次发射入轨，组合式空间站则由航天运载器分批将组件送入轨道，在太空组装而成。在空间站中要有人类能够生活的一切设施，不再返回地球。空间站的结构特点是体积比较大，在轨道飞行时间较长，有多种功能，能开展的太空科研项目也多而广。空间站的另一特点是经济性，例如，空间站在太空接纳航天员进行试验，可以使载人飞船成为只运送航天员的工具，从而简化了其内部的结构和减少其在太空飞行时所需要的物资。这样既能降低其工程设计难度，又可减少航天费用。另外，空间站在运行时可载人，也可不载人，只要航天员启动并调试后它可照常进行工作，定时检查，到时就能取得成果。这样能缩短航天员在太空的时间，减少许多消耗，当空间站发生故障时可以在太空中维修、换件，延长航天器的寿命。增加使用期也能减少航天费用。因为空间站能长期 (数个月或数年) 地飞行，保证了太空科研工作的连续性和深入性，这对研究的逐步深化和提高科研质量有重要作用。

4.4.3   LEO 卫星激光通信有效载荷特殊设计

对于卫星系统而言，其有效载荷质量越轻、体积越小、供电能量越少，系统调整过程中的余地也就越大。而质量、体积、功耗的增加会给总体设计、经济成本带来很大的压力，因此进一步优化激光通信终端的机械、电子、光学设备的结构和设计，促进其向小型化、轻型化、低功耗发展是卫星激光通信的一个重要方向。

1. 大角度伺服转台设计

低轨卫星的轨道直径小于 1500km，静止同步卫星的轨道半径为 42300km，地球的直径为 12700km。因此，LEO 卫星与 GEO 卫星，LEO 卫星与地面之间的终端都存在相对运动。图 4.6 为 LEO-GEO 链路的跟踪角度范围仿真曲线。由 LEO-GEO 链路的跟踪角度范围仿真曲线可以看出，低轨道的跟踪角度范围为：方位近似为 360°、俯仰为 $-23° \sim +87°$。因此，LEO 端伺服转台需要较大的转动范围，这需要给予特殊的考虑。通常采用潜望周扫结构。

2. 低轨道卫星环境分析

LEO 卫星在轨寿命期间主要受到真空、高低温、等离子体、辐射等环境因素的影响，下面针对所受的环境因素进行环境适应性分析。

(1) 真空环境。在星载激光通信系统所处的轨道高度上，其大气密度比海平面低数个数量级，相对于地球表面而言，空间基本上是真空环境。在此环境下，星载激光通信系统将受到紫外线、分子污染、协同效应、微粒污染等因素的影响。

(2) 温度环境。星载激光通信系统在轨运行时，将受到太阳电磁辐射、地球作为黑体向空间发射的长波辐射、地球和大气系统对太阳光的反射、卫星自身仪器设备功耗放出热量等因素的影响。

(3) 等离子体环境。太阳紫外线使大气层周围的氧气和氮气发生电离，形成等离子体。进入等离子体环境的卫星将可能具有很高的电位，由于表面材料导电性的

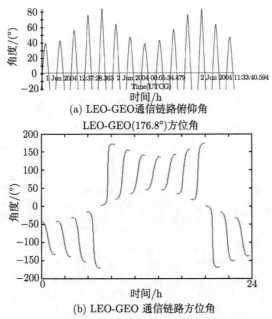

(a) LEO-GEO通信链路俯仰角

(b) LEO-GEO 通信链路方位角

图 4.6 LEO-GEO 链路的跟踪角度范围仿真曲线

差别,导体和绝缘体有不同的电位。如果电位差达到足够大时,物体表面会发生电弧放电,从而形成物理性损坏,遭到永久性的破坏,还可能产生电磁干扰 (影响灵敏电子设备的正常运行)。

(4) 辐射环境。卫星轨道的天然辐射源主要有:① 地球辐射带;② 银河系宇宙射线;③ 太阳质子事件。地球辐射带大多数是电子和质子,均为高能粒子,它们在地磁场内做旋转运动。银河系宇宙射线是来自太阳系外的核能粒子,它们起源于其他星系里的新星或超新星爆炸,或者由星际之间的加速碰撞形成。太阳质子事件主要是高能质子,是太阳出现耀斑时喷发形成的。

上述所有这些因素,都对 LEO 卫星的寿命产生影响。LEO 卫星的寿命一般可达到 3~8 年。此外,上述环境因素也将对星载激光通信系统的正常工作产生影响,在载荷研制过程中必须充分考虑轨道的环境影响,并采取必要手段和措施对影响系统性能的不利环境因素进行抑制。

4.5 航空/临近空间激光通信子系统

4.5.1 航空/临近空间平台特点

航空/临近空间平台具有滞空时间长、布防快、安全性能好、效费比高等优点,近年来倍受国际重视。采用飞机、飞艇等平台，可开展科学探测、情报侦察、信息传输，甚至部署打击武器。航空空间是指距离地球表面 20km 以下的空域，是飞机等传统航天器的主要飞行空域；临近空间是指距离地面 20~100km 的空域，包括大部分平流层、全部中间层和部分电离层，是一块非常重要和有利用价值的空域。在航空空间和临近空间这一高度，基本涵盖了飞机、高空飞艇等全部非轨道航天器，而且由于其空间环境独特，使得此空间区域内的飞行器具有独特的发展优势。图 4.7 为天地一体化网络航空平台节点示意图。

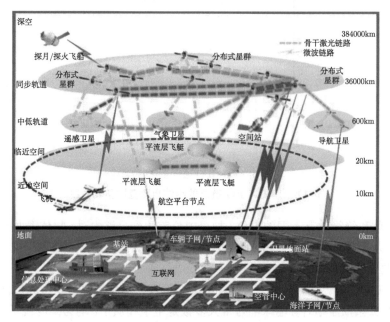

图 4.7   天地一体化网络航空平台节点示意图 (后附彩图)

航空平台主要包括直升机、固定翼飞机、预警机、低空飞艇等中、低空飞行平台；临近空间平台主要包括高空无人机、高空飞艇、高空系留气球等飞行高度在临近空间内的航空平台 (图 4.8)。

以航空/临近空间激光通信系统为节点，可以建立航空/临近空间平台与地面间的空–地激光通信链路、航空/临近空间平台间的空–空激光通信链路、航空/临近空间平台与卫星间的空–星激光通信链路，以及卫星–飞行器–地面间的星–空–地激光通信链路等通信链路，组成空天地一体化的激光通信网络。

航空/临近空间平台具有以下优点：① 具有长达数月的滞留和监视能力；② 具有快速反应能力，相对卫星具有较高的布防效率；③ 具有较高的安全性能；④ 作战效能兼有航空和卫星的优点；⑤ 具有可恢复性、地面支持设备需求简单等优点。所以，航空/临近空间平台的军事开发和利用倍受国际重视，其中航空/临近空间的激光通信是重要研究热点之一。它具有以下特点：① 可获得高跟踪精度，漂浮平台具有较低的运动速度，振动带宽较窄，有利于实现高精度跟踪，比较适合开展空间激光通信；② 飞艇平台的位置不可预测，需要 GPS 实时定位和射频辅助传输位置信息；③ 根据具体的链路需要考虑不同信道的大气影响。

图 4.8　部分临近空间及航空平台

4.5.2　航空/临近空间激光通信载荷特点

　　航空/临近空间激光通信系统要安装在飞机、飞艇等航空/临近空间平台上，平台的振动、扰动、环境温度、天空背景光等外部条件会给系统的工作带来严重影响，系统设计时必须采取相应的适应性设计。因此，有必要对航空/临近空间激光通信系统外界约束条件进行系统的分析，为系统设计提供设计约束。

　　空间激光通信系统在正常通信时需要有非常高的动态跟踪精度，其值通常在微弧度量级。因为搭载平台的低频扰动和高频振动是跟踪伺服系统的重要干扰源，对于跟踪精度影响最大，所以，空间激光通信系统对于平台的振动特性非常敏感。

　　航空/临近空间平台具有速度快、振动强、扰动大的特点，给航空/临近空间激光通信带来以下技术难题：

　　(1) 航空/临近空间振动条件下高精度、高带宽光轴对准问题；

　　(2) 航空/临近空间平台姿态快速变化条件下的高概率、快速捕获问题；

　　(3) 航空/临近空间附面层及扰流对激光通信的影响研究及其抑制问题；

　　(4) 航空平台振动特性。

　　航空/临近空间平台，既是机动灵活的侦察平台，又是天空地一体化信息网络的重要传输节点。作为侦察平台，可以搭载多种传感器，对地、对海、对空获取丰富的侦察信息，并由高速链路对外传输；作为通信网络的节点，可以作为中继站，扩大地面、海面网络的覆盖范围，或实现天地间信息转发。空间激光通信具有传输速率高、保密、抗电磁干扰等技术优势,是航空平台对外信息传输的一种高效手段,也是海陆空天信息组网的重要平台和节点。

1. 临近空间平台振动特性

临近空间综合信息平台具有滞空时间长、布防快、安全性能高、效费比高等优点,近年来倍受国际重视。以临近空间为平台,可开展科学探测、情报侦察、信息传输,甚至部署打击武器。其中临近空间高速、大容量信息传输技术是重点研究内容之一。空间激光通信具有高速、带宽、轻量化、保密、抗电磁干扰能力强等突出优点,且临近空间链路和环境也比较适合开展激光通信。因此,开展临近空间激光通信系统研究具有迫切的需求和重要的意义。

临近空间区域气流比较稳定,空气流动相对较小,是部署高空悬停气球、飞艇及滑翔机等飞行器的理想空间。其通过携带不同类型的载荷,具备通信、遥测、情报、侦察和监视等各种军事用途。作为临近空间自由空间激光通信搭载平台,除了考虑平台可提供最大负载、最大电功率、飞行最大高度、滞空时间外,平台的运动幅度和频率决定着 PAT 系统结构和参数的选取。风的扰动、气流、高山和雷暴引起的大气抖动,会使气球出现线运动和角运动。从图 4.9 和图 4.10 可见,对于一个充满大量气体的气球,具有很大的阻尼和热容,相对于航空平台,很难产生高频振动,仅存低频扰动。如图 4.11(b) 所示,雷暴条件下扰动的 x 方向线位移接近 700~800m。考虑临近空间-临近空间激光通信的最短距离 50km,对应 16mrad 的角位移,这比卫星平台的低频扰动大得多,所以需要视轴稳定伺服系统,以利于视轴的初始捕获和跟踪。

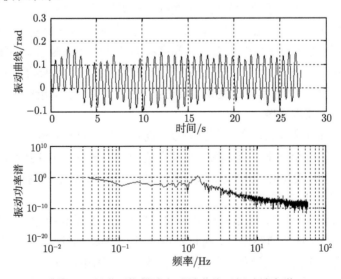

图 4.9　浮空平台横滚角时域曲线及振动功率谱

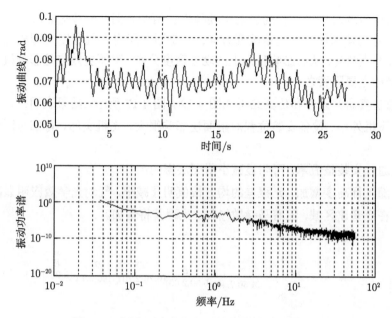

图 4.10 浮空平台俯仰角时域曲线及振动功率谱

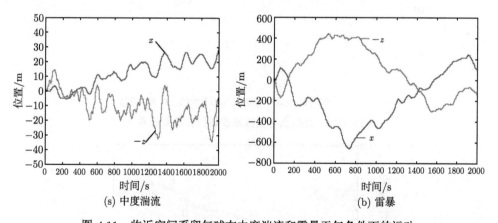

(s) 中度湍流　　　　　　　　　　(b) 雷暴

图 4.11 临近空间系留气球在中度湍流和雷暴天气条件下的运动

　　由于空间激光通信系统的 PAT 单元对低频具有非常高的抑制能力，所以，临近空间平台 (如气球) 相对于航空平台，作用于光端机系统仅存在低频扰动，而无高频振动。这对于提高 PAT 跟踪精度、减小伺服系统设计的复杂性非常有利。

2. 大气附面层特性

　　对于高速运动的航空/临近空间平台，将在平台表面形成附面层，对于光束质量要求极高的通信光束，附面层内的湍流影响不容忽视。

　　附面层流场对激光传输的影响主要体现在两个方面：一是附面层内平均空气密度与外界的差别使发射光束改变方向；二是附面层内空气密度的随机涨落使激光束相位产生畸变，从而影响目标上的功率密度分布。附面层效应是影响机载激光通信性能的主要因素之一。

　　数值仿真研究条件和仿真结果如图 4.12～ 图 4.17 所示，结果表明：

　　(1) 飞机外形、设备安装位置对附面层影响很大，飞机头部、背部对附面层影响较小；

　　(2) 通过安装整流罩，可明显减小附面层影响；

　　(3) 随飞行高度增加，光程差的均方根值明显减小，气动光学效应明显减弱；

　　(4) 在亚音速区域，随着马赫数增加，光程差将增加。

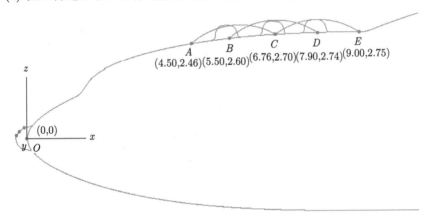

O头部；A-C上前部；B-D上中部；C-E上后部

图 4.12　光端机与整流罩安装位置及坐标系

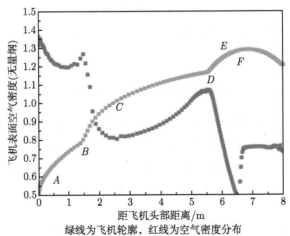

绿线为飞机轮廓，红线为空气密度分布

图 4.13　空气密度与安装位置的关系 (后附彩图)

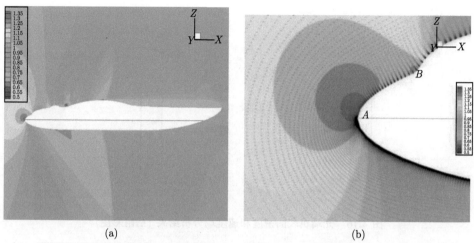

(a)

(b)

图 4.14 整流罩表面空气密度分布 (后附彩图)

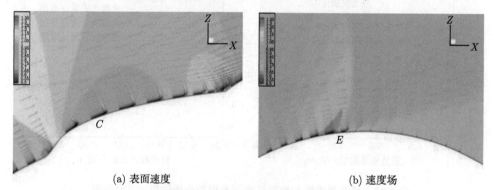

(a) 表面速度

(b) 速度场

图 4.15 整流罩表面密度和速度场分析结果 (后附彩图)

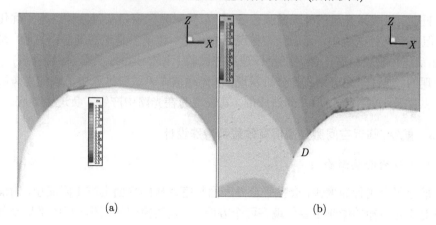

(a)

(b)

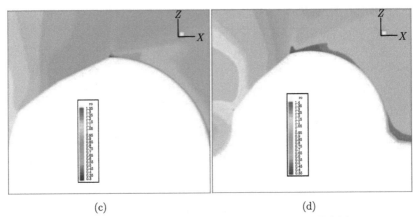

(c)　　　　　　　　　　　　　　　　　(d)

图 4.16　光端机表面密度和速度场分析结果 (后附彩图)

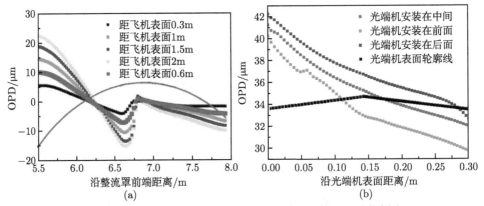

(a)　　　　　　　　　　　　　　　　　(b)

图 4.17　整流罩表面与光端机表面光程差分析结果 (后附彩图)

　　同时, 机载激光通信外场试验也表明, 虽然对光学窗口及过渡件进行了优化设计, 但实际飞行试验中, 光斑分布呈现离焦现象。该现象是地面动静态试验 (地面静态, 地面–船舶动态), 以及低空低速动态试验 (飞艇–地面, 直升机–直升机) 中未曾出现的。通过对光斑模式的分析发现, 激光通信样机试验过程中出现的光斑离焦现象主要是附面层与窗口共同造成的, 其表现为在光路中产生了负透镜效应。

4.5.3　航空/临近空间激光通信有效载荷特殊设计

1. 大气附面层影响

　　航空平台飞行速度快, 会在平台外表面与空气接触平面上产生附面层, 附面层流场对激光传输的影响主要体现在两个方面: 一是层流流场, 附面层内平均空气密度与外界的差别将使激光传输的像产生偏移、模糊的现象; 二是湍流流场, 附面层内空气密度的随机涨落使激光束相位畸变, 将产生像抖动、像模糊的现象。

(1) 光学窗口表面特殊设计。光学窗口一般采用圆滑镜头罩来减少附面层的影响。若光学窗口为其他类型表面，则过渡件采用圆滑过渡，比如通过增加扰流板和平滑法兰形状。经过试验验证，增加扰流板和对法兰形状平滑后，气流分布以层流为主，此时主光轴线上气流分布密度明显减少。

(2) 光学补偿镜。在不加补偿镜条件下的已有的飞行试验表明，精跟踪探测观察光斑出现弥散现象，并且中心空洞。该现象是地面动静态试验 (地面静态，地面–船舶动态)，以及低空低速动态试验 (飞艇–地面，直升机–直升机) 中未曾出现的，此类型光斑是较为典型的离焦现象，通常必须采用被动光学的方法 (如添加负透镜补偿) 进行补偿。经过试验表面，采用被动光学补偿的方法很好地改善了光斑形状，补偿了附面层的影响。

2. 主动平台振动抑制

相对于姿态保持较好的卫星平台，航空平台的特点为大幅度低频扰动，其姿态变化幅度大，可达到弧度量级，并且其扰动频率相对较低。如果不对此低频扰动进行抑制，不仅影响初始的捕获不确定区域，影响捕获性能，且此低频扰动也会影响最终的跟踪精度。所以机载/艇载激光通信 PAT 系统都需要首先实现视轴的稳定，它是开展快速捕获和高精度跟踪的前提。为了保证激光通信系统通信光轴能够高精密对准，要求航空激光通信系统必须具备抑制这种大幅扰动的能力。因此，高精度视轴稳定技术成为关键技术之一。

平台扰动的扰动幅度显著地大于高精度激光通信 PAT 系统的总跟踪精度。在高精度激光通信链路设计中，为了保证满足高精度的视轴跟踪要求，机载激光通信PAT 分系统除了具有以光电成像传感器为核心的位置跟踪回路之外，还必须具有视轴稳定回路，一般采用惯性陀螺仪作为视轴稳定回路的角振动传感器，并通常采用主、被动振动抑制措施。

(1) 主动振动抑制。对于 PAT 系统，只有控制系统的闭环带宽数倍于平台扰动频率，且在中、低频处具有较高的抑制能力，才能获得较小的平台振动残差，进而提高总跟踪精度。为实现带宽、稳定的主动式光电跟踪，需要非常高的闭环带宽、谐振频率和采样频率，这将给 PAT 系统的硬件实现带来困难。

(2) 被动振动抑制。对于宽带平台振动，主动视轴稳定系统对于中高频的抑制能力有限，而且难度较高。所以可以采用被动隔离措施对高频进行抑制。美国 Honeywell 公司研制了可调质量阻尼器、混合振动隔离平台等；美国 JPL 在振动隔离时使用了无源隔离器，它是一种通过降低高频振动的传播来提高跟踪性能的有效方法。但是该方法将引起较大的低频扰动，不利于视轴的初始对准，所以需要折中选取被动减振器的抑制频率。

航空平台一般采用主被动抑制结合的方式，通过减震器等被动方式抑制高频振动,在此技术上采用主动抑制技术对扰动进行进一步抑制,以满足系统对视轴稳定精度的要求。

3. 随机运动平台的精确初始指向

航空平台姿态位置变化率快、变化幅度大,并且不同于卫星平台,其有预设的轨道信息可以参考,航空平台位姿变换随机性强,无法实现预测,这就给激光通信链路的初始建立带来了非常大的难度,受到平台姿态测量误差、位置测量误差、等效角度误差、视轴稳定误差、光端机视轴装校误差等因素影响,仍然存在较大的不确定区域 (通常大于几毫弧度),该不确定区域远大于通信光束的束散角 (十几微弧度),若直接用通信光束在不确定区域内进行捕获,可能会需要相当长的捕获时间,甚至导致相当低的捕获概率。基于此原因,几乎所有空间激光通信系统 (特别是远距离通信系统),都需要束散角较大的信标光和视场角较大的探测器辅助完成快速捕获。由于空间激光通信系统中的两个激光通信光端机视轴初始指向是任意的,要实现精密视轴的初始指向,高精度指向、快速捕获技术是关键技术之一。

航空激光通信系统一般首先采用 GPS/INS 姿态位置测量系统测量自身位置和姿态,然后通过数传电台等辅助链路接收对方的位置信息,通过计算机系统计算后确定对方相对于己方的大致方位,以获得捕获不确定区域。由于受到信标功率和探测器灵敏度的限制,信标光的束散角通常小于不确定区域;捕获视场受到天空背景光和空间分辨率的限制,通常也小于不确定区域,这就需要两个光端机在不确定区域内进行捕获。在捕获过程中,主动光端机发射信标光,被动光端机的捕获单元正常工作,首先实现单端捕获。两个光端机在固定的时统上进行有序的扫描/跳步工作。根据目标位置的概率分布规律,使其从高概率向低概率扫描,进而进一步减小捕获时间;同时在扫描/跳步过程中,需要有一定的扫描重叠区域,以抑制相对运动、视轴振动等因素所引起的错漏概率;对于捕获接收端,需要满足一定的信噪比,进而提高探测概率。一旦被动光端机探测到信标光斑,立即启动粗跟踪,调整视轴的角度,使光斑位于捕获视场的中心。这时启动己方信标光,该信标光一定覆盖主动光端机,主动光端机的捕获视场也调整视轴,修正视轴到视场的中心,进而完成双端捕获,进入粗跟踪阶段。

4.6　激光通信地面站

4.6.1　地面站选址原则

1. 地理位置 (低纬度、高海拔)

已有研究表明,星地激光通信中,随着通信视轴地平角的升高,大气引起的功率平均衰减较小。对于同一颗卫星，地平角越大的地面站其相应的纬度就越低。比如，相同的 3km 能见度条件下，东经 77°GEO 卫星–乌鲁木齐站 (北纬 43°49′23.92″，东经 87°36′44.64″) 链路的信道地平角为 39°，而 GEO 卫星–长春站 (北纬 43°48′52.54″，东经 125°19′38.68″) 链路的信道地平角为 21°，对应的透射率分别为 0.65 和 0.43。

气溶胶是大气中悬浮的液态或固态微粒的总称，是大气中的重要组成部分。它能吸收和散射太阳辐射，从而影响到地球辐射平衡；同时作为云凝结核，它影响云的光学特性、云量和云的寿命，以及降水量。由于上述气溶胶的直接和间接气候效应，使其成为气候变化中最不确定的因素。我国的气溶胶光学厚度 (AOD) 年平均空间分布有两个最低的地方，一个位于植被覆盖度高、人烟稀少的黑龙江和内蒙古东北高纬度地区 (约 0.2)，另一个在川、滇与青藏高原交界的中国西南高海拔地区 (0.1~0.2)。我国东部地区 AOD 较高，主要是由于此区域人口密度大，工业化发展进程较快。在胡焕庸线以西的地区，人口仅占全国人口的 6.2%，工业不发达，多为山地和高原。除了新疆中部、青海西北部、甘肃西部和内蒙古西部等部分地区外，其他地区 AOD 都比较低。四川西部高原、云贵高原西北部及青藏高原东部地区为中国年平均 AOD 的最低值区，AOD 为 0.1~0.2。这一区域海拔较高 (3000~4000m)，人口密度低 (1~5 人/km²)，极少受沙尘天气影响。云贵高原西部，由于植被覆盖度高，人口密度相对中东部较低，年平均 AOD 为 0.2~0.3。但是，在中国海拔最高 (平均 4500m)，人口最少 (0~1 人/km²) 的青藏高原唐古拉山以西、可可西里以南的西藏阿里地区却不是中国 AOD 的最低值区。这里受到全球气候变暖的影响，大部分地区年平均 AOD 为 0.2~0.4。AOD 也跟季节变化相关。春季全国各地的 AOD 明显增加；夏季受雨水冲刷作用，南方的 AOD 比春季减少 0.2~0.3，四川盆地和华南地区减少最为明显；但受夏季强太阳辐射的影响，西藏阿里地区 AOD 较高 (0.3~0.4)。秋季在胡焕庸线以东，东北地区的气溶胶大量减少，AOD 在 0.3 以下，达到一年中的最低值；华北平原、胶东半岛和京津唐地区也略有减少；西南云贵高原西部的 AOD 减少到 0.2；中国西部的青藏高原大部分地区及川西高原的 AOD 达到一年中的最低值 (0.1~0.2)；另外，福建沿海地区 AOD 也减小到 0.2 左右，为一年中的最小值。冬季时，北方秸秆焚烧和供暖开始，雾霾天气较多，AOD 普遍升高；但青藏高原东部和云贵高原继续保持较低的 AOD；根据现有数据显示，新疆 AOD 较高，为 0.3~0.5。

所以地面站选择在低纬度、高海拔地区，能有效减少大气信道对激光的衰减作用。

2. 气候条件 (晴朗少云)

云是由空气中的水汽上升冷却而形成的，根据云底的高度，可把云分为高云、中云、低云三大云族，随着高度的不同，云中水的形态也不同。其中，低云由水滴组成，中云为水滴与冰晶的混合体，高云由小冰晶组成。云的平均高度在 13km 左右，在风的作用下移动，因此，星地光链路一定会受到云层的影响。云具有和雾相似的物理性质，会对激光束的传输产生衰减，云中典型粒子尺寸分布为 4~40μm，云对激光束的衰减主要由云滴的米氏散射引起，一般用云层的光学厚度来表征云对光的衰减。云层对激光的衰减公式如下：

$$\text{Atten}_{\text{cloud}} = 10\lg[\exp(2\pi N\langle r\rangle^2 d] \tag{4.1}$$

式中，d 为云层的物理学厚度；N 为云层中的散射体密度；$\langle r\rangle$ 为云滴的平均半径。

中国云量分布的总体趋势是南多北少，云的厚度、含水量也是南多北少，而且，南方低云量远高于北方。西南地区是中国云量最多、云层最厚的地区。而西北的塔里木盆地、内蒙古中西部是云量最少、云层最薄的地方，如在冬季，低云量基本上在 5% 以下；春、夏、秋季也大都在 15% 以下。中国西北地区，总体上是云量小，云层薄，但是在天山、昆仑山、祁连山等高山区，总云量要比周围地区多 10% 左右，夏季低云量比周围多 20%~25%，云的厚度和含水量也都高于同纬度的华北地区。

3. 后勤保障（电力、光线网络）

星地激光通信地面站是由一系列复杂设备装配而成的，需要足够稳定的电力进行支撑，保证设备的正常工作和日常维护。同时，要实现地面站间信息及时、不间断地传输，需要铺设光纤网络。

4.6.2 多址对星地可通率的改善

1. 全球云层覆盖率

全球云层覆盖率达到 67% 且具有区域分布特点，因此，可以利用云层覆盖统计资料，合理地选择地面站址，使地面站空域云层覆盖较小或者具有较小的云层光学厚度，从而减少云层对光链路的影响，提高星地光通信性能和光链路的可靠性。

2. 多地对地可通率改善

根据气象特点，合理选择地面站址，减少天气对星地光通信的影响，可以提高单站光通信的可通率。然而，对于单条光链路，再好的地面站也会受到恶劣天气以及云层遮挡的影响，使光通信链路中断时间达到数十秒甚至数天之久，这就严重影响了星地光通信性能和光链路的可通率。因此单一光学链路很难达到高可通率要求。因此，建立多个星地光通信链路是十分必要的。

选取多个地面站，当卫星与某个地面站的光链路受天气因素的影响而中断时，卫星及时切换与另一个地面站建立新的通信链路，使数据传输不间断，各地面站之间采用光纤连接, 可以实现数据的实时快速传输, 这样能显著提高星地光通信链路在恶劣天气及厚云层覆盖下的可通率。

站址选择时, 首先, 需要满足天气的不相关性, 即各地面站之间应该距离足够远, 通常为几百千米, 使其他地面站的天气状况以及云层覆盖情况与该地面站无关。其次, 各地面站不能间距太远, 否则各星地链路由于天顶角差别过大, 造成激光束在大气中的传输距离增加, 增加激光损耗。在选择好地面站站址后, 假设各站的天气可通率相互独立, 卫星与第 i 个地面站的星地光链路可通率为 p_i, 则采用 k 个地面站的星地链路可通率为

$$p_{\mathrm{avai}} = 1 - \prod_{i=1}^{k}(1 - p_i)$$

假设各站的可通率独立且相等, 即 $p_i = p$, 则多地面站星地链路可通率与单站可通率的关系如图 4.18 所示。图中, 多地面站星地链路可通率随着 p 的增加而增大, 且地面站越多, 多站星地链路的可通率也越大; 单站的可通率越大, 达到高可通率要求所需的地面站个数越少, 图 4.18 中, 只需要 3 个可通率为 0.6 的地面站即可达到相当高的可通率。虽然地面站数量越多可通率越高, 但应尽量减少地面站的数量以降低建设成本。

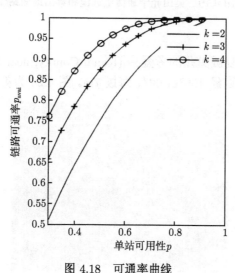

图 4.18 可通率曲线

4.6.3 现已存在的主要地面站

1. 美国桌山

NASA JPL 的光学地面站坐落在美国加利福尼亚州国家森林公园内的桌山 (Table Mountain) 上, 北纬 34.3820°, 东经 117.6818°, 海拔 2286m。该地面站在

光学通信望远镜实验室内原有设施的基础上，开发了大量硬件和软件。实验室采用三层激光安全体系，当上空有低空飞行物、商业航空飞机、光学敏感卫星等飞经时，该系统就会中断地面激光信标传输，使地面发射的激光波束不会干扰到当地的航空交通。光学通信望远镜实验室地面光学站经历了美国多次星地激光通信试验，包括 1992 年的 "伽利略" 光学链路试验 (GOPEX)、1995～1996 年的星地激光通信演示 (GOLD)、2009 年与日本 "光学轨道间通信工程试验卫星" (OICETS) 的星地通信试验，以及 2013 年的月球激光通信演示 (LLCD)。图 4.19 为桌山光学通信望远镜和桌山地面站。

图 4.19 桌山光学通信望远镜和桌山地面站

2. 美国夏威夷

该地面站坐落在夏威夷州的考爱县 (Kauai County, near Kekaha, Hawaii)，坐标为北纬 $22°01'22''$，西经 $159°47'06''$，海拔 7m。图 4.20 为美国夏威夷地面站。

图 4.20 美国夏威夷地面站

3. 日本东京

日本卫星通信地面站位于日本国家信息与通信技术研究所 (NICT)，地处东京以东的鹿岛市 (约 80km)，东经 $140.63°$，北纬 $35.98°$，拥有 1.5m 口径的光学望远镜。鹿岛市面向太平洋,并受日本暖流影响,冬夏温差达到最小。冬季几乎无雪。一年四季都是温和的海洋性气候。

日本 NICT 早在 20 世纪 70 年代初就开始着手空间光通信技术的相关工作,40 年来在激光通信领域一直不间断地进行投入开展试验研究。其 1.5m 地面站望远镜建于 1988 年,望远镜和静止卫星观测装置见图 4.21。该望远镜也是由美国 Contravs 公司 (现在的 L-3 Brashear) 负责建造,望远镜具有多个焦点,配备激光雷达、相机及各种观测单元。全系统于 1995 年成功进行了星地双向链路激光通信试验,这是世界上首次成功进行的星地光通信试验。不仅如此,该系统还进行了捕获、精跟踪、提前量补偿、双向通信、光束传输以及光学器件在轨寿命等单元评定试验。通过星地双向链路激光通信试验,日本突破了激光通信相关的一系列关键技术,也很好地带动了激光通信产业在日本的发展。

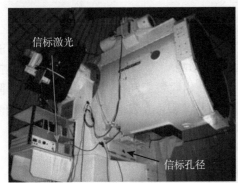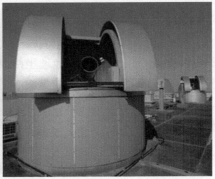

图 4.21　1.5m 望远镜和静止卫星观测装置

4. 欧洲空间局西班牙 (Tenerife) 岛

参与欧洲多次量子通信试验的光学望远镜隶属于欧洲空间局,位于西班牙的 Tenerife 岛,地理坐标北纬 28°19′,西经 16°34′,站址的海拔为 2400m,具有良好的大气观测条件。望远镜当初建设的目的是参与 SILEX 计划,完成偏振测量、捕获和通信时间等一系列关键指标的地面验证。望远镜于 1993 年开始建造,1996 年建成,1997 年便开始了天文观测。Tenerife 岛的望远镜于 2001 年 11 月参与了 SILEX 计划的星地通信地面测试,验证了地面站望远镜的多孔径发射及 PAT 技术,通信时的视场为 87.3μrad。随后该望远镜还于 2003 年实现了和日本 LUCE 终端的星地激光通信链路,参与了法国 LOLA 飞机与高轨卫星间通信的链路地面测试工作,完成了和德国 TESAT 相干通信终端之间的地面链路测试工作,2007 年实现通信速率 5.6Gbit/s,也是美国月地激光通信计划 (Lunar Laser Communication Demonstration Program) 的关键地面站之一,2013 年实现了月地 622Mbit/s 的高速激光通信链路。另外,从该望远镜的发展计划来看,光通信试验仍然是其未来的工作重点。图 4.22 为 Tenerife 岛光学地面站、望远镜及后光路系统。

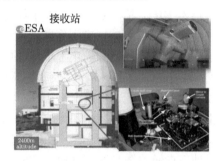

图 4.22　Tenerife 岛光学地面站、望远镜及后光路系统

5. 美国白沙靶场

LLGT 是 LLCD 的主要地面终端,位于美国新墨西哥州和得克萨斯州交界的美国白沙靶场 (图 4.23) 内,地理坐标北纬 $32°56'38''$,西经 $106°25'10''$。具有温控外壳的 LLGT 高约 4.5m,总质量约 7t。其由八组收发机和接收机望远镜组成的阵列以及一个控制室组成。该地面站完成了 2014 年 6 月 5 日的美国星地激光通信演示验证试验。

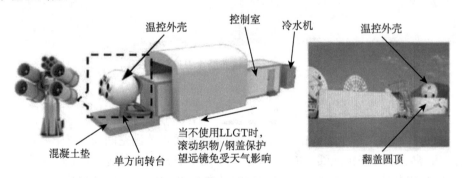

图 4.23　美国白沙靶场中的地面站

4.6.4　激光通信地面站特殊设计

1. 主被动自适应光学设计

1) 大口径接收

相对于点接收而言,若增加接收光学口径或面积,可有效抑制大气湍流所产生的空间随机性,进而产生孔径平滑效应。孔径平滑效应通常用孔径平滑因子进行衡量。孔径平滑因子定义为:一定面积口径内的光强起伏方差与点接收起伏方差的比

值。对于弱湍流和平面波条件，口径为 D 的圆形口径，所对应的孔径平滑因子 A 为

$$A = [1 + 1.07(kD^2/(4L)^{7/6})]^{-1} \tag{4.2}$$

其中，k 为波数。由此可见，孔径平滑因子 A 与口径 D 和链路距离 L 有关，而与波长无关。通过计算机仿真 (仿真条件是通信距离为 15km)，可以发现随着口径的增加，孔径平滑因子近似为反比规律递减，这也意味着孔径平滑作用越明显，对于光强起伏方差抑制能力越强。从图 4.24 可知，当口径大于 0.30m 时 (大于小湍流尺度)，孔径平滑作用不再十分明显，所以需要优化选取。由于口径平滑对光强闪烁方差有比较明显的抑制作用，所以极大地提高了地面激光通信的链路距离，减小了具体应用的苛刻限制。

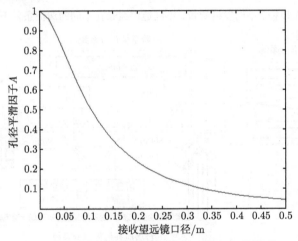

图 4.24　孔径平滑因子与接收望远镜口径的关系

2) 多口径发射

在大气信道内进行空间激光通信，首先应保证不发生湍流饱和现象。而湍流饱和现象发生的条件就是 $\sigma_I^2 < 0.35$。由公式 (4.2) 可知，孔径平滑效应和多口径发射效应可有效抑制光强闪烁方差，进而可提高大气激光通信距离。图 4.25 表示了不同接收口径、不同发射数量、不同通信波长在不同的湍流条件下 (仿真中将地面的大气折射率结构常数范围定为 $10^{-17} < C_n^2 < 10^{-14}$)，可获得的极限通信距离。可见接收口径越大，发射口径数量越多，可获得的极限通信距离越高。这对于开展地面激光通信系统设计具有指导意义。

3) 主动自适应光学

地面站加主动自适应光学单元，可提高光斑检测精度、接收耦合效率。激光通信自适应补偿控制系统由两级校正系统组成，其整体组成如图 4.26 所示。

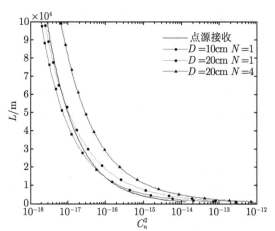

图 4.25　不同接收口径、不同发射数量、不同通信波长在不同的湍流条件下的极限通信距离

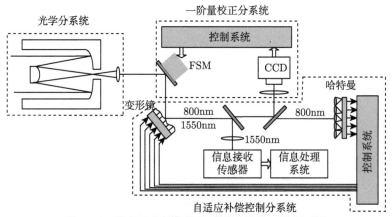

图 4.26　带自适应补偿的星地激光通信系统原理图

由图 4.26 可以看出，系统主要由三个部分组成：光学分系统、一阶量校正分系统、自适应补偿控制分系统。其中 FSM 单元不但要完成湍流一阶量的校正，同时还要完成精跟踪任务；变形镜单元完成对湍流高阶项校正的任务。光学分系统包括望远镜单元和各种光学中继单元 (滤波、双色分光等)，实现激光信号的接收和发送功能。其中为了使接收系统更加紧凑，光学望远镜使用卡塞格林望远镜。通过分光片将信标光与通信光分离，信标光进入一阶量校正分系统实现对 GEO 卫星的精信标光的跟踪，同时也可校正大气湍流引起的激光波前整体倾斜。自适应补偿控制分系统包括波前探测单元、波前校正单元以及波前校正控制单元，通过大气自适应光学分系统实现对大气湍流光波前畸变的校正，改善包括误码率、跟踪精度、光纤耦合效率等在内的多种光学系统性能。

图 4.27～ 图 4.33 给出了增加自适应光学系统后对系统性能的改善结果。

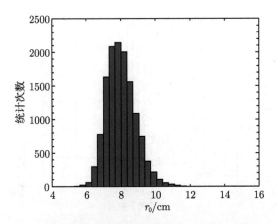

图 4.27 校正前的大气相干长度 $r_0 = 8\text{cm}$ @550nm

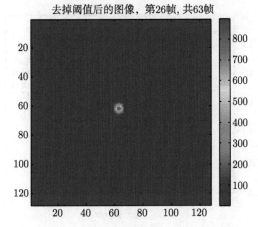

图 4.28 达到衍射极限分辨率 (后附彩图)

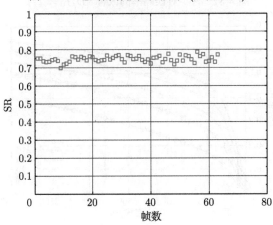

图 4.29 平均 SR(斯特利尔比率) $= 0.75$

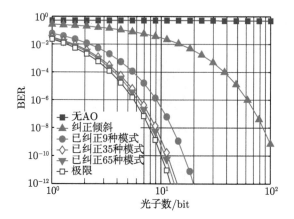

图 4.30   AO 对误码率的改善 ($D/r_0 = 10$)

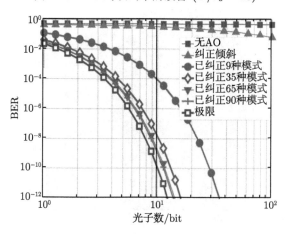

图 4.31   AO 对误码率的改善 ($D/r_0 = 17$)

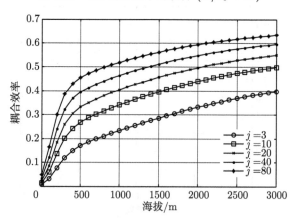

图 4.32   AO 校正阶数不同时耦合效率与海拔的关系

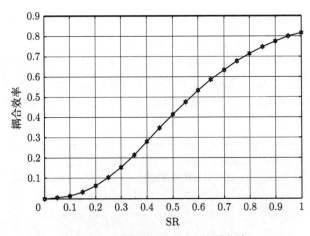

图 4.33 耦合效率与 SR 关系曲线

2. 激光安全与防护

激光通信是以具有高能量的激光作为信息载体的,不可避免地会对人员、航空和天文观测设备产生安全威胁。

(1) 人员。眼球是对光最为敏感的人体器官,因而很容易受到激光的伤害。激光对人眼的损伤过程主要有热损伤、光化学损伤和电离损伤等。由于眼球是很精细的光能接收器,它是由不同屈光介质和光感受器组成的极灵敏的光学系统。眼的屈光介质有很强的聚焦作用,将入射光束高度会聚成很小的光斑,从而使视网膜单位面积内接收的光能比入射到角膜的光能提高 10^5 倍,会造成极大的伤害。长期在激光操作环境中工作的人的眼睛容易受到影响。在操作和使用激光器时,即使没有直接被激光照射,但射线通过其他物体或者墙壁等会产生微量反射,长期在这种环境中工作的人群,白内障的发病率极高。

激光对航空安全的威胁也很大。激光照射在驾驶舱上可能分散飞行员的注意力甚至造成飞行员的暂时失明,这种干扰或生理损害破坏了驾驶舱程序、飞行机组之间的协调,或者飞行员与空中交通管制人员之间的交流,可能造成灾难性的后果。欧美各国从 2005 年起开始向飞行员收集激光照射信息,激光照射航空器事件的数量逐年快速增加。

(2) 天文观测设备。天文观测设备中的光学镜头、内部光学元件、传感器等往往因为具有高累计光学增益而容易遭受强光辐射攻击,造成材料无法复原从而失去本身功能。因此也需要进行激光防护。

相关防护:

防护镜具有以下要求:① 应使入射光强衰减至人眼所能接受的安全范围;② 不仅对激光的衰减有效,而且还应尽可能保持高的可见光透过率;③ 色调不应发生畸变；④ 耐风雨及机械冲击。我国使用的关于激光安全的强制标准有：GJB2408—
1995《激光防护眼镜防护性能测试方法》，GJB1762—1993《激光防护眼镜生理卫
生防护要求》，GB7247.1—2012《激光产品的安全　第 1 部分：设备分类、要求》。
在激光通信时，应明确通信链路内可能出现的飞机班次，避免激光对飞行员产生干
扰和伤害。如发现飞机，应立即中断通信。图 4.34 给出了人眼防护的最低光密度
及照射限值等。

几种典型激光源人眼防护所要求的最低光密度值				
激光器	发射方式	输出功率/能量	照射限值	最低光密度
倍频Nd: YAG	巨脉冲	100mJ	$5.0 \times 10^{-7} J/cm^2$	6.0
Cu蒸气	连续	5W	$1.8 \times 10^{-3} W/cm^2$	4.1
Ar$^+$	连续	5W	$1.8 \times 10^{-3} W/cm^2$	4.1
	连续	50mW	$1.8 \times 10^{-3} W/cm^2$	2.1
Nd: YAG	连续	80mW	$9.6 \times 10^{-3} W/cm^2$	4.6
	长脉冲	400mJ	$5.0 \times 10^{-6} J/cm^2$	5.6
	巨脉冲	100mJ	$5.0 \times 10^{-6} J/cm^2$	5.0
CO$_2$	连续	80W	$5.6 \times 10^{-1} W/cm^2$	2.9

图 4.34　人眼防护的最低光密度及照射限值等

3. 环境测试辅助设备

1) 微脉冲激光雷达

(1) 微脉冲激光雷达组成原理。

微脉冲激光雷达组成原理如图 4.35 所示。其由半导体激光泵浦的 Nd:YAG 脉
冲激光器、激光信号发射接收共用天线，光电探测器、多通道计数器、导光镜以及
数据采集与控制系统、数据处理与存储等组成。激光信号发射接收共用天线包括望
远镜、导光镜、聚焦透镜等。多通道计数器按照时序分布累计平均接收的信号，同
时将信号进行数据采集，而后通过数据处理，反演大气光学参数并存储起来。

测量系统方程为

$$P(z) = \frac{\dfrac{O_c(z) \cdot C \cdot E \cdot \beta(z) \cdot T^2}{z^2} + n_b(z) + n_{ap}(z)}{DTC[P(z)]} \tag{4.3}$$

式中，$P(z)$ 为测量探测器接收到的光电子数；$T^2 = \exp\left[-2\int_0^z \sigma(r) dr\right]$ 为大气透

过率，其中 $\sigma(r)$ 为距离 r 处的消光系数，$\sigma(r) = \sigma_m(r) + \sigma_a(r)$，这里，$\sigma_m(r)$ 为
气体分子的消光系数，$\sigma_a(r)$ 为气溶胶消光系数；$O_c(z)$ 是填充订正函数；C 是系

统常数；E 是发射的激光脉冲能量 (μJ)；$\beta(z)$ 是气溶胶和大气总的后向散射系数 (km^{-1})，$\beta(z) = \beta_{\mathrm{m}}(z) + \beta_{\mathrm{a}}(z)$。

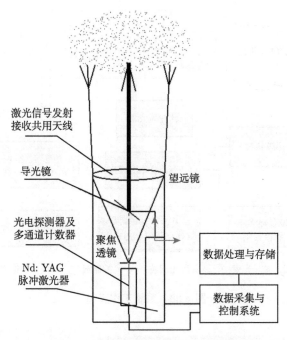

激光信号发射接收共用天线

导光镜

望远镜

光电探测器及多通道计数器

聚焦透镜

Nd: YAG 脉冲激光器

数据处理与存储

数据采集与控制系统

图 4.35 微脉冲激光雷达组成原理图

另外根据大气散射吸收测量所得的原始数据，经处理得到归一化后向散射信号。利用这个随距离分布的数值可进一步导出气溶胶消光系数。

(2) 微脉冲激光雷达工作过程。

激光器发射激光脉冲，经激光发射光学天线，准直扩束后发射到大气中；二维转台扫描控制部分驱动转台旋转，使激光光束按指定的方向扫描，激光束与大气中的粒子作用，后向散射回波信号经光学接收望远镜聚焦，通过空间滤波器、窄带滤光片滤除大部分天空背景噪声，入射到单光子计数器模块光敏面上；光电转换模块调节光电器件光电感应系数，使光电接收系统保持在较优接收状态，在信号阈值条件下，电信号被高速数据采集系统采集，时间间隔和光子数等测量数据上传计算机；扫描控制及数据采集模块同步记录激光发出时刻的激光光束方位角。设备控制软件实时处理数据，反演大气光学参数。具体工作流程如图 4.36 所示。

(3) 分系统组成与介绍。

微脉冲激光雷达各分系统如图 4.37 所示，接收/发射光学天线、光子计数器模块、脉冲激光器、温度控制模块等集成于光学传感舱内，设备电源、数据采集电路、控制电路安装于主控箱内,计算机内安装数据采集软件、数据实时处理软件,以及旋转台组成微脉冲激光雷达系统的硬件部分。

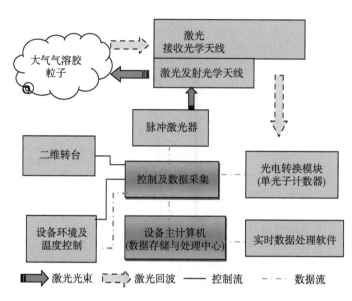

图 4.36   系统工作流程

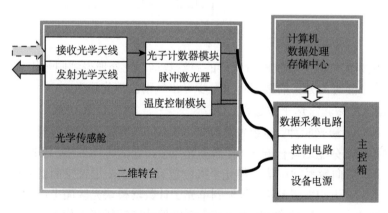

图 4.37   微脉冲激光雷达各分系统组成

根据工作流程与系统组成,各分系统功能如下。

(a) 脉冲激光器:作为主动系统光源,发射脉冲激光与大气粒子作用产生后向散射信号。激光器具有较好的单色性、准直性与相干性,波长为 532nm,频率为 2.5kHz,脉冲宽度为 8~10ns,发散角为 1.5mrad。

(b) 发射光学天线:发射光学天线将激光器发出的光束扩束准直,使出射光具有更好的光束质量，而且压缩发散角，激光束经过发射天线后发散角为 0.15mrad，光束直径为 20mm。

(c) 接收光学天线：激光回波信号由接收光学天线接收，接收光学天线与发射光学天线组成透射式同轴光学系统，共用同一主镜，使光学系统具有较强的稳定性。发射光学天线口径为 160mm，焦距为 500mm，接收视场为 0.3mrad，小的接收视场可以减少天空背景噪声。光学滤波器由空间滤波器与窄带干涉滤光片组成，空间滤波器滤除接收视场外的噪声信号，窄带干涉滤光片可对光信号进行单色性滤波，空间滤波微孔直径为 0.12mm，干涉滤光片带宽为 0.2nm。

(d) 光子计数器模块：探测器采用了单通道光电倍增模块，它具有饱和自保护功能、暗计数值低的特点。这个模块包括了高压电源、甄别器、信号脉冲整形等部件，实现单光子计数，计数率线性动态范围较宽，线性响应计数率可达到 10^5counts/s。

(e) 温度控制模块：采用半导体制冷片，可以对传感舱进行温度控制，保证传感舱内的各系统处于工作温度范围内。

(f) 数据采集电路：对光子计数器模块输出的信号进行采集，采集卡最小时间间隔为 100ns(对应空间分辨率 15m)，2000 个时间通道 (对应测量高度 30km)。

(g) 控制电路：控制探测器电源、激光器电源等各个模块按照一定的时序开启与关闭，正确的开关顺序对各个模块是一个有效的保护。

(h) 设备电源：为激光器、探测器等提供稳定电源输出。

(i) 计算机数据处理存储中心：数据采集与实时处理软件以计算机为硬件载体，发送指令给系统控制电路，控制设备开启与数据采集，采集的数据经软件处理后存储于计算机内。

(j) 二维转台：带动光学传感舱进行二维扫描，从而实现立体扫描，实现对大气气溶胶的立体扫描探测。

(4) 主要技术指标。

(a) 激光器选择。

该系统选择 532nm 激光作为探测的光源。选择 532nm 激光器主要考虑的因素包括应用领域，人体 (眼) 危害，激光在传播介质中衰减，目标对不同波长激光的反射、吸收特性，以及太阳光背景光噪声等方面。

图 4.38 为太阳光谱辐射分布及大气窗口分布。从图中可以看出，波长在 0.5μm 左右，大气中太阳光的强度最强，其他区间太阳光的强度逐步衰减，因此对于激光探测来说背景噪声相对较弱，但是激光的衰减也比较严重。

从图 4.38 还可以看出各种波长的光在大气中的衰减程度差别很大。通常把大气衰减比较低的光谱范围称为大气窗口。为了在同等能量范围内激光尽可能地探测相对远的距离，系统所选激光的波长应落在大气窗口内。

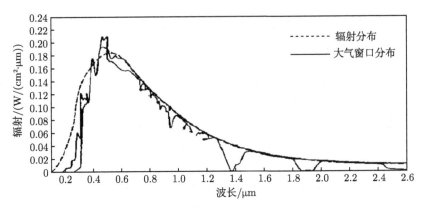

图 4.38 太阳光谱辐射分布及大气窗口分布

大气散射吸收测量仪主要利用米氏散射 (Mie scattering) 信号进行大气气溶胶探测, 米氏散射是一种散射谱的中心波长与入射激光波长相同, 散射谱的谱宽近似于入射激光谱宽的弹性散射, 它是由粒径相当或大于激光波长的气溶胶粒子引起的散射。波长越长散射越弱, 在相同的大气状况, 相同的发射能量激光器下, 532nm 激光源的大气散射吸收测量仪的接收信号要比 1064nm 与 1550nm 波长的回波信号强, 探测范围更广。

另外, 考虑到激光在工作中对人眼的安全性因素, 避免对民众正常工作和生活的干扰, 以及各种激光器和各波长光电传感器件工业化程度, 我们考虑使用波长为 532nm, 单脉冲能量为 10μJ, 频率为 2.5kHz 的半导体泵浦固体激光器 (LDPSSL) 作为大气散射吸收测量仪的激光光源。

(b) 发射光学天线。

激光器发出的激光束有一定的发散角, 到达远距离目标时的光斑直径会很大, 这样在单位面积上的能量密度就小, 同时光束发散角一定小于接收视场角, 否则进入接收光学系统中的回波信号就会很弱, 减少系统的作用距离, 因此激光束在发射过程中要经过准直, 压缩光束的发散角。所以压缩发散角是发射光学系统要解决的主要问题。在该系统中, 根据测量距离的要求, 发射望远镜采用倒置伽利略望远镜。该系统光束的发散要压缩到 0.15mrad。

(c) 接收光学天线。

接收视场角既要满足减小天空背景噪声的需要, 又要满足发射光束发散角与接收光束视场角的匹配, 以及光学装调的难易程度, 接收视场角越小, 要求发射与接收光轴装调平行精度越高, 该系统接收天线视场角为 0.3mrad, 发射光束发散角为 0.15mrad, 装调误差小于 0.15mrad, 可以满足系统要求, 装调精度也容易保证。光学系统有效接收孔径的平方与接收信号成正比, 在其他条件相同的情况下, 接收口径越大天线增益越大, 综合激光器发射能量、探测距离等因素, 选择接收天线口径为 160mm。

(d) 数据采集系统。

通道: 两个信号接收通道, 一个触发通道。

输入信号: 0~5V TTL 信号。

最大计数率: 250MHz。

时间分辨率: 100ns。

最大累计: 4094 次采集 (16bit)。

最大探测时间: >200μs(30km)。

带宽: >10MHz。

(e) 数据处理。

① 消光系数反演。

Fernald 后向解法, 根据探测的信号, 找到大气气溶胶消光系数边界值, 此边界值经过试验可以认定为大气分子消光系数的 1/100, 利用中、低纬度的气溶胶模型, 获得激光探测器率 (即大气消光后向散射比), 探测器率一般为 40~70, 进行迭代求解即可得到整个有效探测高度上的消光系数后向散射系数廓线。

② 能见度反演。

由 Koschmieder 定律:

$$\varepsilon = \exp(-\sigma V_k) \tag{4.4}$$

式中, V_k 为水平能见度, 推得水平能见度方程:

$$V_k = -\ln \varepsilon / \sigma \tag{4.5}$$

这里, ε 是一个与人眼视觉特征有关的物理量, 世界气象组织推荐的 ε 值为 0.02, 而国际民航组织推荐的 ε 取值为 0.05, 所以实际观测中需要大量对比试验来确定 ε 的取值。

③ 边界层厚度反演。

大气边界层是大气最底层、靠近地球表面、受地面摩擦阻力影响的大气层区域, 大气边界层中存在各种尺度的湍流, 具有很大随机性。大气边界层的变化对污染物扩散、能见度有重要影响。对系统回波信号采用梯度法或求导法可以反演大气边界层厚度的变化。

④ 云层厚度反演。

当激光信号遇到云层时, 由于云层有较强的后向散射系数, 回波信号出现峰值, 如图 4.39 所示, 对信号进行数学处理, 求得云底高度。

(f) 图形产品。

① 大气散射吸收测量仪可以反演云底高度、消光系数廓线、能见度等。

② 大气时空演示图是指各种测得参数廓线随时间的演变过程，参数包括气溶胶粒子后向散射系数、消光系数、光学厚度、大气边界层高度，横坐标为时间，纵坐标为高度，不同颜色代表廓线振幅的大小不同。时空演变图可以直观地反映大气气溶胶的时空演变特征。

③ 云底高度、云层厚度探测。

云底高度探测。云层的反射回波很强，在 6.3km 附近出现峰值，云底高度约为 6.3km(图 4.39)。

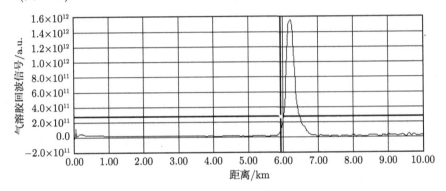

图 4.39　云底高度探测

消光系数廓线，黑色廓线为总的消光系数，红色为气溶胶粒子消光系数，绿色为大气分子的消光系数廓线，在 6km 处大气气溶胶消光系数达到最小值，与分子消光系数相当 (图 4.40)。

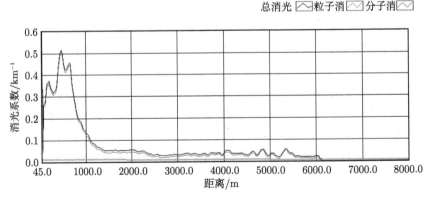

图 4.40　消光系数廓线 (后附彩图)

能见度与消光系数呈反比关系，边界层内气溶胶浓度较高，能见度在 10km 左右，1km 高度以上时，随着气溶胶粒子浓度的降低，能见度逐渐增大，高度为 1~6.5km 时，能见度从 50km 达到 500km 以上 (图 4.41)。

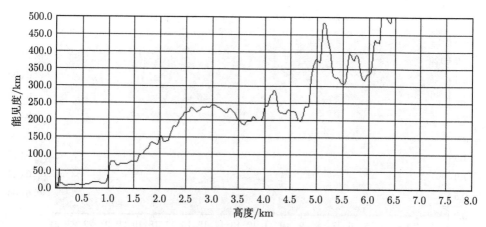

图 4.41　不同高度层上的水平能见度廓线

24h 内大气边界层的时空演变特征, 从 00:00am 到 7:00am 大气边界层平均高度为 340m (图中在此时段值从 600 多到 240 多, 基本满足平均为 340m), 气溶胶主要集中在边界层内, 从 9:00am 开始随着阳光辐射作用, 大气对流活动增强, 气溶胶向高空传送, 除了个别偏差较大的点外, 2:00pm 时达到最高, 为 1750m, 到 24:00 左右边界层高度达到最低, 为 245m(图 4.42)。

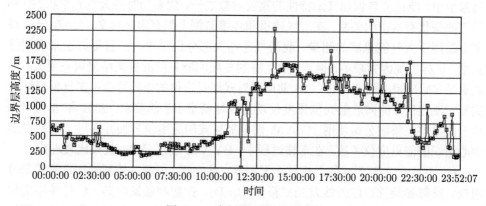

图 4.42　大气边界层时空演变

图 4.43 为大气气溶胶粒子后向散射时空演变图, 颜色从红色到蓝色代表气溶胶浓度从高到低变化, 横轴为时间, 纵轴为高度。00:00~5:00 时间段内, 2.8km 处出现云层, 0.5~1.5km 出现分层分布, 5:00~24:00 红色部分高度变化与大气边界层变化一致。

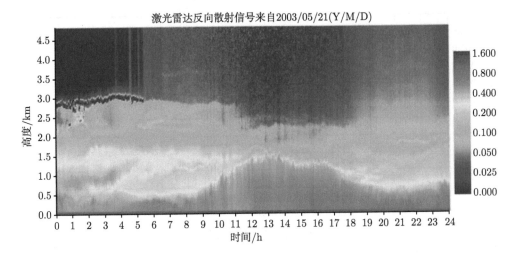

图 4.43　大气气溶胶粒子后向散射时空演变 (后附彩图)

2) 大气能见度测试仪

能见度是气象观测的常规项目，是反映大气浑浊程度的一个光学指标，是表征近地表大气透明程度的一个重要物理量，并可以在特定条件下分析空气污染的程度。对航空、航海、陆上交通、目标探测和识别以及军事活动都有重要的影响。在气象学中，能见度是识别气团特性的重要参数之一，代表当时的大气光学状态，和天气的变化有紧密的关系，在天气预报和环境监测上都有实际意义。目前，已有很多方法用于大气能见度的测量。我国气象站大部分仍采用人工目测方法来观测能见度，这样主观因素较多，误差较大，特别是夜间能见度的目测结果误差更大，不能满足实际应用的需要。HY-V35 前向散射式能见度仪的指标符合中国气象局综合观测司制定的《前向散射式能见度仪功能规格需求书》的要求，2011 年 5 月中国华云气象科技集团公司使用 HY-V35 前向散射式能见度仪参加并通过了气象探测中心组织的能见度仪考核，在考核过程中，HY-V35 表现稳定，效果比较理想。

HY-V35 前向散射式能见度仪由发射器、接收器、电源 / 控制器和机架等部分组成。发射器装置由红外线发光二极管 (LED)、控制和触发电路、红外线强度传感器 (光电二极管) 和反向散射信号强度传感器 (光二极管) 组成。变送器装置以 2kHz 的频率使红外线 LED 产生脉冲波。光二极管监控发射光强度，测量的变送器强度用于自动使红外线 LED 的强度保持为预设值。LED 反馈电压由 CPU 监控，以获取有关红外线 LED 的老化情况和可能的缺陷信息。反馈回路对红外线 LED 的温度和老化效应进行补偿。另外，主动补偿会略微加速红外线 LED 老化。因此，初始 LED 电流设置为一个值，这可确保装置运行几年而无须维护。额外的光二极管测量从镜头、其他对象或污染物向后散射的光信号也由 CPU 监控。温度传感器是固定到横臂上的 Pt100 热敏电阻。使用高精度 A/D 转换器,每分钟测量一次温度。光接收器由 PIN 光电二极管、前置放大器、跨阻放大器、反向散射测量光源 LED,以及一些控制和定时电子器件组成。PIN 光电二极管接收从空气中采样的信号。

3) DIMM 大气湍流强度测试仪

大气湍流对空间传输光的影响,进而影响到激光通信系统的捕获概率、通信误码率、跟踪精度、光纤耦合效率等技术指标。为建立湍流与通信系统相关技术指标之间的联系,对通信系统性能评估及系统设计起指导作用,需要对大气湍流强度进行测试。

夜晚有众多三、四等以上的恒星可供选择,光线经独立开普勒望远系统,聚焦成像在狭缝位置,光线通过光楔成像在 CCD 靶面上形成两个像。通过测量线端点或像点质心的位置可获得到达角之差。

同时该产品在白天也可以实现对恒星的观察,可选用亮度大于一等的恒星,由于白天背景辐射强,天空背景辐射光谱与成像 CCD 光谱比较接近,信号可能被噪声淹没,因此白天采用观太阳的方法实现。在光学系统前端增加一个挡光罩,缩小口径,降低能量,在开普勒一次成像焦点处放置一个东西走向的狭缝,取下太阳边缘像运动信息。同一太阳边缘的两个平行狭缝像出现在 CCD 上,由于经历了不同的大气光程,所反映的太阳边缘运动就会有所不同,从而完成测量。

图 4.44 为利用大气湍流强度测试仪进行垂直 (斜程) 链路大气湍流参数测试的装置。

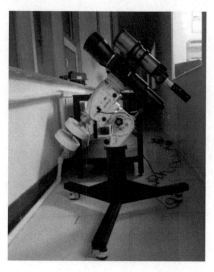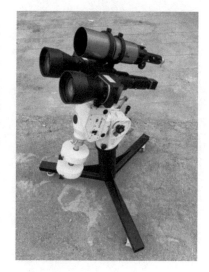

图 4.44 垂直 (斜程) 链路大气湍流参数测试的装置

4) 天空背景光测试仪

大气气溶胶光学厚度的测量可反映气溶胶粒子对太阳辐射的消化作用。世界气象组织 (WMO) 的全球大气观测网 (WMO-GAW)、全球气溶胶监测网 (AERONET) 等监测网络将大气气溶胶光学厚度的观测作为对全球和局地气候变化的监测手段之一。同时气溶胶光学厚度的地基观测结果，也是对卫星光学遥感校准的一种重要的手段。WMO-GAW 推荐了两种通过直接测量太阳分光辐射求出气溶胶光学厚度的方法，一种方法是采用一组短波截止滤光片和直接日射表相配合进行测量，另外一种是使用太阳光度计的测量方法。

图 4.45~图 4.47 为大气湍流强度测试仪采集图像及相关数据分析。

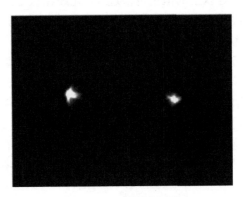

图 4.45 光斑采集图像

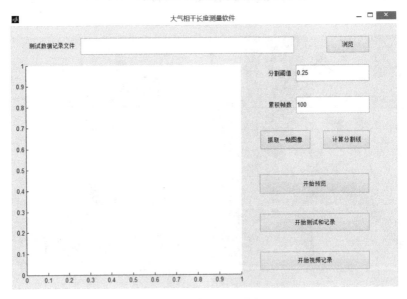

图 4.46 测试分析软件界面

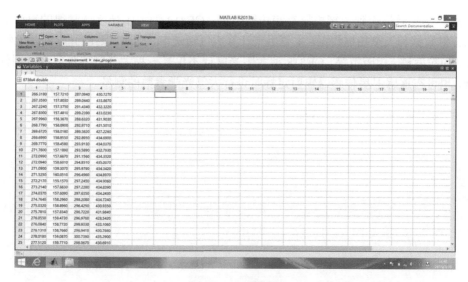

图 4.47 数据分析

地面站所使用的 CE318 型太阳光度计 (图 4.48)，是法国 CIMEL 公司制造的一种自动跟踪扫描太阳辐射计。该仪器在可见近红外波段有 9 个光谱通道，它不仅能自动跟踪太阳做太阳直射辐射测量，而且可以进行太阳等高度角天空扫描、太阳主平面扫描和极化通道天空扫描。CE318 型太阳光度计能自动存储测量数据，并

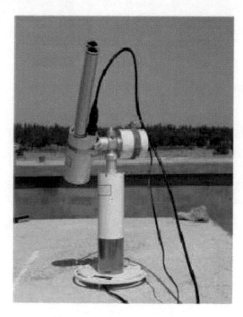

图 4.48 CE318 型太阳光度计

在测量完成后传输到计算机保存和传输数据。CE318 型太阳光度计测得的直射太阳辐射数据和天空扫描数据，主要用来计算大气通透率，反演气溶胶光学和其他特性，如粒度谱、相函数等。CE318 型太阳光度计不仅是一种大气气溶胶环境监测仪器，也可在遥感卫星传感器辐射定标时进行大气光学参数的测量。

第 5 章　卫星激光通信系统外界约束环境分析

5.1　卫星激光通信链路特性分析

5.1.1　链路可视率分析

　　当 LEO 卫星与 GEO 卫星进行通信时，由于 LEO 卫星绕地球周期旋转运动，受到地球的遮挡，破坏了空间激光通信链路的可视率，进而引起一定的工作死区。死区的存在，不仅意味着无法长时间持续通信，而且每次链路建立，都需要复杂的初始指向、捕获和跟踪过程。

　　若 GEO 卫星定点于东经 75°，LEO 卫星的轨道高度为 400km，倾角为 42°，计算 2012 年 6 月 1 日 LEO 卫星在不同周期内与 GEO 卫星的可视情况，如图 5.1 所示。

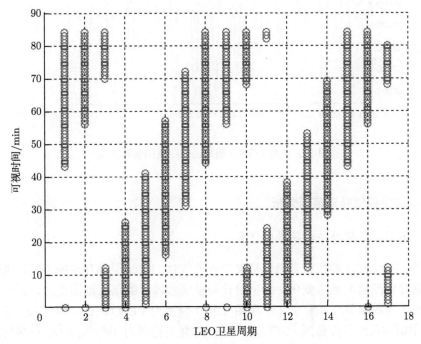

图 5.1　LEO 卫星在不同周期内与 GEO 卫星的可视分析

　　对于 LEO-GEO 卫星间的通信，由于大气阻力严重影响轨道参数，所以低轨卫星一般只有几天到几周的工作周期。另外，由于大气层的影响，所以 LEO-GEO 的可视率极大降低。

5.1.2　链路距离分析

LEO 卫星存在不同的轨道高度，当与 GEO 构成激光通信链路时，在不同时刻所对应的通信距离将发生变化。为了满足系统链路功率要求，在总体设计中需要明确链路的最大通信距离。图 5.2 为 LEO-GEO 链路通信距离的仿真曲线，由此可知当 LEO 的轨道高度为 400km 时，所对应的链路距离在 35401~44005km；综合考虑 GEO-LEO 通信链路，同时考虑到未来与星间激光通信 GEO-GEO 链路的组网问题，我们可以将链路的工作距离定为不小于 45000km。

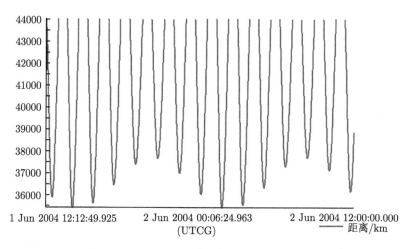

图 5.2　LEO-GEO 链路通信距离的仿真曲线

5.1.3　链路视轴转动范围分析

1. 不同链路视轴转动范围的仿真

当 LEO-GEO 构成激光通信链路进行通信时，LEO 卫星存在的不同轨道倾角将引起视轴倾角的动态变化。为了设计两轴伺服转台的跟踪范围角度，必须明确链路的最大跟踪角度。图 5.3(a) 和图 5.3(b) 分别为 LEO-GEO 链路 GEO 卫星和 LEO 卫星的跟踪角度范围，GEO 卫星的跟踪角度范围为 $10°$，而 LEO 终端的跟踪角度范围近似为 $\pm180°(2\pi)$。这就意味着，GEO 终端和 LEO 终端的伺服转台的结构有所不同。

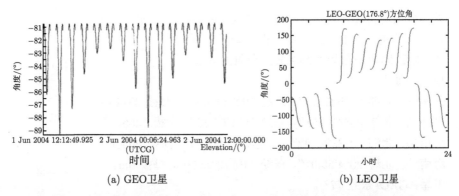

(a) GEO卫星   (b) LEO卫星

图 5.3 LEO-GEO 链路 GEO 卫星和 LEO 卫星的跟踪角度范围的仿真曲线

2. 角度范围对伺服机构的影响

空间激光通信系统可以搭载不同平台 (卫星、飞艇、飞机、地面),根据不同的链路特点,粗跟踪伺服转台单元具有不同角度的伺服范围。角度范围对几种典型伺服机构的影响如下。

1) 平面反射镜伺服结构

平面反射镜伺服结构中,望远单元、成像光学单元、探测器、激光器等核心元件都固定,不因视轴方向的调整而运动,有利于系统的可靠性;但这种结构的伺服范围有限,不适于大角度的扫描与跟踪,常应用于 GEO-地面、GEO-LEO 的 GEO 终端的伺服结构。

2) 潜望周扫伺服结构

在望远镜的前面放置两个正交布置的一维扫描结构平面镜,一个用于方位全周扫描,一个用于俯仰全周扫描,构成潜望周扫伺服结构,该结构基本具有平面反射镜伺服结构的优点,但在扫描范围方面克服了平面反射镜伺服结构的缺点,通过潜望周扫伺服结构可实现二维的周扫,所以其非常适合大范围的扫描,但它却存在工作空间较大的缺点。

3) 望远镜伺服结构

望远镜伺服结构经常应用于链路距离较远的激光通信系统。望远镜伺服结构仅让望远系统进行万向伺服,系统中的其他部分固定不动。因为望远系统直接引起视轴的移动,所以它相对于平面反射镜伺服结构,易于实现轻量化设计。这种结构易于实现半球甚至更大立体空间扫描和指向。

5.1.4 太阳规避角分析

1. 不同链路的日凌影响

在春分和秋分期间,会出现太阳、同步卫星与地球处于同一直线的现象,在这一位置将会出现日凌现象。下面对不同链路的日凌影响加以总结。

1) 太阳直射对 GEO 卫星和地面站通信的影响

(1) 太阳-地面站与地面站-GEO 夹角为 3°。

地面站如下。

云南站：北纬 25°5′23.79″，东经 102°39′5.06″，海拔 2014m；

喀什站：北纬 39°31′5.08″，东经 76°1′57.46″，海拔 1486m；

阿里站：北纬 32°33′57.82″，东经 80°9′35.14″，海拔 5036m；

海南站：北纬 20°4′55.01″，东经 110°22′22.90″，海拔 0m。

卫星：GEO(东经 77°)。

仿真结果见表 5.1。

表 5.1　太阳-地面站与地面站-GEO 夹角为 3°

名称	仿真内容	结论
GEO(东经 77°)——云南站	全年太阳直射天数	31 天
	主要分布月份	9/10/3
	持续时间/min	3~24
	起止时间	14:44~15:29
GEO(东经 77°)——喀什站	全年太阳直射天数	32 天
	主要分布月份	10/2/3
	持续时间/min	4~25
	起止时间	14:27~15:15
GEO(东经 77°)——阿里站	全年太阳直射天数	30 天
	主要分布月份	9/10/2/3
	持续时间/min	10~24
	起止时间	14:35~15:11
GEO(东经 77°)——海南站	全年太阳直射天数	30 天
	主要分布月份	9/10/3
	持续时间/min	8~26
	起止时间	14:49~15:33

(2) 太阳-GEO 与 GEO-地面站夹角为 3°。

仿真结果见表 5.2。

仿真结果表明，当太阳-GEO 与 GEO-地面站夹角为 3°，地面站为阿里站时，太阳对 GEO 卫星和阿里站的全年直射时间为 1187min；地面站为海南站时，太阳对 GEO 卫星和海南站的全年直射时间为 1168min；地面站为喀什站时，太阳对 GEO 卫星和喀什站的全年直射时间为 1201min；地面站为云南站时，太阳对 GEO 卫星和云南站的全年直射时间为 1181min。

直射时间包括地面站被太阳直射时间和 GEO 被太阳直射时间，每天太阳直射地面站和 GEO 各一次。所以如仿真结果可知，直射时间等于直射天数里地面站和 GEO 被直射时间之和。时间等于地面站天数 (约 30 天)× 地面站持续时间 (5 ~ 24min) + GEO 天数 (约 30 天)×GEO 持续时间 (5 ~ 24min)，所以通过计算累加，总和在 1200min 附近。

表 5.2　太阳-GEO 与 GEO-地面站夹角为 3°

名称	仿真内容	结论
GEO(东经 77°)——云南站	全年太阳直射天数	32 天
	主要分布月份	09/04/03
	持续时间/min	4~24
	起止时间	2:51~3:23
GEO(东经 77°)——喀什站	全年太阳直射天数	32 天
	主要分布月份	09/08/04/03
	持续时间/min	5~24
	起止时间	2:38~3:06
GEO(东经 77°)——阿里站	全年太阳直射天数	30 天
	主要分布月份	09/04/03
	持续时间/min	6~25
	起止时间	2:39~3:09
GEO(东经 77°)——海南站	全年太阳直射天数	32 天
	主要分布月份	09/04/03
	持续时间/min	5~24
	起止时间	2:55~3:28

对地面站来说，太阳直射一般出现在北京时间的下午 14:00~16:00，每次持续时间不超过 30min。

对 GEO 卫星来说，太阳直射一般出现在北京时间早上 2:00~3:00，每次持续时间不超过 30min。

2) 太阳直射对 GEO 卫星和 LEO 卫星通信的影响

卫星：GEO(东经 77°)——LEO(轨道高度 500km，倾角 95°)

(1) 太阳-LEO 与 LEO-GEO 夹角为 1°。

仿真结果见表 5.3。

表 5.3　太阳-LEO 与 LEO-GEO 夹角为 1°

名称	仿真内容	结论
GEO——LEO	全年太阳直射天数	23
	主要分布月份	10/09/08/04/03
	持续时间/min	1~5
	起止时间	14:09~15:24

(2) 太阳-GEO 与 GEO-LEO 夹角为 1°。

仿真结果见表 5.4。

表 5.4　太阳-GEO 与 GEO-LEO 夹角为 1°

名称	仿真内容	结论
GEO——LEO	全年太阳直射天数	22
	主要分布月份	10/09/08/04/03/02
	持续时间/min	1~12
	起止时间	2:04~3:07

仿真结果表明：当太阳-LEO 与 LEO-GEO 夹角为 1° 时，太阳对 GEO 卫星和 LEO 卫星的全年直射时间为 63min，太阳直射一般出现在北京时间的下午 14:00~16:00，每次持续时间不超过 5min。太阳-GEO 与 GEO-LEO 夹角为 1° 时，太阳对 GEO 卫星和 LEO 卫星的全年直射时间为 75min，此时间为 GEO 和 LEO 被照射时间之和，太阳直射一般出现在北京时间早上 2:00~4:00，每次持续时间不超过 12min。

2. 日凌对激光通信系统的影响

1) 对载荷热控影响

由于太阳辐射非常强的电磁波，在通信卫星使用的频段 (4~50GHz) 内，其等效温度为 6000~10000K，严重影响载荷热控的工作。

2) 对激光通信性能影响

当发生日凌时，该天线不但对准了同步卫星，同时对准了太阳。而太阳是一个巨大的能源体，所以它不可避免地要对卫星接收的信号造成干扰。这种干扰主要表现在，对模拟信号产生噪声干扰，严重时噪声可将图像淹没或使信号中断，对数字信号则使误码率增高，出现马赛克，严重时能使信号中断或使数字式卫星接收机死机。此外，日凌不但对下行接收有影响，而且对上行发射也有影响。但日凌的持续时间是与发射或接收天线的口径有关的，天线口径越大，日凌影响的持续时间相对越短。因上行发射天线的口径往往要比下行接收天线大得多，所以日凌对上行发射的影响相对比下行接收要小。

3. 抑制太阳日凌影响的主要措施

1) 热控

由于日凌，光学天线的主次镜容易受到热影响从而发生面形变形，甚至出现无法工作的现象。此处需要通过主动和被动热控的方式将主次镜多余的热量传导到卫星的冷端来。另外可以通过光学特殊设计增加光学天线的热适应能力，从而增加可工作时间。

2) 遮光罩

利用遮光罩可防止太阳光直射到次镜和主镜上, 遮光罩越长, 规避太阳光角度就越小, 可工作时间将越长。不过过长的遮光罩将增加结构复杂程度和体积, 不利于星载。可针对激光通信的遮光罩进行特殊设计, 由于激光通信的光学天线视场角比较小, 所以可在遮光罩中加入类百叶窗的挡光板, 该设计既可减少太阳对光学天线的热影响又防止了遮光罩过长带来的不便。

3) 防护窗口

日凌带来的最大问题就是热效应, 其中太阳光能量多集中在红外及可见部分, 因此可以设计研制选择性透过的玻璃作为防护窗口置于光学天线之前, 用于吸收多余的热量, 并采用相关热控措施将防护窗口热导出, 从而抑制热效应给天线带来的影响。

5.2 卫星激光通信链路运动特性分析

5.2.1 相对运动角速度与角加速度

1. 星际链路的相对运动角速度与角加速度

对于空间激光通信系统, 任何一方的运动都将引起跟踪角速度的变化。两个光端机的相对运动角速度, 将对空间激光通信系统的跟踪精度产生影响。对于 PAT 分系统, 相对运动角速度和角加速度是跟踪系统的保精度运动速率的重要依据。动态滞后误差的表达式如下:

$$\sigma_{\mathrm{d}} = \sqrt{\left(\frac{v}{K_v}\right)^2 + \left(\frac{a}{K_a}\right)^2} \tag{5.1}$$

式中, v 为相对运动角速度; a 相对运动角加速度; K_v 为跟踪系统的速度品质系数; K_a 为跟踪系统的加速度品质系数。这里以 LEO-GEO 星际激光通信链路为例, LEO 卫星的轨道高度为 400km, 倾角为 45°。计算 LEO 和 GEO 的相对运动角速度和角加速度 (图 5.4, 图 5.5)。

从以上仿真结果可知: ①星际激光通信系统对于保精度跟踪角速度和角加速度要求普遍较小, 容易实现高精度跟踪; ②LEO 对应的角速度和角加速度比 GEO 要大很多, 所以 GEO 终端动态滞后误差较小, 而 LEO 终端需要提高伺服系统的刚度以获得较小的动态滞后误差; ③无论是 LEO 还是 GEO, 角速度都比角加速度强几个数量级, 对于复合轴 PAT 系统, 对应的速度品质系数远大于加速度品质系数, 所以, 在动态滞后误差设计中不可忽略角加速度。

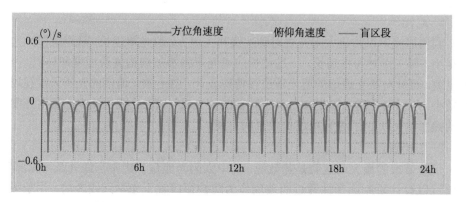

(a) 相对运动角速度

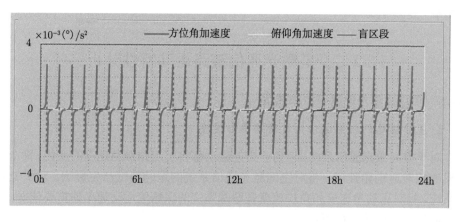

(b) 相对运动角加速度

图 5.4   星际激光通信链路中 LEO 终端的相对运动角速度和角加速度

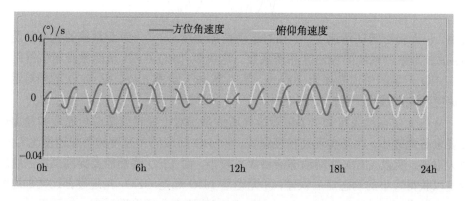

(a) 相对运动角速度

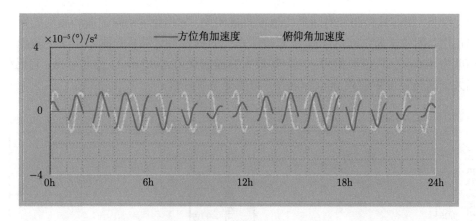

(b) 相对运动角加速度

图 5.5　星际激光通信链路中 LEO 终端的相对运动角速度和角加速度

2. 相对运动角速度与角加速度对跟踪精度的影响

由式 (5.1) 可见，动态滞后误差的大小，一方面取决于跟踪系统自身的特性；另一方面则取决于原始激励，即相对运动角速度和相对运动角加速度。相对运动角速度和角加速度越小，动态误差越小。

通常情况下，空间激光通信的距离比较远，可有效地抑制扰动的相对运动角速度和角加速度，可获得较高的跟踪精度。

5.2.2　提前量角

1. 影响提前量角的机理

提前量角是由远距离的两光端机间从光发射到接收所引起的时间延迟和相对运动而产生的。这将导致主动端发射的激光信号抵达被动方后，再按跟踪的方向返回时，引起一定的视轴指向误差，则需要在当前的位置超前瞄准。由于通信光束的束散角非常狭窄，如果不对此提前量角进行纠正，将引起通信激光能量损失，甚至不能接收到激光。

两个光端机的相对运动线速率差为 ΔV，二者相距 L，则激光单程传输时间延迟 Δt 为

$$\Delta t = \frac{L}{C} \tag{5.2}$$

那么，在延迟时间引起的提前量角表达式为

$$\beta = \frac{\Delta V \cdot \Delta t}{L} = \frac{\Delta V}{C} = \frac{\alpha \cdot L}{C} \tag{5.3}$$

由此可见，提前量角与相对运动线速率直接相关，与相对运动角速度和距离的乘积成正比。图 5.6 为 LEO-GEO 激光通信系统的提前量计算机仿真 (LEO 卫星轨道高度为 400km，轨道倾角为 45°)，其最大的提前量角达 90μrad。由此可见，它已经远大于激光通信束散角 20μrad，所以需要提前量补偿。

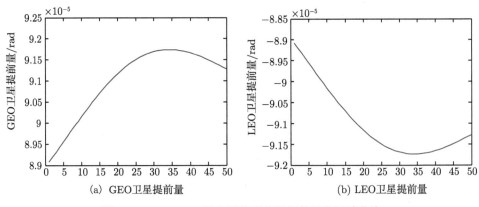

(a) GEO卫星提前量　　　　　　　　(b) LEO卫星提前量

图 5.6　LEO-GEO 激光通信系统的提前量角时域曲线

2. 提前量特性分析

当两个平台运动速度引起的提前量角对于高精度的 PAT 跟踪精度而言不能忽略时，需要考虑提前量伺服单元。因为提前量伺服仅纠正接收与发射的偏差，所以通常将提前量伺服单元放置在激光发射光路中。根据提前量伺服的特点，提前量通常具有以下特点。

(1) 提前量伺服范围。根据跟踪平台的相对运动角速度，可算出提前量的最大纠正角度，通常小于百微弧度量级，所以补偿范围较小。

(2) 提前量伺服带宽。由于两个平台间的相对运动角速度变化较小，则对伺服带宽的要求不高。

(3) 提前量伺服精度。为了提高视轴纠正的指向精度，通常需要闭环光检测，将发射激光返回微小功率，实现闭环探测，因为信噪比较高且视场较小，所以易获得较高的探测精度。

3. 提前量伺服方法

提前量伺服方法主要由提前量检测和振镜执行方法组成。提前量检测单元主要有 Q-PIN(四象限 PIN 管) 光斑检测单元和 Q-PIN 信号处理单元：在 Q-PIN 光斑检测单元中主要在分析光斑检测影响因素的基础上，进行 Q-PIN 光斑检测单元的设计，包括前置放大电路的选取、放大电路的设计；在 Q-PIN 信号处理单元，主要对 A/D 数据采集进行设计，由高速 DSP(数字信号处理器) 控制。振镜执行单元主要进行 D/A 和接口的设计，由 DSP 提供高速的数据解算及控制。提前量伺服系统框图如图 5.7 所示。

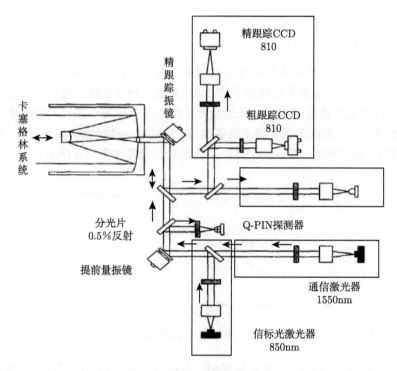

图 5.7　提前量伺服系统框图

提前量伺服系统工作过程如下：通信和精信标激光通过光束整形系统后，经双色分光片合束，共同入射到提前量振镜，经过振镜发射后，入射到部分分光片，通信激光和精信标激光中的绝大部分通过此部分分光片，此光束透射第一个双色分光后，经过二维快速振镜反射，通过卡塞格林系统以后出射激光束。

从部分分光片发射回一小部分功率的光，首先通过窄带滤光片对通信发射激光进行有效隔离，同时对其他杂散光进行有效抑制，以防止在 Q-PIN 上形成双峰现象和提高接收系统的信噪比，进而提高提前量控制精度。Q-PIN 探测器通过细分算法，可以确定激光发射系统视轴相对原始视轴中心偏离的角度。伺服系统计算出偏离量后，驱动提前量振镜系统，进而完成提前量控制。

由于提前量调整的信息完全依赖于 GPS/INS 的数据，通常数据更新频率低于10Hz 左右，所以对提前量振镜的控制伺服带宽要求高，无论是星空激光通信系统还是星地激光通信系统，其提前量调整通常不超过 100μrad，所以，提前量振镜调整的范围可以较小。由于提前量检测系统和执行系统自成回路，没有光学放大系统，所以对于提前量检测伺服系统的精度要求较高，这就需要选择带闭环的、小调整范围的振镜系统。

5.2.3 多普勒频移

1. 多普勒频移产生的机理

多普勒效应是声波频率在声源移向观察者时变高，而在声源远离观察者时变低的一种现象。这一现象不仅适用于声波，同样也适用于在激光通信中发送端与接收端间相对运动所造成的光波波长的变化。而不同于声波的是，光波的多普勒效应只受波源与观察者间的相对运动的影响，即发射端与接收端距离靠近时，频率变高；远离时，频率变低。多普勒频移中光源运动示意图如图 5.8 所示。

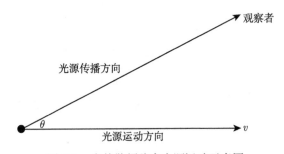

图 5.8　多普勒频移中光源运动示意图

当光源在水平方向以速度 v 运动时，观察者在光波的传播方向进行接收，且与运动方向的夹角为 θ。此时，在光源与观察者间存在相对运动，光波的多普勒效应可通过 Lorentz 变换得到，多普勒频移量表示为

$$\Delta f = \left(\frac{\sqrt{1-\beta^2}}{1-\beta\cos\theta} - 1\right)f \tag{5.4}$$

其中，$\beta = \dfrac{v}{c}$，c 为光速。

2. 多普勒频移特性

1) 频移范围

图 5.9 为 LEO-GEO 激光通信系统多普勒频移仿真曲线。LEO 卫星的轨道高度约为 400km，激光波长为 1550nm 波段，多普勒效应造成光波长波动范围在 ± 1nm 之间。

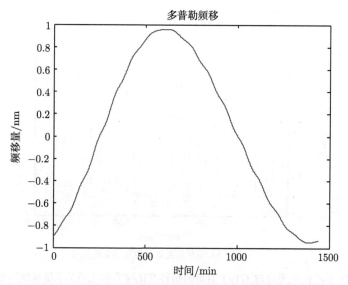

图 5.9 LEO-GEO 激光通信系统多普勒频移仿真曲线

2) 频移变化速率

GEO 卫星定点于东经 75°, LEO 卫星的轨道高度为 400km, 倾角为 42°, 计算 LEO 卫星在一天内与 GEO 卫星的频移变化速率、LEO 卫星对地面站的频移变化速率, 如图 5.10 所示。图中可见, LEO 卫星与 GEO 卫星及 LEO 卫星与地面站的频移变化速率范围均为 ±1。

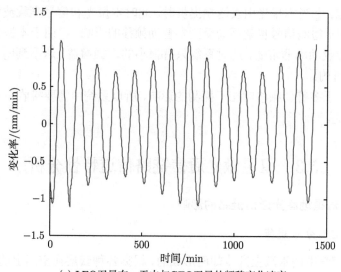

(a) LEO卫星在一天内与GEO卫星的频移变化速率

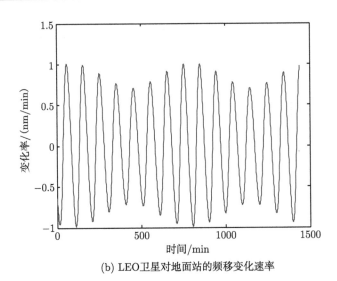

(b) LEO卫星对地面站的频移变化速率

图 5.10　LEO 卫星在一天内与 GEO 卫星的频移变化速率和 LEO 卫星对地面站的频移变化
速率

3. 多普勒频移对相干探测的影响

对于相干激光通信系统：多普勒频移将导致入射光束的波长漂移，进而破坏相干条件。① 当本振光由本地提供时，本振光的波长恒定，此时在相干检测时输出信号带宽受多普勒频移的影响将产生变化，则这样的信号很难在电域进行放大、变频、频率跟踪；② 当本振光由发送端提供时，此时本振光和信号光载波均会产生多普勒频移，相干检测信号也就不会受到多普勒频移的影响，但由于本振光经过了长距离传输，接收功率非常低，此时系统只有很小的本振增益，达不到明显提高接收机灵敏度的目的。

综上，由于多普勒频移对相干探测的影响，所以系统中需要接收单元具备自动频率补偿功能。

5.3　卫星激光通信链路信道特性分析

5.3.1　云层对星地激光通信链路的影响

1. 云层空间分布规律

云是由空气中的水汽上升冷却而形成的，根据各种云层在空间上的分布，可将云层分为高积云、卷积云、卷云、层积云等多种类型。对于各种类型的云层的高度和厚度进行统计，各参数数据如表 5.5 所示，由表中数据可得，几乎所有的云层底高在 12km 以内,厚度大于 0.2km,在星地激光通信链路中,不同种类的云层都将对激光能量产生严重的衰减。

表 5.5 不同云层的高度、厚度参数统计表

类型	底高/km	厚度/km
高积云	4.0	0.2~2.0
高层云	2.4	0.2~5.0
卷积云	6.5	1.5~5.5
卷层云	6.0	1.0~3.0
卷云	8.0	1.0~2.5
积云	0.75	0.5~5.0
雾	0.0	0.0~0.15
乱层云	0.55	2.0~3.0
层积云	1.05	0.2~0.8
层云	0.4	0.2~0.8

2. 中国云层覆盖概率

通过调研给出了中国区域云层总体全年概率分布。

高云年平均的分布显示,在青藏高原中东部存在一个高云量的高值区,高云量在 40% 以上。该地区的高云呈现增长趋势,增长最大可达每年 0.2%。内蒙古北部和东北大部分地区都是高云量的低值区,而且近 20 年来几乎没有变化。华南地区高云量一般在 15%~20%,存在增长,最大的增长为每年 0.1%。

中云年平均的分布显示,中国地区中云量的高值区位于西南地区以及青藏高原南部,青藏高原东北部也存在中云量的高值区,华北地区和青藏高原中部则是中云量的低值区。通过分析变化趋势可以发现,华南和华中地区中云量的增长趋势明显,且增长达每年 0.2%;东北地区和华北北部也存在每年 0.2% 的增长,由于总云量和高云在这个地区没有明显变化,因此这个地区的低云应存在减少的趋势;然而青藏高原北部及东北部则呈现减少趋势,为每年 −0.2%,青藏高原西部则为增长趋势,局部达每年 0.3%。

3. 云层对功率衰减的影响

对于星地激光通信链路,不同种类云层将对激光能量产生严重的衰减。不同类型的云对激光功率产生不同程度的衰减。卷云是常见的云类型之一。对于底高为 6.5km 的卷积云来说,每千米卷云的光学厚度为 1.5~5.5km,可以计算出激光脉冲的衰减为 8~101dB;对底高高度为 8.0km 的卷云来说,每千米卷云的光学厚度为 1.0~2.5km,激光脉冲的衰减为 1~2dB。根据 5.3.1 小节 1. 中介绍的云层空间分布规律,统计不同云层对激光信号的衰减量,结果如表 5.6 所示。由表可见,云层对

于激光信号的衰减是非常剧烈的, 它几乎使光功率消耗殆尽, 其衰减程度远大于链路裕量, 最终导致链路完全中断。因此, 星地激光通信链路地面站应该选择在少云的高原地区建站, 星地激光通信链路必须避开云层遮挡。

表 5.6　不同云层高度、厚度及对激光信号的衰减统计表

类型	高积云	高层云	卷积云	卷层云	卷云	积云	雾	乱层云	层积云	层云
衰减/dB	4~157	4~350	8~101	12~229	1~2	5~350	1~26	46~350	4~114	4~164

4. 云层对脉冲展宽效益

云层对激光传输的散射造成某些光子的传播方向发生改变, 又由于存在多次散射效应, 所以部分光子到达接收端所经过的路径发生变化 (即光程发生变化), 在探测器上表现为有的光子先到达, 有的光子后到达, 这就是激光传输的多径效应。当存在多径效应时, 接收机接收到的信号有直达信号和多径散射信号。多径散射信号通常滞后于直达信号, 比直达信号弱。与直达路径相比, 在散射路径上传输的光脉冲到达接收机的时间存在延迟, 这种效应在接收机中即表现为脉冲展宽效应。介质对激光传输的散射越严重, 多径延时越大, 对应的光脉冲时间展宽也越大。脉冲展宽效应是影响大气无线光通信系统误码率性能的主要因素之一, 它在时域上表现为探测信号的波形变宽。需要注意的是, 简单地提高发射功率并不能降低激光脉冲时间展宽对光通信的影响。

定义脉冲探测能量比 C_r 为探测器实际探测到的脉冲能量与脉冲总能量的比值:

$$C_r = \frac{\int_0^{t_c} h(t)\mathrm{d}t}{\int_0^{\infty} h(t)\mathrm{d}t} \tag{5.5}$$

式中, t_c 为探测器脉冲能量积分时间。当给定某一 C_r 时, 可以求出式 (5.5) 中 t_c 的数值解。C_r 可以用来表征通信系统允许的相邻激光脉冲之间最大重叠量的大小, t_c 表征了系统允许的相邻脉冲之间的最小时间间隔。

对于云层多次散射信道而言, 激光脉冲时间响应特性可以用双 Gamma 函数表示为

$$h(t) = [k_1 \exp(-k_2 t) + k_3 \exp(-k_4 t)]tU(t) \tag{5.6}$$

式中, t 表示时间; k_1、k_2、k_3 和 k_4 为 Gamma 函数的常量系数; $U(t)$ 为单位阶跃函数。激光脉冲时间展宽实际上是多次散射信道传输带宽降低的结果。把式 (5.6)

代入式 (5.5)，可得

$$C_r = 1 - \frac{\dfrac{k_1}{k_2}\exp(-t_ck_2)\left(t_c + \dfrac{1}{k_2}\right) + \dfrac{k_3}{k_4}\exp(-t_ck_4)\left(t_c + \dfrac{1}{k_4}\right)}{\dfrac{k_1}{k_2^2} + \dfrac{k_3}{k_4^2}} \qquad (5.7)$$

所以，只要知道双 Gamma 函数的四个常量系数，就可以计算出信道支持的最大码元传输速率。对式 (5.6) 取傅里叶变换，可得到云层信道的传递函数

$$H(f) = \left\{ \frac{k_1}{[k_2 + \mathrm{i}2\pi f]^2} + \frac{k_3}{[k_4 + \mathrm{i}2\pi f]^2} \right\} \qquad (5.8)$$

式中，f 表示时间频率。将上式变换为零极点形式，可得

$$H(f) = G\frac{\left[1 + \mathrm{i}\left(\dfrac{f-b}{f_3}\right)\right]\left[1 + \mathrm{i}\left(\dfrac{f+b}{f_3}\right)\right]}{\left[1 + \mathrm{i}\left(\dfrac{f}{f_1}\right)\right]^2\left[1 + \mathrm{i}\left(\dfrac{f}{f_2}\right)\right]^2} \qquad (5.9)$$

式中，f_1、f_2、f_3、b 和 G 分别为

$$f_1 = \frac{k_2}{2\pi}$$

$$f_2 = \frac{k_4}{2\pi}$$

$$f_3 = \frac{k_1k_4 + k_3k_2}{2\pi(k_1 + k_3)}$$

$$b = \frac{4\pi^2(k_1 + k_3)}{(k_2k_4)^2}f_3^2$$

$$G = \frac{4\pi^2(k_1 + k_3)k_3^2}{(k_2k_4)^2} \qquad (5.10)$$

式 (5.10) 所示传递函数包含两个双极点 f_1 和 f_2，每个双极点以 -40dB 10 倍频程改变传递函数幅值的斜率，传递函数包含两个零点 $f_3 + b$ 和 $f_3 - b$，每个零点以 20dB 10 倍频程改变传递函数幅值的斜率。

采用蒙特卡罗 (Monte Carlo) 光线追踪法得出的结果按双 Gamma 函数进行拟合 (对双 Gamma 函数做归一化处理)，得出光学厚度 τ 分别为 35、25 和 10 时的脉冲时间响应函数 $h(t)$ 的各个常量系数，如表 5.7 所示。

表 5.7   双 Gamma 函数的常量系数

双 Gamma 函数常量	$\tau=35$	$\tau=25$	$\tau = 10$
k_1	2.73×10^8	4.10×10^8	1.79×10^9
k_2	4.00×10^8	8.00×10^8	2.49×10^9
k_3	1.47×10^9	2.22×10^9	9.66×10^9
k_4	7.00×10^8	1.00×10^9	4.63×10^9

　　光学厚度 τ 分别为 10、25 和 35 时，云层信道激光脉冲传输时间响应如图 5.11 所示。由图 5.11 可知，随着光学厚度的增加，激光脉冲在云层中传输时的时间展宽随之变大。

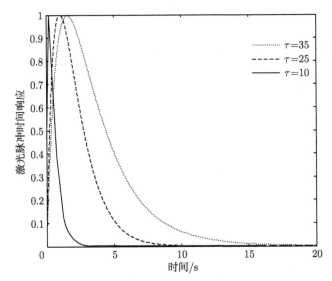

图 5.11　不同光学厚度下，云层信道激光脉冲传输时间响应

5. 云层对可通率的影响

　　星地斜程大气传输链路的可通率，简单讲就是能否通过云层或者大气传输建立星地通信链路，目前可通率的计算是在通信链路的功率裕量分析和大气衰减的统计分析基础之上建立的。

　　链路的可通率被定义为 $1 - P_{\text{out}}$，其中 P_{out} 表示中断概率，由下式表示：

$$P_{\text{out}} = Pr\left\{RI/\sigma_n < \mu_{\text{th}}\right\} = Pr\left\{1 < \sigma_n\mu_{\text{th}}/R\right\} = \int_0^{\sigma_n\mu_{\text{th}}/R} P_I(x)\,\mathrm{d}x' \qquad (5.11)$$

其中，

$$P(I) = 1/I\sqrt{2\pi\sigma_{\ln I}^2}\exp\left\{-\left[\ln(I) + \frac{1}{2}\sigma_{\ln I}^2\right]^2\Big/2\sigma_{\ln I}^2\right\}, \quad I > 0 \qquad (5.12)$$

上式中, I 为瞬时光强; R 为探测器响应度; $\sigma_{\ln I}^2$ 为 Rytov 方差。

对于无线光通信来说, 发射光信号经过大气信道要经受一系列衰减, 综合考虑大气吸收与散射、光束扩展、光束漂移、相位起伏等因素的影响及光学系统的衰减, 可得出激光在大气信道中传输时的平均功率 (P_{sig}) 传输方程为

$$\langle P_{\text{sig}} \rangle = P_t T_{\text{geo}} T_{\text{atm}} T_{\text{rec}} T_{\text{cloud}} \qquad (5.13)$$

式中, P_t 为发射功率; T_{geo} 为光束扩展; T_{atm} 为吸收与散射衰减; T_{rec} 为光学衰减; T_{cloud} 为云层衰减。

结合表 5.5, 若取激光波长 λ 为 1.5μm, 卫星距地高度为 36000km, 激光发射器功率为 10W 或 5W, 束散角为 100μrad, 探测器为铟镓砷 (InGaAs) 雪崩光电二极管 (APD), 通信速率为 2.5Gbit/s, 接收口径为 1m, 而 Rytov 方差 σ^2 则分别根据不同的地面站站址选择, 不同链路 GEO 卫星和地面站之间通信的可通率如表 5.8 所示。

表 5.8 不同链路 GEO 卫星与地面站之间通信的可通率分析

地面站	GEO 卫星	可通率			
		晴天		卷积云	
		10W	5W	10W	5W
喀什站	东经 75°	100	65	60	31
	东经 144.5°	98	33	53	15
长春站	东经 75°	100	35	63	13
	东经 144.5°	97	10	3	0
海南站	东经 75°	100	73	77	44
	东经 144.5°	100	41	72	6

可以看出, 在晴天, 发射功率为 10W 时, 可通率明显比发射功率为 5W 时高。当发射功率为 10W 时, 东经 75° 的 GEO 卫星对地面 3 个地面站链路通信平均可通率可达到 100%, 而东经 144.5° 的 GEO 卫星对地面 3 个地面站链路通信平均可通率可达到 98.3% 左右。当发射功率为 5W 时, 东经 75° 的 GEO 卫星对地面 3 个地面站通信平均可通率可达到 57.7% 左右, 而东经 144.5° 的 GEO 卫星对地面 3 个地面站链路通信平均可通率可达到 28%, 3 个地面站中海南站的可通率最高。

对于有云层覆盖条件下的可通率, 通过对比分析可以看出, 发射功率为 10W 时, 东经 75° 的 GEO 卫星对地面 3 个地面站链路通信平均可通率可达到 66.7% 左右, 东经 144.5° 的 GEO 卫星对地面 3 个地面站链路通信平均可通率可达到 42.7% 左右, 而 3 个地面站中海南站的可通率最高。当发射功率为 5W 时, 东经 75° 的 GEO 卫星对地面 3 个地面站通信平均可通率可达到 29.3% 左右, 而东经 144.5° 的 GEO 卫星对地面 3 个地面站链路通信平均可通率可达到 7% 左右, 3 个地面站

中海南站的可通率最高。

从而可以分析出不同空间分布的云层对可通率的影响。

5.3.2　大气散射平均衰减效应

1. 大气散射引起功率衰减机理

大气散射可分为大气分子散射和气溶胶粒子等散射元引起的散射。大气中的气溶胶粒子不仅形态各异，而且尺度分布极广，气溶胶粒子的半径范围一般为 $0.001\sim100\mu m$。

按照气溶胶粒子半径的大小，通常将气溶胶粒子分为：① 爱根核，半径小于 $0.1\mu m$ 的粒子；② 粒子，半径为 $0.1\sim1\mu m$ 的粒子；③ 巨粒子，半径大于 $1\mu m$ 的粒子。气溶胶中数量最多的是爱根核，大多是由气体的物理、化学作用而形成的。半径小于 $0.005\mu m$ 的气溶胶粒子会迅速附着到较大的粒子上，导致其寿命很短；半径小于 $5.0\mu m$ 的气溶胶形成了飘尘，飘尘能长期悬浮在大气中；半径为 $100\mu m$ 数量级的气溶胶粒子主要是较大的扬尘、烟尘等微粒。

按照激光波长和散射粒子尺寸的关系，可将散射分为三类：① 当大气中的分子或气溶胶粒子直径和传输激光波长相当时，发生米氏散射；② 当大气粒子直径远小于传输激光波长时，主要发生瑞利散射；③ 当大气粒子直径比传输波长大很多时，所发生的是无选择性散射。

研究在一天内变化过程中，大气边界层与气溶胶粒子的关系。大气边界层指的是大气与下垫面在小于一天的时间尺度上所相互作用的层次。图 5.12 给出了大气边界层的时空演变，由图可知 24h 内大气边界层的时空演变特征，从 00:00am 到 7:00am 大气边界层平均高度为 340m，气溶胶主要集中在边界层内，从 9:00am 开始随着阳光辐射作用，大气对流活动增强，气溶胶向高空传送，2:00pm 时达到最高，为 1750m，到 24:00 左右边界层高度达到最低为 245m。

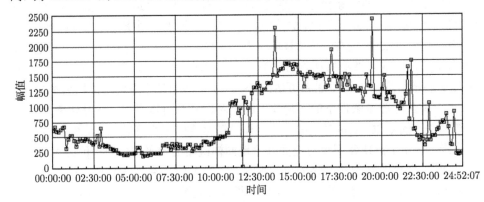

图 5.12　大气边界层的时空演变

图 5.13 为一天内大气气溶胶的变化趋势。此图反映了大气气溶胶粒子后向散射的时空演变,颜色从红色到蓝色代表气溶胶浓度从高到低变化,横轴为时间,纵轴为高度。可以看出,00:00~5:00 时间段内,2.8km 处出现云层,0.5~1.5km 出现分层分布,5:00~24:00 红色部分高度变化与大气边界层变化一致。

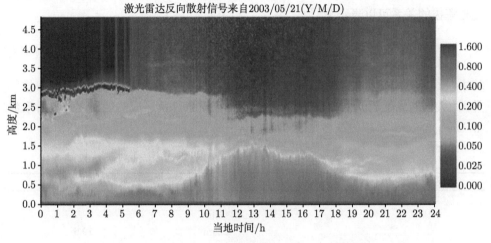

图 5.13 一天内大气气溶胶的变化趋势 (后附彩图)

在激光通信中,通常所采用的波段为近红外波段,则大气所引起的米氏散射占主要的部分。米氏散射引起的衰减系数表达式:

$$\sigma = \beta_a = \frac{3.91}{V}\left(\frac{\lambda}{550}\right)^{-q} \tag{5.14}$$

由此可见,大气能见度 V(对于 550nm 处的目标和背景对比度降低到 2% 时所能观测的最大距离) 越高,大气散射引起的衰减越小;工作波长 λ 越长,大气散射系数越小;q 为修正因子,是随能见度变化的系数,表 5.9 为不同气象学距离对应的修正因子。

表 5.9 不同气象学距离对应的修正因子

天气条件 α/(dB/km)	能见度	衰减系数	天气条件 α/(dB/km)	能见度	衰减系数
浓雾	<50m	392~220	雾/霾	2~4km	6.3~2.9
厚雾	50~200m	220~58	轻霾	4~10km	2.9~1.03
中等雾	200~500m	58~28.2	晴朗	10~20km	1.03~0.45
轻雾	500~1000m	28.2~13.4	很晴朗	20~50km	0.45~0.144
薄雾	1~2km	13.4~6.3	非常晴朗	50~150km	0.144~0.03

由大气散射引起的光功率衰减与距离的关系表达式为

$$I_r = I_0 e^{-\sigma L} \tag{5.15}$$

在实际应用过程中，通常也用每千米衰减的分贝数来衡量大气散射程度：

$$\beta = 10\ln I_r/I_0 = -10\sigma \tag{5.16}$$

对于大气信道内斜程大气激光通信链路，能见度随着海拔的增加而增加，能见度与海拔的关系可以表示为

$$V = V_0 \times \exp[1.25(h - h_0)] \tag{5.17}$$

其中，V 为高海拔处对应的能见度；h_0 为地面处的海拔。由此可见，随着海拔的升高，大气能见度近似呈指数提高。不同等级天气条件所对应的能见度及散射系数 (555nm 光波长) 对应关系参见表 5.10。

表 5.10 国际能见度登记表

能见度等级	气象状况	能级距离 R	散射系数 $\gamma/(1/\mathrm{km})$
0	浓雾	<50m	> 78.2
1	厚雾	50m	78.2
		200m	19.6
2	中等雾	200m	19.6
		500m	7.82
3	轻雾	500m	7.82
		1km	3.91
4	薄雾	1km	3.91
		2km	1.96
5	雾/霾	2km	1.96
		4km	0.954
6	轻霾	4km	0.954
		10km	0.391
7	晴朗	10km	0.391
		20km	0.196
8	很晴朗	20km	0.196
		50km	0.078
9	非常晴朗	50~150km	0.078
10	纯净空气	277km	0.0141

2. 大气散射引起功率衰减的影响因素

由米氏散射理论可以得出，大气散射所引起的光功率衰减与能见度、海拔及波长等因素有关。

如果激光通信系统选取长波长，则可减小大气散射系数，有效抑制波长对大气散射的影响，在激光通信中应尽量选择较长的工作波长。

通信激光的波长选为 1.55μm，分别获得不同能见度条件下的大气散射衰减系数，结果如图 5.14 所示。可以看出，一旦能见度确定，便可初步估计大气散射引起的功率损耗。如果能见度为 20km，激光传输 1km，将引起 0.5dB 的功率衰减；如果能见度为 4km，激光传输 1km，将引起 3.1dB 的功率衰减。由此可见，在大气信道内的水平链路激光通信系统中，大气条件对于链路功率影响非常严重，需要留有较大的功率裕量，来弥补恶劣大气散射的影响。

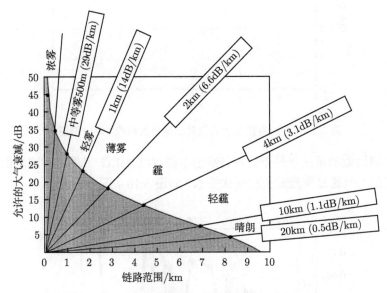

图 5.14　大气散射引起的功率衰减与能见度的关系

海拔对光功率的衰减具有间接的影响，图 5.15 为不同的地面能见度条件下，不同海拔信道对激光通信系统光功率的散射衰减仿真结果。由此可见，当地面能见度为 20km(对于 800nm 波长)，海拔为 3km 时，大气散射引起的功率衰减系数略高于 0.5dB/km；当海拔为 5km 时，衰减系数仅为 0.05dB/km；当海拔为 10km 时，几乎可忽略，则光功率的衰减与海拔呈指数衰减的趋势。

3. 斜程大气信道散射引起的衰减

斜程大气信道对激光的吸收和散射引起的激光功率衰减，是制约星地激光通信链路性能的主要因素之一。对于实际的大气激光通信系统，其波长通常选择在大气窗口内，且对于激光而言，由于其良好的单色性，除了激光波长正好落在某些分子的吸收谱线上，吸收效应并不重要。此外，在近地面大气层中，气体分子的散射作用也很小，因此我们可以假定光信号通过大气后能量的衰减主要是由受到的悬浮粒子的散射所引起的。

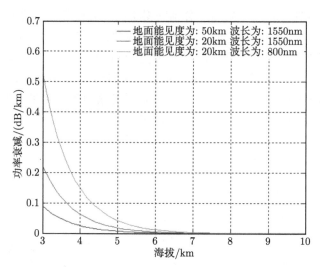

图 5.15　不同海拔信道的散射衰减仿真曲线 (后附彩图)

　　在相同地面能见度条件下, 本书给出东经 77.0°GEO 卫星对不同地面站激光通信链路的大气透过率随波长的变化关系, 如图 5.16～ 图 5.19 所示。

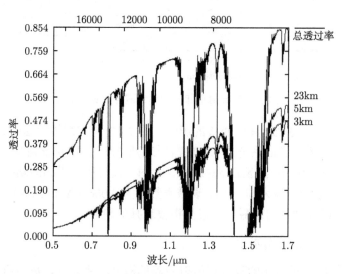

图 5.16　东经 77.0°GEO 卫星对长春站激光大气透过率随波长的变化关系

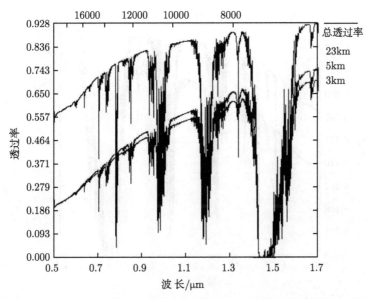

图 5.17 东经 77.0° GEO 卫星对昆明站激光大气透过率随波长的变化关系

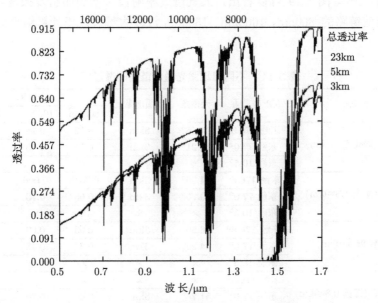

图 5.18 东经 77.0° GEO 卫星对海南站激光大气透过率随波长的变化关系

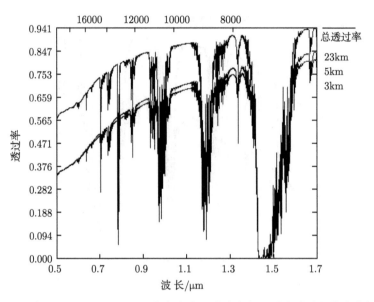

图 5.19　东经 77.0°GEO 卫星对乌鲁木齐站激光大气透过率随波长的变化关系

　　从图 5.16~ 图 5.19 可以看出，大气透过率随波长增加而出现振荡。不同星地激光通信链路的 800nm、1060nm、1550nm 波段大气透过率计算结果如表 5.11 所示。

表 5.11　不同星地激光通信链路的透过率

地面站址	GEO 卫星	天顶角	地面能见度	透过率		
				800nm	1060nm	1550nm
长春站 (海拔 0.211km)	东经 176.8°	71.46°	3km	0.12	0.18	0.38
	东经 77.0°	69.21°	3km	0.15	0.25	0.43
	东经 10.5°	×	×	×	×	×
昆明站 (海拔 1.899km)	东经 176.8°	84.56°	3km	0.0015	0.006	0.056
	东经 77.0°	40.75°	3km	0.63	0.70	0.73
	东经 10.5°	×	×	×	×	×
海南站(海拔 0km)	东经 176.8°	76.59°	3km	0.03	0.09	0.23
	东经 77.0°	44.22°	3km	0.34	0.48	0.60
	东经 10.5°	×	×	×	×	×
乌鲁木齐站 (海拔 0.846km)	东经 176.8°	×	×	×	×	×
	东经 77.0°	51.24°	3km	0.40	0.60	0.65
	东经 10.5°	89.21°	3km	0	0	0.0004

　　从表 5.11 可见，斜程大气信道对激光产生的功率衰减非常明显。东经 77.0°GEO 卫星对乌鲁木齐站激光通信链路在能见度为 3km(霾)、波长为 1550nm 条件下，透过率为 0.65，相对而言较好；东经 77.0°GEO 卫星对昆明站激光通信链路在能见度

为 3km(霾)、波长为 1550nm 条件下，透过率为 0.73。从减小大气衰减的角度看，东经 77.0°GEO 卫星对昆明站激光通信链路受到的大气衰减最小，即使在有霾的条件下，800nm、1060nm、1550nm 三个波段的大气透过率都可达到 0.6 以上。

4. 水平大气信道散射引起的衰减

激光束在大气中传输受到的衰减是由大气的吸收和散射共同作用的结果。一方面由于大气吸收将一部分光能转化为大气分子振动的动能并进一步转化为热能耗散，使光能量衰减。另一方面大气中气溶胶对粒子的散射，不会改变光束总的能量，光束能量朝多个方向发散，这样改变了激光束在原来传输路径上的能量的大小，并且光束能量的空间分布也发生变化。

吸收在大气衰减中处于次要的位置，只要选择工作波长在大气透射窗口，就可以忽略吸收导致的光能的衰减。空间激光通信通常采用近红外的波段作为通信的波段，大气的瑞利散射作用相对于米氏散射较小，在设计过程中往往考虑米氏散射带来的衰减效应。通常会用"能见度"来表征大气对可见光的衰减作用。能见度是大气对可见光衰减作用的一种度量，在白天是指水平天空背景下人眼能看见的最远距离，在夜间指能看见中等强度的未聚焦光源的距离，有时也作为大气对非可见光衰减的参考。大气衰减系数可近似为

$$\sigma = \beta_\alpha = \frac{3.91}{V} \left[\frac{\lambda}{550} \right]^{-q} \tag{5.18}$$

式中，V 是大气能见度；λ(nm) 是工作波长；q 为随能见度变化的修正因子，其表达式如下：

$$q = \begin{cases} 0.585V^{1/3} & (V \leqslant 6\text{km}) \\ 1.3 & (6\text{km} < V \leqslant 50\text{km}) \\ 1.6 & (V > 50\text{km}) \end{cases} \tag{5.19}$$

由式 (5.18) 可见，大气衰减系数与能见度成反比，随波长增加而减小。由大气散射引起的光功率衰减与距离的关系表达式为

$$I_r = I_0 \mathrm{e}^{-\sigma L} \tag{5.20}$$

有时也会用每千米衰减的分贝数来衡量大气衰减程度：

$$\beta = 10 \ln I_r / I_0 = -10\sigma \tag{5.21}$$

将式 (5.18)、式 (5.19)、式 (5.20) 代入式 (5.21)，可以得到不同工作波长下，大气衰减与能见度的关系：

$$\beta = -\frac{39.1}{V} \left[\frac{\lambda}{550} \right]^{-q} \tag{5.22}$$

　　图 5.20 给出了能见度从 5km 到 50km，波长分别为 800nm 和 1550nm 的激光在大气中传输时能见度与衰减系数的关系曲线。随着能见度的增大，大气的衰减系数越来越小，并且变化的趋势也越来越平缓。

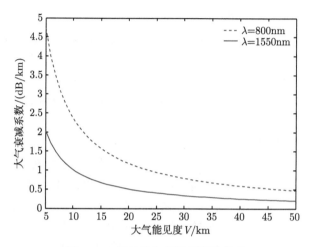

图 5.20　能见度与衰减系数的关系

5.3.3　大气湍流闪烁效应

1. 大气湍流下的光强闪烁

　　光强闪烁是由尺寸比光束直径小的大气湍流引起的，它与湍流的内尺度、外尺度、结构常数及传输距离等因素有关。大气湍流闪烁效应使激光束远场波前功率分布不再服从高斯分布，远场的光斑功率在时域上和空域上表现出比较强烈的功率波动，而激光通信接收口径有限，光学天线接收等效于空间采样，所以将引起接收功率的抖动；另外，由于大气湍流引起波前畸变，产生散斑效应，所以成像在雪崩光电二极管探测器的光斑出现散斑效应，可能大于雪崩光电二极管有效光敏元，引起额外的空间损耗。二者都将引起光强波动。大气湍流闪烁现象主要对通信接收单元产生影响，接收光强波动引起接收单元的信噪比出现起伏，进而影响通信的误码率。图 5.21 给出了光强闪烁的示意图。

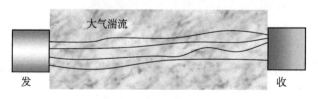

图 5.21　光强闪烁的示意图

2. 大气湍流闪烁效应特性分析

式 (5.23) 为用光强的对数方差来表征其闪烁特性:

$$\sigma_{\ln I}^2 = [(\ln I - \langle \ln I \rangle)] \tag{5.23}$$

式中, I 与 $\langle I \rangle$ 分别为接收到的光束的瞬时光强和平均光强。

目前, 湍流影响下的光强闪烁的理论模型已经基本上建立起来, 但仅仅适用于弱湍流条件。根据经典的大气闪烁理论: 在 Kolmogorov 局部均匀、各向同性湍流的弱湍流区中, 水平链路环境下的光强的对数方差为

$$\sigma_{\ln I}^2 = aC_n^2 k^{\frac{7}{6}} L^{\frac{11}{6}} \tag{5.24}$$

式中, C_n^2 为大气折射率结构常数; k 为波数; L 为光束传播距离; 对于平面波与球面波, a 分别为 1.23 和 0.496。

从图 5.22 中可以看到: 光强对数方差与链路距离成正比, 随着 C_n^2 的增加, 光强对数方差变化趋势也更加快。对于平面波在中等湍流强度时, 链路距离约达到 1500m 就可以达到 1 以上。需要注意湍流较强或者链路距离较远时, 即链路路径上综合湍流强度较大时, 该式将存在较大误差。有关试验数据表明, 当光强对数方差增加到某一数值 (通常达到 1~2) 时, 其值将不再随湍流强度和链路距离的增加而增大, 反而可能会出现一定的减小, 这就是闪烁饱和效应。

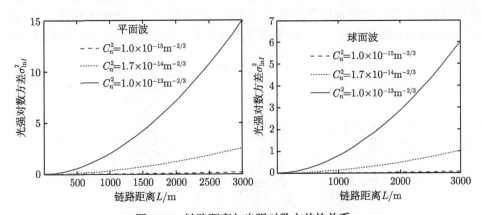

图 5.22 链路距离与光强对数方差的关系

由于大气信道的随机性, 接收到的光强也是一个随机变量, 用统计平均值来描述比较合适, 通常用光强的概率密度函数 $P(I)$ 来进行表述。对于不同强度的起伏条件, 尚未建立简便、实用的大气闪烁概率分布模型, 但对于单光束通过弱起伏湍流大气条件下的大气闪烁概率分布, 目前普遍认可的模型是对数正态分布, 而对于

强湍流或远距离传输时,会出现方差饱和闪烁现象,光强起伏不再服从对数正态分布,而是服从负指数分布。通常大气激光通信系统一般都在弱湍流条件下工作,此时光强概率密度函数如下:

弱起伏条件下,取对数振幅 χ 的均值为 $\langle \chi \rangle$,方差为 σ_χ^2,则有

$$P_\chi (\chi) = \frac{1}{2\sqrt{2\pi}\sigma_\chi} \exp \left\{ -\frac{(\chi - \langle\chi\rangle)^2}{2\sigma_\chi^2} \right\} \tag{5.25}$$

为求振幅 $A = A_0 \exp(\chi)$ 的概率密度函数,引入概率变换:

$$P_A (A) = P_\chi (\chi = \ln(A/A_0)) \left| \frac{\mathrm{d}\chi}{\mathrm{d}A} \right| = P_\chi (\chi = \ln(A/A_0)) \frac{1}{A} \tag{5.26}$$

那么对于接收平面上的某一点在弱起伏条件下,振幅 A 的概率密度函数为

$$P(A) = \frac{1}{2\sqrt{2\pi}\sigma_\chi} \exp \left\{ -\frac{(\ln(A/A_0) - \langle\chi\rangle)^2}{2\sigma_\chi^2} \right\}, \quad A > 0 \tag{5.27}$$

取 $A_0 = 1$,由 $I = A^2$ 即可得出光强 I 的概率密度:

$$P(I) = \frac{1}{2\sqrt{2\pi}\sigma_\chi I} \exp \left\{ -\frac{(\ln(I/I_0) + 2\sigma_\chi^2)^2}{8\sigma_\chi^2} \right\} \tag{5.28}$$

图 5.23 是平均光强 $I_0 = 1$ 时的光强对数正态分布概率密度函数曲线。由图可以看出,对于一个固定的平均值 I_0,不同 σ_χ^2 值时 $P(I)$ 的曲线形状不同。在 $\sigma_\chi^2 = 0.005$ 时,信号光强 $I = 1$ 的概率密度值最大,其偏离 $I = 1$ 的分散程度也比

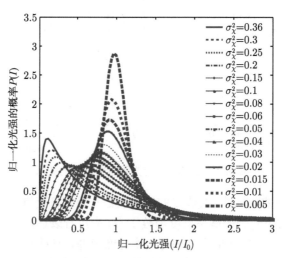

图 5.23   光强对数正态分布概率密度函数曲线 $(I_0 = 1)$

较小，接收归一化光强 $I(I/I_0)$ 基本服从对数正态分布，在 σ_χ^2 较小时 (如 0.02)，也近似服从正态分布，但对数光强概率最高值点相对减小，随着 σ_χ^2 的增大，接收光强 I 的分布范围越来越广，逐渐偏离对数正态分布，而接近于指数分布。

大气湍流闪烁效应直接导致接收平面上的光功率抖动，并且随湍流强度和链路距离的增加，功率抖动方差增加。在进行大气激光通信时，光强闪烁引起功率的损耗，使功率信噪比下降，进而会影响误码率。σ_χ^2 较小时，通信过程中出现误码的概率比较小，当对数振幅起伏的均方差比较大时，信号光强度的取值在比较大的范围内服从指数分布，随着 σ_χ^2 越大，信号光强度值以更大的概率偏离 $I=1$，从而导致通信系统的平均错误概率增加，当 $\sigma_\chi^2 > 0.35$ 时，将产生湍流饱和现象，使得一定概率的信号强度下降为 0，严重时会导致通信的中断。

3. 斜程大气湍流闪烁引起的功率起伏

地球大气折射率随机起伏会影响激光束的传播。因此，从太空发射的激光束到达大气顶部后，在入射到地面接收机之前会遭到波前畸变，进而导致激光光强出现闪烁。东经 77.0°GEO 卫星对长春站、昆明站、海南站、乌鲁木齐站卫星激光通信链路中，孔径平均闪烁指数随接收孔径的变化情况如图 5.24~ 图 5.27 所示。

从图 5.24~ 图 5.27 中可以发现：① 没有考虑孔径平滑效果前 (孔径 ≤0.25m)，波长 λ 越长，闪烁指数越小；随着孔径的增加，不同波长下的闪烁指数趋势及数值基本接近；② 随着接收孔径的增加，孔径平均导致闪烁指数快速减小，链路性能将明显提高；③ 孔径平均在 1m 直径范围内最明显，随着孔径的继续增加，孔径平均效应逐渐减小。值得注意的是，孔径越大，加工难度也越大，因此地面接收孔径最好选择 1m。不同星地激光通信链路的激光闪烁指数计算结果如表 5.12 所示。

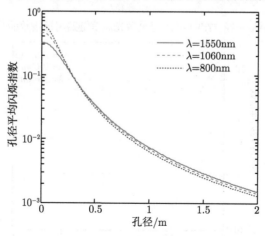

图 5.24　长春站-东经 77.0°GEO 卫星激光通信链路闪烁指数的孔径平均曲线

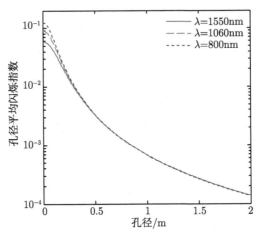

图 5.25 昆明站-东经 77.0°GEO 卫星激光通信链路闪烁指数的孔径平均曲线

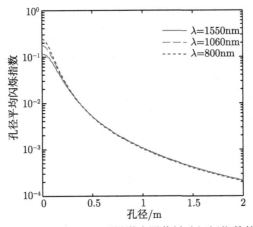

图 5.26 海南站-东经 77.0°GEO 卫星激光通信链路闪烁指数的孔径平均曲线

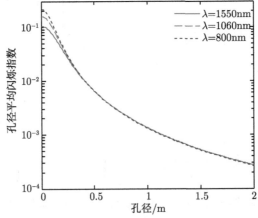

图 5.27 乌鲁木齐站-东经 77.0°GEO 卫星激光通信链路闪烁指数的孔径平均曲线

表 5.12 不同星地激光通信链路的激光闪烁指数计算结果 ($\lambda = 1550$nm)

地面站选址	GEO 卫星	天顶角	闪烁指数			
			点接收器	孔径平均 ($D=1$m)	孔径平均 ($D=0.6$m)	孔径平均 ($D=0.1$m)
长春站(海拔 0.211km)	东经 176.8°	71.46°	0.380	0.0100	0.031	0.324
	东经 77.0°	69.21°	0.320	0.0074	0.023	0.267
	东经 10.5°	×	×	×	×	×
昆明站(海拔 1.899km)	东经 176.8°	84.56°	1.074	0.127	0.329	1.038
	东经 77.0°	40.75°	0.058	0.00068	0.0022	0.0419
	东经 10.5°	×	×	×	×	×
海南站(海拔 0km)	东经 176.8°	76.59°	0.669	0.023	0.0696	0.591
	东经 77.0°	44.22°	0.114	0.0011	0.00345	0.077
	东经 10.5°	×	×	×	×	×
乌鲁木齐站(海拔 0.846km)	东经 176.8°	×	×	×	×	×
	东经 77.0°	51.24°	0.102	0.0014	0.0043	0.0758
	东经 10.5°	89.21°	1.133	0.607	0.897	1.128

从表 5.12 可知，不同星地激光通信链路的激光闪烁特性相差较大，可以发现：即使经过 1m 接收口径的孔径平均以后，东经 176.8°GEO 卫星对昆明站、东经 10.5°GEO 卫星对乌鲁木齐站等链路的激光闪烁仍然比较强，激光通信链路的误码率将受到很大程度的影响，因此需要采取一些抑制大气湍流激光闪烁的措施，以便降低链路误码率。另外，从减小闪烁指数的角度看，东经 77.0°GEO 卫星对昆明站、海南站、乌鲁木齐站激光通信链路的闪烁指数较小，是较佳的星地激光通信链路选择方案。

4. 抑制湍流闪烁效应的方法

1) 大口径接收

相对于点接收而言，若增加接收光学口径或面积，可有效抑制大气湍流所产生的空间随机性，进而产生孔径平滑效应。口径平均效应通常用孔径平滑因子进行衡量。孔径平滑因子定义为：一定面积口径内的光强起伏方差与点接收起伏方差的比值。对于弱湍流和平面波条件，直径为 D 的圆形口径，所对应的孔径平滑因子 A:

$$A = [1 + 1.07(kD^2/(4L)^{7/6})]^{-1} \tag{5.29}$$

其中，k 为波数。由此可见，孔径平滑因子 A 与口径 D 和链路距离 L 有关，而与波长无关。通过计算机仿真 (仿真条件是通信距离为 15km) 可以发现，随着口径的增加，孔径平滑因子近似为反比规律递减，这也意味着孔径平滑作用越明显，对于光强起伏方差抑制能力越强。从图 5.28 可知，当口径大于 0.30m 以上时 (大于小湍流尺度)，孔径平滑作用不再十分明显，所以需要优化选取。由于孔径平滑对光强闪烁方差有比较明显的抑制作用，所以极大地提高了地面激光通信的链路距离，减小了具体应用的苛刻限制。

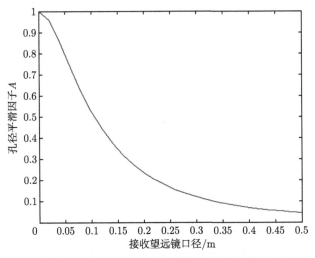

图 5.28　孔径平滑因子与接收望远镜口径的关系

2) 多口径发射

在大气信道内进行空间激光通信，首先应保证不发生湍流饱和现象。而湍流饱和现象发生的条件就是 $\sigma_I^2 < 0.35$。由公式 (5.29) 可知，孔径平滑效应和多口径发射效应可有效抑制光强闪烁方差，进而可提高大气激光通信距离。图 5.29 表示了

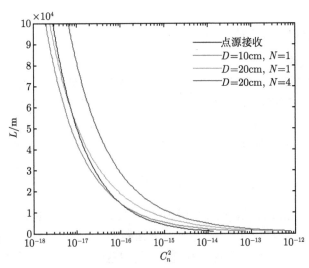

图 5.29　不同接收口径、不同发射数量、不同通信波长，在不同的湍流条件下可获得的极限通信距离 (后附彩图)

不同接收口径、不同发射数量、不同通信波长，在不同的湍流条件下 (仿真中将地面的大气折射率结构常数范围定为 $10^{-17} < C_n^2 < 10^{-14}$) 可获得的极限通信距离。可见接收口径越大，发射数量越多时，可获得更高的极限通信距离。这对于开展地面激光通信系统设计具有指导意义。

3) 主动自适应光学

地面站加主动自适应光学单元，提高光斑检测精度、接收耦合效率。星地激光通信自适应补偿控制系统由两级校正系统组成，其整体组成如图 5.30 所示。

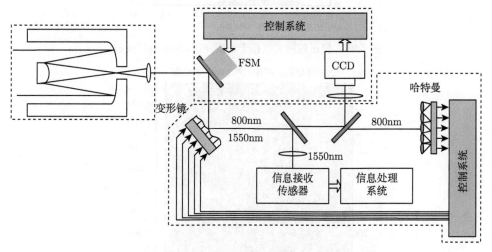

图 5.30 星地激光通信自适应补偿控制系统原理图

由图 5.30 可以看出，系统主要由三个部分组成：光学分系统、一阶量校正分系统、自适应补偿控制分系统。其中 FSM、控制系统及 CCD 部分不但要完成湍流一阶量的校正，同时还要完成精跟踪任务；变形镜单元完成对湍流高阶项校正的任务。光学分系统包括望远镜单元和各种光学中继单元 (滤波、双色分光等)，实现激光信号的接收和发送功能。其中为了使接收系统更加紧凑，光学望远镜使用卡塞格林望远镜。通过分光片将信标光与通信光分离，信标光进入一阶量校正分系统实现对 GEO 卫星的精信标光的跟踪，同时也可校正大气湍流引起的激光波前整体倾斜。大气自适应光学分系统包括波前探测单元、波前校正单元以及波前校正控制单元，自适应补偿控制分系统实现对大气湍流光波前畸变的校正，改善包括误码率、跟踪精度、光纤耦合效率等在内的多种光学系统性能。

下面给出增加自适应光学系统后对系统性能的改善结果 (图 5.31~图 5.37)。

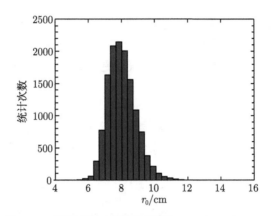

图 5.31　校正前的大气相干长度 $r_0 = 8\mathrm{cm}$ @550nm

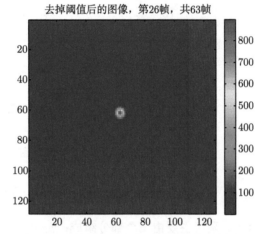

图 5.32　达到衍射极限分辨率 (后附彩图)

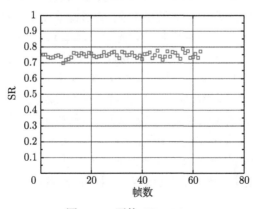

图 5.33　平均 SR= 0.75

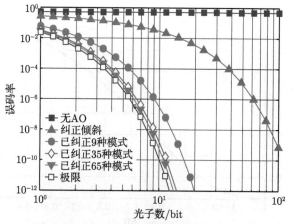

图 5.34 AO 对误码率的改善 ($D/r_0 = 10$)

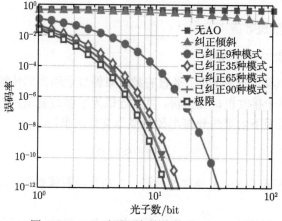

图 5.35 AO 对误码率的改善 ($D/r_0 = 17$)

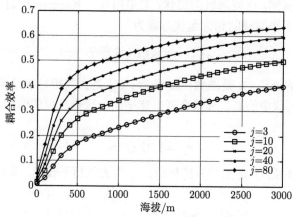

图 5.36 AO 校正阶数不同时耦合效率与海拔的关系

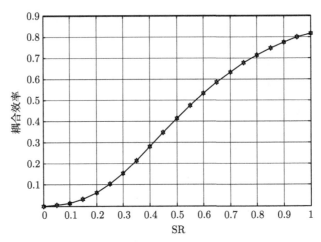

图 5.37　耦合效应与 SR 关系曲线

5.3.4　大气湍流散斑效应

1. 大气湍流散斑效应机理

当不存在大气湍流的影响时，准直的激光束经过远距离的传输后，波前曲率半径变得很大，相对于接收机口径来讲，可以近似为平面波处理，光学系统对平面波进行会聚，衍射极限下的聚焦光斑半径近似为艾里斑半径 r_{Airy}：

$$r_{\text{Airy}} = 1.22\lambda f / D_{\text{R}} \tag{5.30}$$

其中，r_{Airy} 是艾里斑半径；λ 是光波波长；f 是光学系统焦距；D_{R} 是接收光学系统直径。

当光束经过大气传输后，在接收光学系统的孔径处的波前受到湍流的影响，其相位受到湍流的调制，出现随机的起伏，若采用 von Karman 折射率起伏谱，则可得均匀传播路径下平面波的相位起伏方差为

$$\sigma_S^2 = 0.728 L k^2 C_n^2 L_0^{5/3} \tag{5.31}$$

其中，L 是传播的距离；k 是波数，为 $2\pi/\lambda$；C_n^2 是大气折射率结构常数；L_0 是湍流外尺度。相位起伏中的高阶分量会带来焦平面上聚焦光斑的弥散，此时聚焦光斑半径 r_f 为

$$r_f = 1.22\lambda f / r_0 \tag{5.32}$$

其中，λ 是光波波长；f 是光学系统焦距；r_0 为大气相干长度，其表达式为

$$r_0 = \left[0.423 k^2 \sec(\zeta) \int_{h_0}^{h_0 + L\cos\zeta} C_n^2(z)\mathrm{d}z \right]^{-3/5} \tag{5.33}$$

式中，k 为光波波数；L 为光程长度；ζ 为天顶角；h_0 为地面站海拔。

若给定光学系统的口径和焦距，则我们可以计算出不同湍流强度下，焦平面上随着链路距离变化的聚焦光斑的大小。

2. 大气湍流散斑对跟踪精度的影响

假设到达角起伏引起的光斑质心的随机漂移已得到很好的补偿，故这里仅仅分析了由大气湍流带来的散斑效应带来的影响。通过图 5.38 可知，在水平链路环境下，当 $C_n^2 < 6 \times 10^{-16} \mathrm{m}^{-2/3}$ 时，光斑直径约为 9.4μm，并且不随 C_n^2 增加而增加，说明光束的相干性还比较好，而且 r_0 仍大于光学系统的口径，光学系统的分辨率并未下降；当 $6 \times 10^{-16} \mathrm{m}^{-2/3} < C_n^2 < 2 \times 10^{-14} \mathrm{m}^{-2/3}$ 时，光斑直径出现明显的增加，光束相干性变差，r_0 小于光学系统口径，并且链路距离也对散斑直径起着一定的影响，链路距离由 500m 增加至 10km 时，散斑直径由 15μm 增加到 58μm；当 $C_n^2 > 2 \times 10^{-14} \mathrm{m}^{-2/3}$ 时，光束相干性迅速恶化，散斑尺寸达到数百微米量级，严重时光斑会出现破碎的现象，严重影响跟踪的精度。

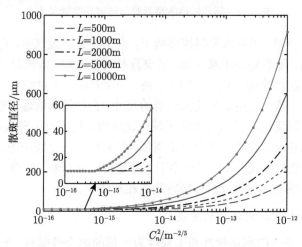

图 5.38 水平链路下散斑直径与链路距离的关系

3. 大气湍流散斑对空间-光纤耦合效率的影响

通过图 5.39 可知，在斜程链路环境下，假定近地面大气湍流相对比较强，$C_n^2(0) = 1.7 \times 10^{-13} \mathrm{m}^{-2/3}$，链路距离小于 40m 时，光斑直径约保持在 9.4μm 不变，说明大气湍流还未造成光学系统分辨率下降；链路距离大于 40m 并小于 1km 时，散斑直径随链路距离增加而增加，天顶角也对散斑直径有较明显的影响，天顶角越大，散斑直径也越大；链路距离大于 1km 时，散斑直径基本趋于稳定，这是由于大气湍流在 2km 以上的区域已经比较弱了，对光束相干性的退化起到很小的影响，

天顶角由 $10°$ 增加到 $60°$ 时，散斑直径由 $21\mu m$ 增加到 $31\mu m$，散斑直径总体保持在一个较低的水平，有利于进行耦合。

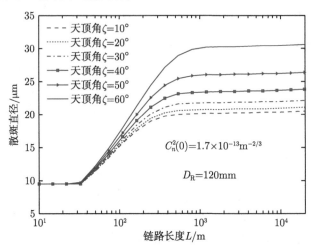

图 5.39   斜程链路散斑直径与链路距离的关系

经以上仿真分析，可知水平链路环境下，由于在整层大气中，近地面的大气湍流相对较为强烈，随着链路距离增加，散斑直径明显增加，散斑尺寸处于一个较高的水平，不利于进行空间光耦合，当 C_n^2 高于 $10^{-14}\mathrm{m}^{-2/3}$ 量级时，散斑直径达到百微米量级，已经超过常用的高速探测器的尺寸，会严重影响通信性能。而斜程链路环境下，大气湍流在海拔几百米的区域内比较强，是影响散斑直径的主要区域，随着链路距离的增加，散斑直径有一定增加，但总体在一个较小的范围，有利于进行空间光耦合。总的来说，大气湍流由于其特定的空间分布，使得大气湍流对低海拔水平链路的影响较大，而对斜程链路环境相对较小。

4. 大气湍流散斑效应的抑制方法

自适应光学是一门集科学性和工程性为一体的综合性学科，它研究实时自动改善光波波前质量的理论、系统、技术和工程。波前误差是由传输通道 (如光学系统、大气等) 引起的，为了校正由大气湍流散斑效应所引起的波前误差，采用目前较为成熟的自适应光学技术。

这种自适应光学系统带有伺服机构，形成闭环系统校正波前误差。它的工作方式主要基于相位共轭原理、波前补偿原理、高频振动原理和像清晰化原理。其中波前补偿原理适用于被动成像系统，该系统利用波前补偿原理，目标发射的光束受到大气湍流扰动，若未经校正，在光学系统的像面上将生成一个模糊和晃动的目标像，这样将导致探测信号的误码率提高。利用波前校正器、波前传感器和波前处理器形成闭环系统可校正波前误差。激光到达分束镜后一部分入射到波前传感器，波前传感器探测到波前实际量传到波前处理器, 波前处理器产生控制信号并控制波前校正器对激光进行校正。图 5.40 为波前补偿系统的原理。

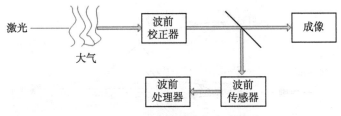

图 5.40　波前补偿系统的原理

自适应光学系统主要由以下几部分组成。

(1) 发射和接收光学系统用于发射和接收激光。在强激光系统中，自适应光学系统通常和 PAT 系统共用发射光学系统，它由一级或多级扩束望远镜组成，并兼作信标光的接收系统。

(2) 波前传感器用以实时测量波前误差，如剪切干涉仪哈特曼–夏克波前传感器等。

(3) 控制系统用以处理波前误差信息，并转化成波前校正器的控制信号进行控制。

(4) 波前校正器对畸变后的波前做实时校正。

5.3.5　大气信道对激光偏振特性的影响

1. 斜程大气对激光光束偏振特性的影响分析

激光在斜程大气中的传输，只考虑大气气溶胶和水分子等散射元对激光的散射作用，暂不考虑大气湍流对激光的影响。由于传输距离在几千米到几十千米的数量级，所以应该考虑发射端激光的束散角。由于散射元为 $10^{-2} \sim 10^{0}$ 微米量级，且通信波长通常选为 $1.55\mu m$，所以可以采用米氏散射理论研究激光在斜程大气中的传输，且发生散射时的散射情况与入射点在散射元表面的相对位置无关，只与散射元的半径和折射率有关。

蒙特卡罗仿真中，认为激光是以光子的形式一个一个地在大气中传播的。在传输过程中，根据具体大气条件的不同，发生散射的次数和两次散射间的自由程并不相同，光子可以不经散射直达接收平面，也有可能经过 1 次及 1 次以上的散射达到接收平面，同样也有可能在传输过程中被散射元吸收。两次散射间的自由程远大于通信波长的尺度，所以发生的是非相干散射。发生散射后的偏振情况与散射的角度和方位角有关，多次散射的累计结果导致偏振态和偏振方向同时发生改变。图 5.41 为激光在大气中散射的示意图。

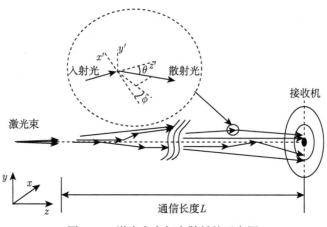

图 5.41   激光在大气中散射的示意图

2. 大气信道引起的偏振对相干通信系统的影响

相干通信系统由于具有探测灵敏度高、调制方式灵活、通信容量大等优点, 逐渐成为远距离高速激光通信的主要发展方向。在相干探测体制中, 除了波像差外, 光学系统的偏转统一影响通信系统的性能。

1) 大气信道引起的光偏振态变化

如果在发射机输出端的激光是线性偏振, 则由大气湍流引起的偏振角 φ 的均方根变化 σ_φ 为

$$\sigma_\varphi = \frac{1}{2\pi^{3/4}} \frac{(\Delta n^2)^{1/2}}{l^{3/2}} \lambda (L)^{1/2} \tag{5.34}$$

其中, Δn 是大气折射率与其平均值的偏差, 归一化进行统一; l 是所使用的折射率的三维谱密度的高斯近似的比例因子; λ 是波长; L 是传播的距离。由大气湍流引起的偏振角的均方根变化足够小, 例如, 在 4.5km 的光路中研究非偏振的线性偏振激光束, 发现非偏振的值在 10^{-7}rad 与 5×10^{-5}rad 之间, 据报道在 600m 的路径上探测到非偏振的光小于 10^{-8}rad。

偏振测量是天文学的一个领域, 它是通过测量地面上的一些偏振标准恒星来进行的, 哈勃太空望远镜利用近红外相机和多目标光谱仪 (NICMOS) 测量了偏振星, 这种偏振标准恒星的平均大气偏振度 (degree of polarization, DOP) 小于 9.947%。地面测量和空间测量之间进行了比较。

2009 年, 日本 NICT(National Institute of Information and Communications Technology) 完成了近地轨道卫星对地面站光束偏振态的特性研究。试验测试结果如下: 经过空地大气信道后偏振态的均方根 (RMS) 误差为 1.6°, DOP 为 99.4% ±4.4%。

2) 光偏振态变化对相干通信的影响

光偏振态变化首先影响的是相干光的混频效率，进而影响系统性能的信噪比。其中，混频效率是相干激光通信性能的一项重要指标，是相干通信信噪比的衰减因子。相干探测系统的信噪比可表达为

$$(S/N)_{\text{i.f.}} = \frac{\eta P_{\text{s}}}{hvB_{\text{i.f.}}} \frac{\left[\left(\int_A |U_{\text{s}}||U_{\text{i}}|\cos\phi\mathrm{d}A\right)^2 + \left(\int_A |U_{\text{s}}||U_{\text{i}}|\sin\phi\mathrm{d}A\right)^2\right]}{\left(\int_\infty |U_{\text{s}}|^2\mathrm{d}A \int_A |U_{\text{i}}|^2\mathrm{d}A\right)} \tag{5.35}$$

式中，$\eta P_{\text{s}}/hvB_{\text{i.f.}}$ 与探测器的参数有关，P_{s} 表示有效的信号光功率，表示信号光中能够参与混频的能量功率，式 (5.35) 右侧除式为相干通信的混频效率，U_{s} 为信号光光场，U_{i} 为本征光光场，A 为探测器面积，当信号光与本征光满足相位匹配时，ϕ 是固定参数。

上式中没有包含光束偏振态参数，为了建立光束偏振态与混频效率的关系以及充分利用偏振态一致时的相干混频效率计算公式，需要对部分参数进行定义和修正。

定义功率 P 表示信号光经过光学天线后的功率，P_{s} 为有效的信号光功率，这里进一步理解为受偏振像差影响后的信号光功率。信号光经过光学系统后的复振幅用 E_{s} 表示，经过起偏器后的复振幅分布用 E_{s}' 表示。起偏器只影响信号光的偏振态，不改变信号光的振幅、相位等信息。为了分析偏振像差对混频效率的影响，引入参数 γ_{pol}，其表示偏振混频效率，定义为经过起偏器后信号光 E_{s}'，与经过起偏器之前信号光 E_{s} 的功率之比，即

$$P_{\text{s}} = P \cdot \gamma_{\text{pol}} \tag{5.36}$$

$$\gamma_{\text{pol}} = \frac{\dfrac{1}{z_0}\displaystyle\int_A \dfrac{1}{2}\mathrm{Re}(E_{\text{s}}' \cdot E_{\text{s}}'^*)\mathrm{d}A}{\dfrac{1}{z_0}\displaystyle\int_A \dfrac{1}{2}\mathrm{Re}(E_{\text{s}} \cdot E_{\text{s}}')\mathrm{d}A} \tag{5.37}$$

根据上面两个表达式，可得到基于光学系统偏振像差的信噪比：

$$(S/N) = \frac{\eta P}{hvB_{\text{i.f.}}} \frac{\displaystyle\int_A \mathrm{Re}(E_{\text{s}}' \cdot E_{\text{s}}'^*)\mathrm{d}A}{\displaystyle\int_A \mathrm{Re}(E_{\text{s}} \cdot E_{\text{s}}^*)\mathrm{d}A} \times \frac{\left(\int_A |U_{\text{s}}||U_{\text{i}}|\cos\phi\mathrm{d}A\right)^2 + \left(\int_A |U_{\text{s}}||U_{\text{i}}|\sin\phi\mathrm{d}A\right)^2}{\displaystyle\int_\infty |U_{\text{s}}|^2\mathrm{d}A \int_A |U_{\text{i}}|^2\mathrm{d}A}$$

$$\tag{5.38}$$

由上面表达式可知，当线偏振光经过光学系统，受偏振像差的影响，出射光在其径向横截面内是不均匀分布的，受偏振像差影响，部分线偏振光转换为椭圆偏振

光，部分光仍是线偏振光但是方位角发生变化。假设信号光是高斯分布，根据公式 (5.37) 可以计算出此时偏振混频效率的百分比，即信号光的百分之几的能量能够与本振光进行混频。

5.3.6　大气层光束偏折效应

1. 大气层引起的光束偏折机理

当光束在大气中传输时，大气湍流的作用导致波前相位畸变，在发射孔径较小的情况下，大于光束直径的大气湍流团将在光束的传输方向上产生随机偏折，产生波前畸变，这种波阵面的形变最终导致光束发生偏移现象。

光束在传播路径上的漂移如图 5.42 所示。

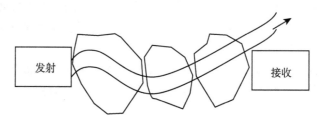

图 5.42　光束在传播路径上的漂移示意图

理论上通常以光束质心位置的变化来描述光束漂移，光束的质心定义为

$$\rho_{c} = \iint \rho I(\rho) \mathrm{d}\rho \Big/ \iint I(\rho) \mathrm{d}\rho \tag{5.39}$$

则质心的漂移方差为

$$\sigma_{\rho} = \langle \rho_{c}^{2} \rangle \tag{5.40}$$

对于平面波或准直光束在 Kolmogorov 湍流中传输，对应的漂移方差为

$$\sigma_{\rho}^{2} = 6.08 D^{-1/3} \left[L^{2} \int_{l_{1}}^{l_{2}} C_{n}^{2}(z) \mathrm{d}z - 2L \int_{l_{1}}^{l_{2}} C_{n}^{2}(z) z \mathrm{d}z + \int_{l_{1}}^{l_{2}} C_{n}^{2}(z) z^{2} \mathrm{d}z \right] \tag{5.41}$$

其中，D 为光束直径；l_{1} 和 l_{2} 分别为传输的起始坐标和终点坐标，两者的差值为传播的距离 L。假设传播路径上的湍流强度均匀，即大气折射率结构常数一定，则有

$$\sigma_{\rho}^{2} = 2.03 C_{n}^{2} D^{-1/3} L^{3} \tag{5.42}$$

对于发射口径为 D 的聚焦光束，在 Kolmogorov 湍流中传输，对应的漂移方差为

$$\sigma_{\rho}^{2} = 6.08 L^{2} D^{-1/3} \int_{l_{1}}^{l_{2}} C_{n}^{2}(z)(1 - z/L)^{11/3} \mathrm{d}z \tag{5.43}$$

假设传播路径上的湍流强度均匀时有

$$\sigma_{\rho}^{2} = (9/14) 2.03 C_{n}^{2} D^{-1/3} L^{3} = 1.305 C_{n}^{2} D^{-1/3} L^{3} \tag{5.44}$$

2. 消除大气偏折效应的措施

由光束偏折机理的公式及仿真结果 (图 5.43) 可知，会聚光束的漂移小于准直光束。并且漂移方差的大小和光束的宽度有关，光束直径越大，漂移效应就越不明显，则消除大气偏折效应的措施可采用增加信标光的束散角或使通信光和信标光合一两种方式。

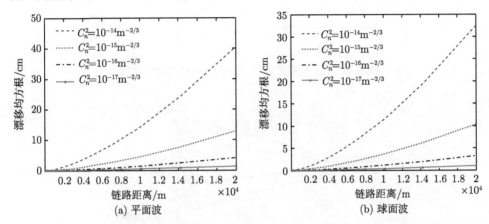

图 5.43 (a) 平面波链路距离与漂移方差均方根，(b) 球面波链路距离与漂移方差均方根

需要指出的是：当湍流影响很强时，由于激光波前失去相干性，光束会出现破碎，再讨论光束漂移的概念就意义不大了。

5.3.7 大气层对光束扩束效应

1. 大气层引起扩束效应产生机理

光束受到小尺度湍流涡旋 (小于光束的直径) 的影响，在传输的过程中，光束内部能量向四周散射，光束的横截面积要比没有湍流影响时的尺寸更大，这就是光束的扩展，如图 5.44 所示。光束扩展可分为短期扩展和长期扩展，有文献中指出当时间为小于 W_L/v(光束半径与风速的比值) 时为短曝光，对应光束的短期扩展，大于此值则是长曝光，对应长期扩展。如图 5.45 所示，光束受到小尺度湍流涡旋 (小于光束的直径) 的影响。

我们假定发射的光束为高斯光束，强度为高斯分布的经过空间的传输后其强度仍为高斯分布，在弱起伏条件下，通常用等效的光束半径 (相对于光束的横截面的质心) 来描述大气对光束的扩展特性：

$$\rho = \iint \rho^2 \langle I(\rho) \rangle \, \mathrm{d}\rho / \langle I(\rho) \rangle \, \mathrm{d}\rho \qquad (5.45)$$

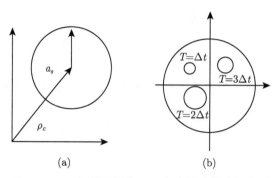

图 5.44　(a) 短期扩展和 (b) 光束抖动的时间序列

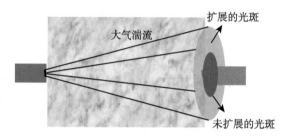

图 5.45　光束扩展示意图

按照高斯光束定义的光斑半径与有效光斑的半径的关系可得出

$$W = \sqrt{2}\sqrt{\langle \rho^2 \rangle} \tag{5.46}$$

受到光束质心漂移的影响,光束的长期扩展比短期扩展大很多,在弱起伏的条件下,将短曝光光束半径的平方与光束质心漂移方差之和来表示长曝光的光束的有效半径,如下式:

$$\langle \rho_l^2 \rangle = \langle \rho_s^2 \rangle + \langle \sigma_\rho^2 \rangle \tag{5.47}$$

根据平均场受到湍流影响后衰减到原来的 $1/\mathrm{e}$ 值,采用 von Karmann 湍流谱可以定义两个湍流下的特征传播距离:

$$L_{\mathrm{c}} = (0.391 C_n^2 k^2 L_0^{5/3})^{-1} \tag{5.48}$$

$$l_{\mathrm{c}} = (0.391 C_n^2 k^2 l_0^{5/3})^{-1} \tag{5.49}$$

它们分别由湍流的外尺度和内尺度决定,根据光波的相干函数,对于高斯光束在湍流影响下扩展后的有效半径为

$$2\langle \rho_l^2 \rangle = W_L^2 + 4.4 C_n^2 l_0^{-1/3} L^3, \quad L \gg l_{\mathrm{c}} \tag{5.50}$$

$$2\langle\rho_l^2\rangle = W_L^2 + 2(\lambda L)^2/(\pi\rho_0)^2, \quad L_c \ll L \ll l_c \tag{5.51}$$

其中，l_0 和 L_0 分别为湍流的内尺度和外尺度；ρ_0 是球面波的空间相干长度 (大气相干长度为它的 2.1 倍)；W_L 是未受湍流影响下的高斯光束传播 L 距离后的半径，由式 (5.50)、式 (5.51) 确定：

$$W_L^2 = \omega_0^2\left[1 + \left(\frac{\lambda L}{\pi\omega_0^2}\right)^2\right] \tag{5.52}$$

其中，ω_0 是激光束的束腰半径。Breaux 通过采用数字模拟和曲线拟合的方法得到如下光束的短期扩展公式：

$$2\langle\rho_l^2\rangle = W_L^2[1 + 0.812(2\omega_0/\rho_0)^2], \quad 2\omega_0/\rho_0 < 3 \tag{5.53}$$

$$2\langle\rho_l^2\rangle = W_L^2[1 + (2\omega_0/\rho_0)^2 - 1.18(2\omega_0/\rho_0)^{5/3}], \quad 3 < 2\omega_0/\rho_0 < 7.5 \tag{5.54}$$

2. 扩束效应对星地上行链路的影响

扩束效应对星地上行链路造成极大的影响。由于激光束受到湍流扩展的影响，所以达到接收孔径内的平均能量更加分散，进而到达探测器的功率减小，系统的信噪比会下降，则当激光束以一定的束散角出射时，随着传输距离的增加，自由空间衰减将会增加，这是导致整个上行链路功率损耗最大的环节。

5.4 卫星激光通信链路背景光特性分析

5.4.1 天空背景光的种类

天空背景光是自由空间激光通信系统中近地面通信链路的主要背景辐射来源，也是唯一不可避开的背景辐射源。

空间激光通信系统的背景光源主要可分为两类：① 扩展背景光源，这种光源被假定为充满整个背景，因此它出现在整个接收机视场内；② 分立光源 (点光源)，它们比较局域化，可能出现也可能不出现在接收机视场内。对于空间激光通信系统，天空背景光是主要的扩展背景光源，星体是主要的分立光源。根据接收视场的不同，月亮和太阳背景光有时可视为点光源 (当接收视场较大时)，有时可视为面光源 (当接收视场角较小时)。

1. 面背景光

对于大气层空间内的激光通信系统，天空背景光是空间激光通信系统所要重点考虑的背景光源，它是主要的面背景光，通常用光辐射谱密度来衡量 (单位：$W/(m^2 \cdot sr \cdot nm)$)。天空背景光源自太阳的辐射，其光谱与太阳光谱相似；当太阳光通过大气时, 由于大气分子及气溶胶粒子等散射元的作用而发生散射 (包括大气瑞利散射、米氏散射、多次散射效应等), 纯散射不会引起光能总能量的损耗, 但会改变在原来传输方向上的能量大小和空间分布。天空背景光辐射谱密度与海拔、日距角、日升角、波长等因素有关。

(1) 天空背景光与海拔的关系。随着空间高度的增加, 大气密度越来越小, 大气散射影响减弱; 除了小概率朝向太阳方向外, 天空背景光逐渐减小趋势, 当海拔进入 100km 太空后, 仅为地面背景光的万分之一, 所以地面和航空平台的天空背景光相对卫星平台较大, 二者相差约 10^6 量级。

(2) 天空背景光与日升角、日距角的对应关系。在白天正午 (日升角为 90°) 对应的天空背景光最强, 通常比黑夜大 10^7 左右; 随着日距角 (光端机视轴与太阳的夹角) 的增加, 其对应的背景光强度也随之减小, 如图 5.46 所示, 当日距角大于 60° 时, 其背景光强度趋于定值: 0.1W/(m²·sr·nm); 当日距角减小时, 天空背景光辐射谱密度骤然增加, 逐渐接近太阳直射条件。所以, 空间激光通信工作过程中, 需要使激光通信视轴与太阳有一定的角度, 通常为 15° ~ 25°。这就意味着, 空间激光通信系统除了存在视轴遮挡死区外, 还存在强背景光死区, 除非带宽极窄的原子滤光片能成功应用。

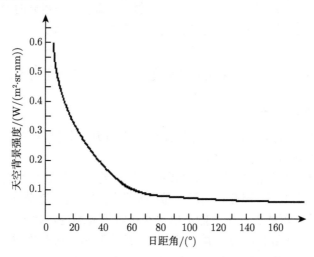

图 5.46　天空背景强度与日距角的关系

(3) 天空背景光与波长的关系。天空背景光亮度谱密度与波长的关系如图 5.47 所示。天空背景光功率谱与太阳光的功率谱密度相似 (大气吸收影响), 在 550nm 处为峰值, 随着波长的增加, 对应的天空背景光呈下降趋势。所以, 从背景光的角度出发, 信标和通信光波长尽量选取长波长。

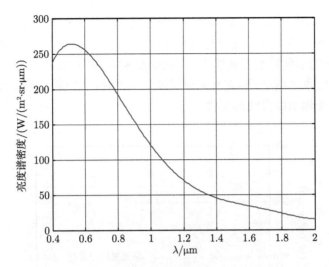

图 5.47 天空背景光亮度谱密度与波长的关系

如果通信光波长为 800nm，当日距角为 60° 时，背景光亮度谱密度为 0.1W/($m^2 \cdot sr \cdot \mu m$)。如果窄带滤光片的带宽为 3nm，接收口径为 200mm，接收视场角为 300μrad，接收单元光透过率为 0.5，则对应的背景光功率为 3.4nW，已经远小于通信光的接收功率。但对于大视场捕获单元，背景光影响较大。

(4) 地面反射背景光。从机载或星载平台下视地球，背景光光学特性主要是白昼地球表面对太阳光的反射、夜晚对星光的反射和地球本身的热辐射。白昼地球表面对太阳光的反射对空间激光通信系统有较大影响。由于地面反射背景光是天空背景光经一定的空间衰减后，再经地面物质的部分反射，其背景光光强度总体比天空背景光弱，而且以下因素影响地球表面辐射频谱特性：① 因为不同地物具有不同的平均反射率，陆地比海洋的发射率高；② 和太阳高角有关，太阳高低角减小，反射率增大；③ 随着纬度升高而增加；④ 云层和冰雪的反射率最高。在系统设计中，通常考虑最不利原则，重点考虑冰雪和云层反射的背景光，如图 5.48 所示。对于 800nm 处的云层反射背景光辐射功率谱密度为 200W/($m^2 \cdot sr \cdot \mu m$)，如果窄带滤光片的带宽为 3nm，接收口径为 200mm，接收视场角为 300μrad，接收单元光透过率为 0.5，则对应的背景光功率为 0.87nW。

2. 点辐射源

空间激光通信系统所面对的点背景光，主要包括太阳、月亮、行星、恒星，其各自的辐射特性如下。

(1) 太阳点光源。无论是星际激光通信系统，还是地面大气激光通信系统，太阳都是最重要的背景光。如果太阳光源小于接收视场，可将太阳视为点光源。

图 5.49 给出了当太阳从头顶直射时，从海平面上收集的太阳辐照度曲线 (当以较低的仰角观察时，辐照度成比例地衰减)。在大气层外测量的太阳辐照度曲线，它与约 6000K 下的黑体辐照度曲线相近。在长波区域 (大于 0.55μm 波段)，随着波长的增加，太阳背景光减小；当这种辐射穿过大气层时，大气粒子将引起与波长有关的衰减，并改变辐照度曲线的形状。

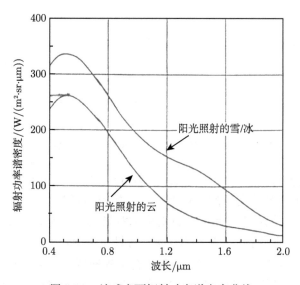

图 5.48   地球表面辐射功率谱密度曲线

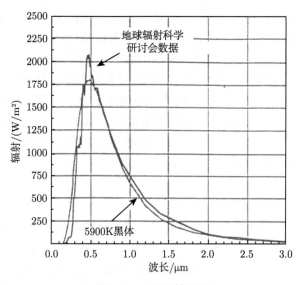

图 5.49   太阳辐射谱

(2) 行星及月亮点光源。对于空间激光通信系统，月亮和行星也可能是主要的点光源。相对于太阳辐射，其辐照度明显比太阳低数个量级，所以对于空间激光通信系统影响较小。由于月亮、火星、金星等行星发光都是太阳光的反射光，所以其峰值波长都分布在 $0.55\mu m$；其中月亮最亮，在 $0.8\mu m$ 附近，对应的辐照度谱密度约为 $10^{-9}W/(cm^2 \cdot \mu m)$，如图 5.50 所示。

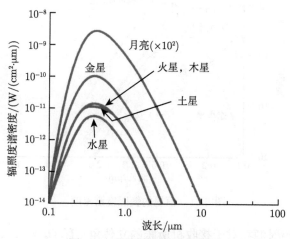

图 5.50 行星的辐照度谱密度

对于相同的激光通信系统 (接收口径和窄带滤光片相同)，月亮所引起的背景光功率为 $0.63\mu W$，金星仅为 $30nW$ 左右。相比于太阳光干扰，虽然已经极大减小，但仍和通信光功率接近，仍需要考虑背景光抑制。

(3) 恒星点光源。恒星发光源自不同的光源 (温度不一样)，所以峰值不相同。如图 5.51 所示。对于恒星，最亮的为天狼星，在 $0.8\mu m$ 附近，对应的照度约为 $10^{-14}W/(cm^2 \cdot \mu m)$，比金星影响还小。所有恒星点光源对于空间激光通信影响几乎都可以忽略。

5.4.2 系统接收的背景光功率

扩展的背景辐射源常用辐射率谱函数 $W(\lambda)$ 来描述，它定义为在波长 λ 处单位带宽上、每单位面积光源辐射到单位立体角内的功率，其单位为：$W/(m^2 \cdot sr \cdot \mu m)$。假定接收透镜面积为 A，离开光源的距离为 Z，从光源来看，它表示一个约为 A/Z^2 球面角度的立体角。若辐射源面积为 A_s，则接收到的总功率依赖于落在接收机视场 Ω_{fv} 内的那部分辐射源面积。这样，在波长 λ 附近，带宽 $\Delta\lambda$ 范围内接收机收集到的背景功率为

$$P_b = \begin{cases} W(\lambda)(\Delta\lambda)(\Omega_{fv}Z^2)(A/Z^2), & A_s > \Omega_{fv}Z^2 \text{(面光源)} & (5.55a) \\ W(\lambda)(\Delta\lambda)A_s(A/Z^2), & A_s < \Omega_{fv}Z^2 \text{(点光源)} & (5.55b) \end{cases}$$

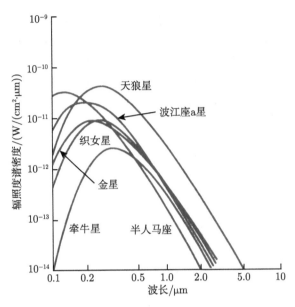

图 5.51　恒星的辐照度谱密度

定义 Ω_s 为辐射源相对于接收机所张的立体角，有 $\Omega_s \approx A_s/Z^2$，上式可重新写为

$$P_b = \begin{cases} W(\lambda)(\Delta\lambda)\Omega_{\mathrm{fv}}A, & \Omega_{\mathrm{fv}} < \Omega_s \quad\quad (5.56a) \\ W(\lambda)(\Delta\lambda)\Omega_s A, & \Omega_s < \Omega_{\mathrm{fv}} \quad\quad (5.56b) \end{cases}$$

因此，如果背景光源扩展到包含了接收机视场，背景功率则由式 (5.55a) 给出，并且只依赖于接收机的面积、视场和窄带滤光片的带宽，特别是 P_b 与 Z 的大小无关。于是得出结论，对于面光源背景光，接收单元接收的背景光功率与接收的立体视场和接收口径面积成正比。背景光源模型如图 5.52 所示。

对于一个由式 (5.56b) 给出的局域化点光源，在波长 λ 上定义一个光源辐照度是方便的，它是下述乘积：

$$\omega(\lambda) = W(\lambda)\Omega_s \tag{5.57}$$

功率可以直接由 $\omega(\lambda)$ 算出，其单位为 $\mathrm{W}/(\mathrm{m}^2 \cdot \mu\mathrm{m})$：

$$P_b = \omega(\lambda)(\Delta\lambda)A, \quad \Omega_s < \Omega_{\mathrm{fv}} \tag{5.58}$$

而不需要去确定光源立体角 Ω_s。这样，不论是扩展光源还是局域化光源，其背景功率都能够根据它们的辐射谱或辐照度谱得到。

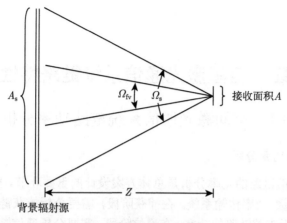

图 5.52　背景光源模型

在 $0.8\mu m$ 附近, 太阳辐照度谱密度约为 $0.1 W/(cm^2 \cdot \mu m)$。如果光通信系统的口径为 20cm, 窄带滤光片的带宽为 2nm, 则对应的背景光功率为

$$P_B = \omega(0.8) \cdot \frac{\pi}{4} D^2 \cdot \Delta\lambda = 0.1 \cdot \frac{\pi}{4} 20^2 \cdot 2 \times 10^{-3} = 0.063 W \qquad (5.59)$$

由此可见, 如果太阳光进入激光通信系统视场, 所产生的背景光功率非常强烈, 远大于接收的通信光或信标光的功率 (通常在纳瓦数量级), 系统几乎不能工作, 即使应用带宽极窄的原子滤光片, 也不能确保系统可靠工作。所以, 空间激光通信系统一定需要避免太阳光直射。

5.4.3　背景光对空间激光通信系统的影响

对于典型空间激光通信系统, 通常具有三个接收视场: 捕获/粗跟踪视场、精跟踪视场和通信接收视场。对于每一个接收单元, 除了接收到所希望的光源功率之外, 处在一个亮背景下的空间光通信接收单元还将接收到落在探测器空间和频率范围内不希望有的较强背景辐射。接收到的背景辐射与所期望的信号光场被一起进行处理, 从而对整个系统的性能造成劣化。

对于精跟踪链路, 天空背景光使精跟踪探测器的信噪比下降, 进而影响光斑检测精度; 对于通信链路, 使通信接收单元的信噪比下降, 进而使误码率增加; 对于捕获链路, 影响粗跟踪探测单元的信噪比, 降低捕获探测概率和粗跟踪精度。

第6章 卫星激光通信系统链路特性分析

6.1 空间激光通信系统链路功率分析

6.1.1 通信链路功率分析

卫星激光通信链路的功率分析是总体方案设计的重要环节。空间激光通信系统的实质也是能量/功率传输系统。在捕获阶段,需要分析捕获链路的功率;在跟踪阶段,需要分析跟踪链路的功率;在通信阶段,需要分析通信链路(包括上行和下行)的功率。只有三个链路的功率分析都满足要求,系统才能可靠、正常工作。

三种链路的传输方程皆可以用以下的通用表达式描述:

$$P_r = P_t \cdot \eta_{ot} \cdot L_r \cdot \eta_s \cdot L_{PAT} \cdot \eta_{or} \tag{6.1}$$

式中,P_r 为探测器接收功率;P_t 为发射光源的发射功率;η_{ot} 为发射光学单元的效率;L_r 为空间传输损耗,其表达式为 $L_r = \dfrac{D^2}{(\theta \cdot L)^2}$,这里,$D$ 为接收口径,θ 为激光束散角,L 为链路距离;η_s 为信道引起的功率损失;L_{PAT} 为 PAT 对准失配引起的功率损耗;η_{or} 为接收光学系统效率。

现以某一典型的 GEO-地面链路为例,对通信链路的功率进行分析,基本参数为:通信距离为 40000km,通信速率为上行 10Mbit/s,下行 5Gbit/s,通信激光器发射功率为 5W,发射光学系统透过率为 0.7,发射口径为 250mm,以近衍射极限角 22μrad 束散角发射,地面接收口径为 1000mm,接收光学系统透过率为 0.5,具体功率计算如下。

1) 下行链路功率计算

星地激光通信系统通信下行链路功率计算表如表 6.1 所示。星地下行通信链路为主要工作模式,主要用于海量数据的实时、高速下传,通信速率为 5Gbit/s,采用 BPSK 相位调制、掺铒光纤放大器 (EDFA) 高功率输出 (5W) 和近衍射极限角 (22μrad) 发射;为补偿远距离引起的空间损耗和大气信道的额外衰减,地面接收采用大光学口径接收 (1m 直径) 和高灵敏度零差相干探测 (−42dBm),在未考虑编解码增益条件下,尚有 3.33dB 的安全裕量。如果成功加入前向纠错编解码,还可提高 3dB 左右的裕量,进一步提高信道适应性。

表 6.1   星地激光通信系统通信下行链路功率计算表

系统参数	下行	单位	备注
通信发射功率	36.98	dBm	EDFA 功率放大器输出功率为 5W
发射光路损耗	−1.55	dB	光学发射效率为 0.7
自由空间损耗	−59.4	dB	距离为 40000km、束散角为 22μrad、接收口径为 1m
大气信道散射损耗	−7	dB	1km 海拔、5km 能见度、20° 地平角条件下 单站可实现 55% 可通率
大气信道闪烁损耗	−3	dB	中等湍流，20° 地平角条件下
光学接收系统损耗	−4	dB	包括望远镜的反射率、次镜遮挡比、窄带、 双色分光片的透过率等光学总接收效率
PAT 适配损耗	−0.7	dB	PAT 跟踪误差引起的功率损失
接收光功率	−38.67	dBm	雪崩光电二极管探测器接收光功率
通信接收灵敏度	−42	dBm	5Gbit/s，10^{-7} 误码率，对应 98 光子/码 (包括混频器的混频效率)
安全裕量	3.33	dB	增加系统工作可靠性
编码增益	3	dB	非标准速率条件下，针对大气信道开展有 针对性的纠错编码，是增加链路裕量的 潜在技术途径
总裕量	6.33	dB	可进一步提高天气的适应能力

2) 上行通信链路功率分析

星地激光通信系统通信上行链路功率计算表如表 6.2 所示。星地上行通信链路为次要工作模式，主要用于传输控制命令，通信速率仅为 10Mbit/s，采用半导体内调制技术和 EDFA 高功率放大 (5W)；考虑到大气偏折效应和地面站的跟踪精度，将通信光的束散角放宽到 40μrad；卫星平台的光学口径为 0.25m；在低速率条件下，基于雪崩光电二极管的通信接收灵敏度可达到 −58dBm，以补偿相同的空间损耗和大气信道的额外衰减；如果加入前向纠错编解码，还可提高 3dB 左右的裕量，进一步提高信道适应性。

表 6.2   星地激光通信系统通信上行链路功率计算表

系统参数	上行	单位	备注
通信发射功率	36.98	dBm	EDFA 功率放大器输出功率为 5W
发射光路损耗	1.55	dB	光学发射效率为 0.7
自由空间损耗	−76.9	dB	束散角为 40μrad，距离为 40000km，接收口径为 250mm
信道损耗	−7	dB	1km 海拔、5km 能见度、20° 地平角条件下
大气信道闪烁损耗	−3	dB	中等湍流，20° 地平角条件下，250mm 接收口径
接收系统损耗	−3	dB	光学接收效率 0.5
PAT 对准失配损耗	−0.5	dB	跟踪精度优于束散角的 1/8
接收光功率	−54.97	dBm	接收光功率
通信接收灵敏度	−58	dBm	10Mbit/s，10^{-6}，雪崩光电二极管探测器
安全裕量	3.03	dB	增加系统工作可靠性
编码增益	3	dB	低速率条件下比较成熟
总裕量	6.03	dB	可进一步提高天气的适应能力

6.1.2　捕获链路功率分析

粗跟踪链路的发射端是粗信标激光器,接收端是粗跟踪探测单元。此链路与通信链路具有相似的链路方程,其表达式为

$$P_{\mathrm{r}} = P_{\mathrm{t}} \cdot \eta_{\mathrm{ot}} \cdot \eta_{\mathrm{or}} \cdot \eta_{\mathrm{s}} \cdot \mathrm{e}^{-8(\theta_{\mathrm{off}}/\theta_{\mathrm{dib}})^2} \cdot \left[\frac{D}{\theta_{\mathrm{div}} \cdot L}\right]^2 \tag{6.2}$$

捕获链路的特性决定了表达式中的各项因子的参数有较大差异,具体表现为:
① 信标光通常为连续激光束,无须调制,通常可实现大功率,其功率可达几瓦量级;② 大束散角发射,为了实现快速捕获,其束散角通常远大于衍射极限角,通常可达毫弧度量级;③ 探测单元通常为较大视场的面阵 CCD,具有较长的积分时间,所以具有极高的探测灵敏度,可达皮瓦量级;④ 信标发射和信标探测单元的光学系统比较简单,可获得较大的光学透过率;⑤ 在捕获阶段,信标光的视轴中心不一定指向接收光端机,在链路功率分析中,按最恶劣条件计算,若信标光的束散角为 3mrad,如束散角呈现高斯分布,束散角边缘功率密度平均分布小于 6.7dB;⑥ 捕获探测具有较大的视场,必须考虑天空背景光的影响,对于近地,天空背景光已经远大于探测器内部噪声,所以需要同时分析天空背景光对接收功率的影响,进而获得较高的图像信噪比。图 6.1 为光束边缘和中心处的高斯分布与均匀分布的差别。

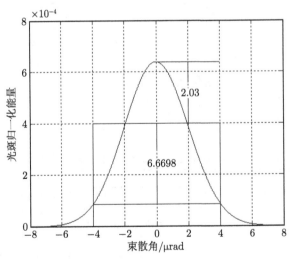

图 6.1　光束边缘和中心处的高斯分布与均匀分布的差别

为了减少捕获时间,粗信标的束散角为 3mrad;为了抑制天空背景影响,捕获视场为 3mrad,有效像元数量为 1024×1024,像元分辨率约为 3μrad;CCD 帧频为 50Hz,积分时间为 20ms。为了满足探测概率的要求,需要使光斑的信噪比大于 7。表 6.3 是某典型的星际激光通信系统的捕获链路功率分析。

表 6.3　　星际激光通信系统的捕获链路功率计算表

(1) 信标光链路分析		
系统参数	参数值	备注
信标激光器发射功率	37dBm	采用 5W 半导体连续激光器
发射光路损耗	−1dB	发射光学系统透过率为 0.8
空间几何损耗	−114.7dB	束散角为 3mrad，接收口径为 250mm，链路距离为 45000km
视轴对准适配	−7dB	高斯分布的边缘引起的损耗比均匀分布强
接收光路损耗	−2.22dB	接收光学系统透过率为 0.6
CCD 靶面接收功率	−83dBm	等效 1×10^{-11}W
光斑覆盖最大像元素	2×2	光斑功率可能被相邻的 4 个像素接收
每个像元接收功率	1.3×10^{-12}W	
(2) 粗跟踪相机参数		
灵敏度	33LSB[①]/(nJ/cm²)	数字相机灵敏度，800nm 响应灵敏度，灰度分辨率为 12 位，0dB 增益
粗跟踪帧频	50Hz	带宽为 2，帧频大于 10 倍的带宽
CCD 工作积分时间	20ms	积分时间
像元几何尺寸	5μm	像元几何尺寸为 5μm×5μm
实际像素灵敏度	8×10^4LSB/(nW·ms/μm²)	单个像元在 20ms 积分时间内对应的灵敏度
背景光数值	100LSB	
固定图形噪声等效	5LSB	
输出随机噪声	3LSB	
背景光噪声	2LSB	星际系统的天空背景光非常低
实际信噪比	10	
所需要的信噪比	7	捕获概率大于 99.7%

由此可见，通过对信标光束散角、接收口径、视场角、积分时间等参数的优化选取，捕获探测器上的光斑信号所获得的信噪比满足任务要求，而且还有一定的功率裕量。

6.1.3　跟踪链路功率分析

对于跟踪链路，精跟踪探测具有更高的帧频和更短的积分时间，对于信标光的接收功率更为苛刻。所以，在捕获、跟踪链路分析时，主要对精跟踪阶段的信噪比进行分析 (粗跟踪阶段的积分时间是精跟踪阶段的 40 倍)。

精跟踪链路的传输方程和分析思路与粗跟踪近似，但有以下特点：① 精信标光的束散角较小，通常为几百微弧度量级；② 精信标发射的功率可以较小，因为在动态通信过程中始终工作，所以低功率的精信标对于减小系统的平均功耗意义重大；③ 探测单元通常为视场较小、高帧频面阵 CCD，通常具有较短的积分时间，所以每个像素的探测灵敏度较低，相应的天空背景光影响也较小。

某一典型的激光通信系统的精信标的束散角为 400μrad，精跟踪视场也为 400μrad，精跟踪探测器的有效像元数量为 100×100，像素分辨率为 4μrad；CCD 帧频为 2000Hz，积分时间为 0.5ms，需要信噪比大于 5。表 6.4 是精跟踪链路功率分析。

---

① LSB：最低有效位。

表 6.4　星际激光通信系统精跟踪链路功率计算表

(1) 信标光链路分析		
系统参数	参数值	备注
信标激光器发射功率	30dBm	采用 1W 连续激光器
发射光路损耗	−1dB	发射光学系统透过率为 0.8
空间几何损耗	−97 dB	束散角为 0.4mrad，接收口径为 250mm，链路距离为 45000km
接收光路损耗	−3dB	接收光学系统透过率为 0.5
CCD 靶面接收功率	−71dBm	等效 8×10^{-11}W
光斑覆盖最大像元素	2×2	光斑功率可能被相邻的 4 个像素接收
每个像元接收功率	2×10^{-11}W	
(2) 粗跟踪相机参数		
灵敏度	33LSB/(nJ/cm^2)	精跟踪数字相机灵敏度，800nm 响应灵敏度，灰度分辨率为 12 位，0dB 增益
精跟踪帧频	2000Hz	100×100 有效窗口
CCD 工作积分时间	0.5ms	积分时间
像元几何尺寸	10.6μm	像元几何尺寸为 10.6μm×10.6μm
实际像素灵敏度	1.6×10^3LSB/(nW·ms/μm^2)	单个像元在 0.5ms 积分时间内对应的灵敏度
对应数值	33LSB	
固定图形噪声等效	5LSB	
输出随机噪声	3LSB	
实际信噪比	5.5	
所需要的信噪比	5	可实现 10 细分能力

每个像元的视场角极大降低，所以，采用大面阵 CCD 探测器是抑制天空背景光影响的有效方法。

6.2　不同链路激光通信系统链路分析

空间激光通信按照不同链路进行规划和发展，图 6.2 为 NASA 规划的空间激

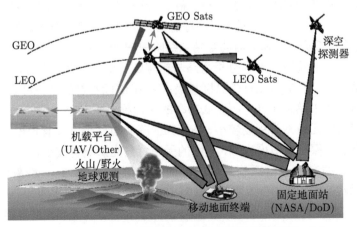

图 6.2　NASA 规划的空间激光通信发展规划

光通信发展规划。根据具体的军事和民用需求,并结合具体链路的距离、通信速率、信道特性、背景光、运动特性等因素,几种典型的空间激光通信链路的特点分析如下。

6.2.1 星际激光通信链路

包括 LEO-LEO 激光通信、LEO-GEO 激光通信等链路形式。① LEO-LEO 激光通信的应用背景是载有多传感器平台的 LEO 卫星间可实现信息共享,通常具有对称的通信速率。② LEO-GEO 激光通信则是将 LEO 卫星所获得的原始数据通过 GEO 卫星中继,该链路通常设计为通信速率非对称,上行传输高速信息,通信数据速率较高;而下行传输指控命令,通信速率不高,有利于 LEO 光端机轻小型设计。星际激光通信链路所具有的共同特点是:① 信道不受云层遮挡和大气各种因素影响,非常适合开展激光通信;② 天空背景光特性较弱,在弱背景光条件下可实现高信噪比;③ 平台仅具有高频、小幅度振动,低频扰动小,易于实现快速捕获和跟踪;④ 通信距离较远,跟踪角速率较小,易于实现高精度跟踪;⑤ 卫星平台位置可精确预测,便于实现快速捕获;⑥ 由于 LEO-GEO 链路具有较大的相对运动线速率,所以需要提前量补偿。

综上所述,星际激光通信链路具有高速率、低功率、小束散角、高跟踪精度、轻小型化等突出特点,是空间激光通信的重要发展方向和重要应用领域。

6.2.2 星地激光通信链路

包括 LEO-地面激光通信、GEO-地面激光通信等链路形式。星地激光通信链路具有以下特点:① 地面终端为固定端,所以便于捕获和实现较高精度跟踪。② 地面终端的天空背景光强烈,需要考虑背景光抑制。③ 星地激光通信需要经过大气信道,大气将对空间激光通信系统的通信速率、功率裕量、跟踪精度等产生负面影响。为了有效抑制大气影响,在地面站选址时通常选择高海拔、地面光端机大口径接收系统。④ 需要有效避开云层遮挡影响,这是限制星地激光通信的最主要因素。通常在广阔区域选择多个地面站,以提高星地之间激光通信的可通率。⑤ 星地激光通信分上下行链路,而大气和云层对上下行链路影响是非对称的,星地下行链路较易实现窄束散角、高跟踪精度和高速率;而上行通常传输低速率的控制指令。所以,相对于星际激光通信系统,星地间通信目前仍以射频通信为主,激光通信可作为重要的辅助手段。

6.2.3 星空激光通信链路

这里的空中平台包含临近空间和航空平台。星空激光通信链路工作模式与星际激光通信近似,但是在以下几个方面存在区别:① 空中平台的天空背景光较强烈,需要考虑天空背景光对捕获、跟踪和通信接收的影响;② 若空中平台飞行高度低于 12km，需要考虑部分大气信道对空间激光通信的影响和大气负面层的影响；③ 空中平台运动的位置不确定性对开环捕获的影响；④ 空中平台的低频大幅度扰动，需要视轴稳定。所以星空激光通信链路需要在强背景光、大幅度平台扰动和部分大气影响条件下，实现星际激光通信 (通信距离相似) 所具有的小束散角和高精度等特点，所以比星际激光通信系统更难。

6.2.4　空空/空地/地面激光通信链路

这里的空中平台仍泛指临近空间和航空平台。具体包括临近空间–临近空间、临近空间–地面、临近空间–航空、航空–航空、航空–地面、地面–地面；这些链路所具有的特点是：① 通信距离较近 (通常小于 500km)，所以空间损耗较小，可适当扩大束散角；② 通信距离变化范围宽，需要进行自适应设计；③ 可能存在部分大气信道的影响，适当留有较高的安全功率裕量和降低跟踪精度；④ 通信双端都是随机运动的平台，需要快速定位，便于捕获；⑤ 通信光端机都存在较强烈的天空背景光影响，需要抑制。所以该链路相对于星际激光通信不需要苛刻的跟踪精度，通信束散角可适当放宽。

第7章　卫星激光通信系统指标体系

确定通信系统设计的各项指标是通信系统设计的关键步骤，确定的系统指标优劣程度也决定了通信系统的性能。下面将详细介绍通信系统的指标体系。首先介绍系统总体指标，接着分别介绍捕获性能指标、跟踪性能指标和通信性能指标。分别论述这些任务指标与系统内部参数的影响关系，为总体优化设计奠定基础。

7.1　系统总体指标分析

系统总体指标包括最大通信距离、通信速率、通信误码率和全年可通率。对于最大通信距离，分析其对接收功率和通信速率的影响；对于通信速率，分析调制速率、接收带宽、探测灵敏度和通信距离对通信速率的影响；对于通信误码率，分析了不同调制格式的误码率要求；对于全年可通率，分析通视率、云层遮挡概率、日凌等因素对全年可通率的影响。

7.1.1　最大通信距离

最大通信距离的确定主要依赖于通信链路特性。GEO-GEO 通信链路的最大通信距离可达上万千米；LEO-LEO、LEO-地面的最大通信距离可达几百千米到几千千米；空–空、空–地最大通信距离一般在几十千米到几百千米。通信距离对功率衰减和通信速率的影响很大，下面将对上述影响进行详细介绍。

1. 通信距离对功率衰减的影响

激光光束经发射光学系统准直以后，光束发散角一般在 1mrad 以下。尽管如此，当光束传输几千米以后，在远场会形成一个光强不均匀的大光斑，如果接收光学系统的口径小于此光斑的直径，信号光束就不能全部被探测器接收，即产生光束扩展损耗，造成光功率的损耗。图 7.1 为光传输几何损耗示意图。

接收端光斑的面积近似为

$$S_r = \pi(L\theta)^2/4 \tag{7.1}$$

单位面积的光功率密度为

$$p = P_t/S_r = 4P_t/\pi(L\theta)^2 \tag{7.2}$$

因此，接收端接收到的光功率为

$$P_{\mathrm{r}} = A_{\mathrm{r}}p = 4A_{\mathrm{r}}P_{\mathrm{t}}/\pi(L\theta)^2 \tag{7.3}$$

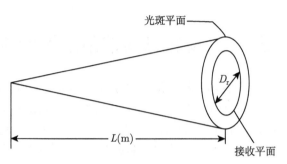

图 7.1　光传输几何损耗示意图

由于 $A_{\mathrm{r}} = \pi(D_{\mathrm{r}}/2)^2$，所以，由光束扩散引起的功率损耗为

$$\frac{P_{\mathrm{r}}}{P_{\mathrm{t}}} = \left(\frac{D_{\mathrm{r}}}{L\theta}\right)^2 \tag{7.4}$$

由式 (7.4) 可知，由光束扩散引起的功率损耗随着距离的增加而增加。由于空间激光通信传输距离长，因此光束扩散引起的功率损耗巨大。由式 (7.4) 还可以看出，缩小光束发射角可以减小光束扩散引起的功率损耗，因此，在实际应用中，应力求减小光束发射角。

在大气激光通信中，除了光束扩展对功率损耗的影响外，大气衰减也会引起功率损耗。由大气引起的光功率衰减与距离的关系表达式为

$$P_{\mathrm{r}} = P_{\mathrm{t}}\mathrm{e}^{-\beta L} \tag{7.5}$$

其中，P_{r} 为接收功率；P_{t} 为发射功率；β 为衰减系数。

综合以上两方面的影响，在大气激光通信中，总功率损耗为

$$\frac{P_{\mathrm{r}}}{P_{\mathrm{t}}} = \eta_{\mathrm{r}}\eta_{\mathrm{t}}\mathrm{e}^{-\beta L}\left(\frac{D_{\mathrm{r}}}{L\theta}\right)^2 \tag{7.6}$$

2. 通信距离对通信速率的影响

由以上分析可知，通信距离影响通信系统接收功率，进而影响通信系统接收端信噪比。而根据香农定理，信道容量 (即无误码传输情况下的最大通信速率，后文简称最大通信速率) 与接收信号信噪比有关，因此，通信距离会对最大通信速率产生影响。下面定量分析通信距离与最大通信速率的关系。

由式 (7.6) 可知，当空间光通信系统收发两端距离为 L 时，接收功率与通信距离的关系为

$$P_{\mathrm{r}} = P_{\mathrm{t}}\eta_{\mathrm{r}}\eta_{\mathrm{t}}\mathrm{e}^{-\beta L}\left(\frac{D_{\mathrm{r}}}{L\theta}\right)^2 \tag{7.7}$$

香农公式如下式所示:

$$C = B \lg \left(1 + \frac{P_{\mathrm{r}}}{N_0}\right) \tag{7.8}$$

其中, C 为最大通信速率; B 为通信带宽; $\dfrac{P_{\mathrm{r}}}{N_0}$ 为接收端信噪比。将式 (7.7) 代入式 (7.8) 可得

$$C = B \lg \left(1 + \frac{P_{\mathrm{t}} \eta_{\mathrm{r}} \eta_{\mathrm{t}} \mathrm{e}^{-\beta L} D_{\mathrm{r}}^2}{N_0 (L\theta)^2}\right) \tag{7.9}$$

上式表明, 随着通信距离的上升, 接收端接收到的功率减小, 进而使得最大通信速率降低。因此在实际应用中, 要对通信距离和通信速率进行折中。

7.1.2 通信速率

由香农公式可知, 通信系统的最大通信速率与通信带宽有关, 通信带宽越大, 通信系统的最大通信速率越高。激光通信的频带在微米级别, 因此激光通信的通信频带宽, 它能承载的信息速率也高。同时, 为了进一步提高激光通信系统通信速率, 还可以采用波分复用技术。

通信系统的通信速率受到最大传输距离、调制速率、接收带宽和探测灵敏度的限制。在 7.4.2 小节中, 将详细介绍调制速率、接收带宽和探测灵敏度对通信速率的影响。

7.1.3 通信误码率

通信误码率是衡量系统传输消息可靠程度的重要性能指标, 它也成为衡量系统通信质量好坏的重要依据。误码率的定义是错误接收的码元数在传送总码元数中所占的比例, 误码率也可以表示码元在传输系统中被传错的概率。

通信误码率与调制方式和信噪比有关。采用不同的调制方式, 通信系统所能达到的通信误码率是不同的。此外, 无论采用哪种调制类型, 通信误码率都是信噪比的函数, 并且信噪比越大, 系统的通信误码率越小。在 7.4.3 小节中, 将详细介绍 BPSK 调制、DPSK 调制和 QPSK 调制的误码率计算公式。

7.1.4 全年可通率

可通率主要针对星地通信链路。星地斜程大气传输链路的可通率, 简单讲就是能否通过云层或者大气传输建立星地通信链路, 目前可通率的计算是基于通信链路的功率裕量分析和大气衰减的统计分析。散射导致的功率损耗通过能见度计算。可通率的定义为大气衰减低于通信链路裕量的概率, 即接收机输出的瞬时信噪比 (SNR) 低于某一信噪比阈值 μ_{th} 的概率, 而链路可通率 $P = 1 - P_{\mathrm{out}}$, 中断概率公

式为

$$P_{\text{out}} = Pr\left\{RI/\sigma_n < \mu_{\text{th}}\right\} = Pr\left\{I < \sigma_n\mu_{\text{th}}/R\right\}$$
$$= \int_0^{\sigma_n\mu_{\text{th}}/R} Pr(x)\mathrm{d}x \tag{7.10}$$

$$P(I) = \frac{1}{I\sqrt{2\pi\sigma_{\ln I}^2}} \exp\left\{-\frac{\left[\ln(I) + \frac{1}{2}\sigma_{\ln I}^2\right]}{2\sigma_{\ln I}^2}\right\}, \quad I > 0 \tag{7.11}$$

式中，I 为瞬时光强；R 为探测器响应度；$\sigma_{\ln I}^2$ 为 Rytov 方差。

7.2　捕获性能指标分析

捕获性能指标是卫星激光通信系统中非常重要的指标。对卫星通信系统的设计起到至关重要的作用。捕获不确定区域、捕获时间和捕获概率是评价捕获系统性能的重要指标，三者平衡统一是捕获系统设计的关键。

7.2.1　捕获不确定区域

捕获不确定区域是激光通信终端设计的首要设计参数。如果捕获不确定区域值较大，则需要更多的扫描子区，这将严重制约捕获时间、捕获概率指标的实现。因此，在系统设计时，应尽量减小开环捕获不确定区域。

影响开环捕获不确定区域的因素有很多，包括姿态控制误差、轨道预测误差、姿态解算与安装精度、转台指向误差。而姿态控制误差是捕获不确定区域误差的主要来源，可表示为

$$\sigma = \sqrt{\sigma_A^2 + \sigma_P^2 + \sigma_R^2 + \sigma_C^2 + \sigma_G^2 + \sigma_E^2} \tag{7.12}$$

σ_A 是由偏航、俯仰、滚转姿态角测量误差构成的平台姿态误差，σ_A 的计算方法如下式所示：

$$\sigma_A = \sqrt{\sigma_\psi^2 + \sigma_\theta^2 + \sigma_\varphi^2} \tag{7.13}$$

σ_P 是由经度、纬度、高程位置测量误差构成的平台定位误差，σ_P 的计算方法如下式所示：

$$\sigma_P = \sqrt{\sigma_{Px}^2 + \sigma_{Py}^2 + \sigma_{Pz}^2} \tag{7.14}$$

此外，还包括系统装调误差 σ_R，指向解算误差 σ_C，转台执行误差 σ_G，其他小误差 σ_E。

初始指向误差可视为高斯分布的随机变量，捕获不确定区域 (UC) 应当满足：

$$\frac{\text{UC}}{2} \geqslant 3\sigma \tag{7.15}$$

根据试验, 对于经典信标激光通信捕获系统, 捕获不确定区域为 9~12mrad。

7.2.2 捕获概率

捕获概率 P_{acq} 可以表示为

$$P_{\mathrm{acq}} = P_{\mathrm{u}} \cdot P_{\mathrm{s}} \cdot P_{\mathrm{d}} \tag{7.16}$$

其中, P_{u} 为不确定区域对目标的视场覆盖概率; P_{s} 为扫描过程中视场覆盖率; P_{d} 是由探测器本身决定的探测概率。

1. P_{u} 的分析

不确定区域对目标的视场覆盖概率 P_{u} 的简化表达式为

$$P_{\mathrm{u}} = 1 - \exp\left[-\frac{(\mathrm{UC})^2}{8\sigma^2}\right] \tag{7.17}$$

按照上式, 当捕获不确定区域 (UC) 满足式 (7.15) 时,

$$P_{\mathrm{u}} = 1 - \exp\left[-\frac{(\mathrm{UC})^2}{8\sigma^2}\right] \geqslant 1 - \exp\left[-\frac{(3\sigma)^2}{8\sigma^2}\right] \tag{7.18}$$

因此, 当开环捕获不确定区域大于 6 倍误差均方值时, 视场捕获概率大于 98.9%。

2. P_{s} 的分析

由于受到平台扰动抑制残差、伺服转台视轴晃动误差和运动补偿等因素影响, 如果相邻子区域的重叠区域选取过小, 在开环扫描过程中将引起漏扫, 故需增大重叠区域以减小漏扫概率。对于经典信标捕获系统, 当覆盖重叠区域大于抖动方差 6 倍时, 满足 $P_{\mathrm{s}} > 99.7\%$。

3. P_{d} 的分析

从捕获探测器的角度出发, 应在信噪比较小的条件下, 尽可能地提高探测概率。经典的信标捕获系统中, 采用 CCD 作为捕获探测器, 其在帧级上的捕获概率如下:

$$P_{\mathrm{d}} = (1 - P_{\mathrm{nd}})(1 - P_{\mathrm{fa}}) \tag{7.19}$$

其中, P_{nd} 为漏检概率; P_{fa} 为虚警概率。工程上, 用于捕获的 CCD 探测概率约为 97%。

综合考虑上述三方面分析可知, 经典的基于信标的激光通信捕获系统, 总捕获概率为

$$P_{\mathrm{acq}} = P_{\mathrm{u}} \cdot P_{\mathrm{s}} \cdot P_{\mathrm{d}} = 0.989 \times 0.997 \times 0.970 \approx 0.96 \tag{7.20}$$

7.2.3　捕获时间

捕获时间 T_{acq} 的计算方法如下式所示:

$$T_{\text{acq}} = T_{\text{p}} + T_{\text{s}} \tag{7.21}$$

由上式可知,捕获时间 T_{acq} 由初始指向时间 T_{p} 和扫描捕获时间 T_{s} 确定,下面介绍 T_{p} 和 T_{s} 的计算方法。初始指向时间 T_{p} 的计算方法如下式所示:

$$T_{\text{p}} = \theta_{\text{p}}/\omega_{\text{p}} \tag{7.22}$$

由式 (7.22) 可知,初始指向时间是由目标角度 θ_{p} 和转台运动角速度 ω_{p} 确定的指向时间。

扫描捕获时间 T_{s} 与扫描捕获模式有关。经典的双向捕获方式包括凝视–凝视捕获、凝视–扫描捕获、跳步–扫描捕获。下面分别讨论三种捕获模式的捕获时间。

凝视–凝视捕获是最简单的捕获方式,该捕获方式的捕获时间很短,可忽略不计。

凝视–扫描捕获是最常用的捕获方式,凝视–扫描捕获方式的捕获时间由下式确定:

$$T_{\text{s1}} \approx \frac{1}{(1-k)^2} \cdot \left[\left(\frac{\theta_{\text{U}}}{\theta_{\text{BC}}} \right)^2 + \frac{1}{2} \left(\frac{\theta_{\text{U}}}{\theta_{\text{BC}}} \right) \right] \cdot T_{\text{d}} \cdot N_{\text{t}} \tag{7.23}$$

其中, θ_{U} 为捕获不确定区域; θ_{BC} 为信标光束散角; T_{d} 为驻留时间; N_{t} 为扫描次数; k 为扫描重叠次数。

当信标光束散角和捕获探测器视场均小于不确定区域时,需要使用跳步–扫描捕获方式,跳步–扫描捕获方式的捕获时间由下式确定:

$$T_{\text{s2}} \approx \frac{1}{(1-k_1)^2} \cdot \left[\left(\frac{\theta_{\text{U1}}}{\theta_{\text{BC}}} \right)^2 \right] \cdot \frac{1}{(1-k_2)^2} \cdot \left[\left(\frac{\theta_{\text{U2}}}{\theta_{\text{FOV}}} \right)^2 \right] T_{\text{d}} \cdot N_{\text{t}} \tag{7.24}$$

其中, $\theta_{\text{U1,2}}$ 为双方捕获不确定区域; θ_{BC} 为信标光束散角; θ_{FOV} 为捕获探测器视场; T_{d} 为驻留时间; N_{t} 为扫描次数; $k_{1,2}$ 为双方扫描重叠次数。

根据试验,对于经典信标激光通信捕获系统,最大捕获时间为 55~123s。

7.3　跟踪性能指标分析

7.3.1　跟踪视场

1. 粗跟踪视场

粗跟踪视场角受到跟踪精度、天空背景光抑制能力和捕获时间等因素限制。为了减小捕获时间,提高捕获概率,应尽量增加粗跟踪视场角。可以采用以下三种方法增加粗跟踪视场角：减小光学焦距；在成像分辨率不变的条件下，增加像元尺寸；在像元尺寸无法改变的情况下，提高成像分辨率。

但是粗跟踪视场角增加会产生几个不利的因素：第一，视场增加，将使 CCD 的空间分辨率降低，降低光斑检测误差，进而影响粗跟踪精度；第二，视场角的增加，将使背景光成平方倍增加，影响捕获探测概率；第三，提高成像分辨率的同时将会降低探测器的帧频，影响粗跟踪伺服精度。

综合以上影响因素分析，常规粗跟踪子系统设计遵循以下标准：粗跟踪视场设计为 2~10mrad，粗跟踪 CCD 的分辨率选择为 512×512 以上，帧频 50Hz 以上，像元对应的角分辨率不超过 20μrad，视场覆盖冗余量约为 1mrad，以此满足粗跟踪和捕获概率的要求。

2. 精跟踪视场

精跟踪视场的确定主要考虑以下两方面。

第一，精跟踪视场要大于粗跟踪最大误差，粗跟踪稳定工作以后，需要使光斑稳定到精跟踪视场内，为了保证精跟踪系统的工作稳定性和可靠性，需要精跟踪视场相对于粗跟踪的误差留有一定余量。根据经验，精跟踪的视场选为粗跟踪误差的 1.2~2 倍，在视场的选取过程中，还应该综合考虑背景光和帧频的影响，该影响与上述粗跟踪系统的设计原则相似。

第二，精跟踪视场的选择要考虑到精跟踪执行器的角度执行范围，执行器的响应速度较快才能满足精跟踪的要求，常使用振镜来实现，但振镜的角度执行范围有限，在与视场匹配时需要重点考虑。一般振镜的角度执行范围与精跟踪视场的关系表达式如下式所示：

$$\theta_{\text{FOV\_F}} = \frac{2\alpha_{\text{FSM}}}{\Gamma} \tag{7.25}$$

这里，Γ 为望远单元的放大倍率；$\theta_{\text{FOV\_F}}$ 为精跟踪视场；α_{FSM} 为振镜的角度执行范围，振镜的执行角度与视轴改变量之比为 2。由此可见，卡塞格林系统的放大倍数越大，要求振镜的角度伺服范围就越宽。在实际中，振镜的角度范围有限，一般为几微弧度量级。例如，振镜的执行范围为 2.4mrad，卡塞格林望远系统的放大倍率为 12 倍，那么精跟踪单元的视场只能在 400μrad 以内，才能保证精跟踪系统的稳定工作。

7.3.2 跟踪带宽

1. 粗跟踪带宽

粗跟踪带宽受到机械结构和传感器采样速率等因素的影响，为了提高粗跟踪子系统的带宽，在保证整个结构轻量化和刚度的前提下，设计和加工时应尽量提高机械系统的谐振频率点。跟踪系统有三个闭合环路：第一个环路是电流环，它的传感器为电流传感器，采样频率通常在 1kHz 以上，这样才能保证电流环路的带宽达到 300Hz 以上；第二个环路是速度环，通常采用陀螺传感器 (通常在动基座条件下)，其采样频率通常在 100Hz 以上，速度环的带宽通常被设计在 20Hz 以上；而最外部的第三个环路是位置环，传感器通常采用 CCD 相机，其频率一般大于 50Hz，整个位置环的带宽通常被设计在 2Hz 以上，才能满足常用激光通信 PAT 系统动态捕获和跟踪的要求。

2. 精跟踪带宽

精跟踪和粗跟踪最大的区别是精跟踪子系统中执行器的速率和系统采样频率都远大于粗跟踪系统，使其可以有较高的带宽，在伺服系统的设计中，只有一个闭合环路，即光电成像跟踪环路，它的传感器为 CCD 相机，采样频率通常在 2kHz 以上，执行器的谐振频率通常在 1kHz 以上，这样保证了跟踪位置环的带宽可以优于 200Hz 以上。

7.3.3   跟踪精度

1. 粗跟踪精度

影响粗跟踪精度的主要因素有：探测器光斑质心测量误差、动态滞后误差、各种扰动引起的振动残差以及各种干扰误差，下面对其进行较详细的分析。

(1) CCD 探测器的测量误差。闭环控制系统设计条件是根据误差检测元件输出误差所确定的，所以对于检测元件自身的误差，闭环系统是无法克服的，它们将直接传播为系统的误差。CCD 探测器的测量误差可以由 CCD 像元素分辨率确定。CCD 像元素分辨率可以由粗跟踪接收视场角和 CCD 器件的像元总数确定。若粗跟踪接收视场角为 w μrad，CCD 器件的像元总数为 $n \times n$，则 CCD 像元素分辨率为 w/n μrad。在不采用细分的条件下，考虑到 CCD 固有噪声、CCD 相机量化噪声等因素，最终确定的探测精度要留有一定余量，它的值比 CCD 像元素分辨率大几微弧度。在实际应用中，应根据实际需求设定粗跟踪接收视场角和 CCD 器件的像元总数。

(2) 动态滞后误差。对于跟踪系统，由于伺服带宽和伺服刚度的限制，所以输出滞后于输入。这种由目标运动而造成的误差称为动态滞后误差。这项误差不仅与运动参数特性有关，而且还与伺服系统参数 (K_v 为速度品质因素、K_a 为加速度品质因素) 有关。当随动系统的相对运动角速率 Ω 和相对运动角加速度 ε 确定后，随动系统的动态滞后误差可表示为

$$\sigma_2 = \sqrt{\left(\frac{\Omega}{K_v}\right)^2 + \left(\frac{\varepsilon}{K_a}\right)^2} \tag{7.26}$$

其中，K_v 为跟踪系统的速度品质系数；K_a 为跟踪系统的加速度品质系数。从式 (7.26) 可以看出，动态滞后误差的大小取决于两方面因素：跟踪系统自身特性和原始激励，即相对运动角速度和相对运动角加速度。一般光通信终端距离较远，相对的运动速度较慢，粗跟踪光闭环伺服带宽被设计为 2~5Hz 即可，对应的 K_v 约为 400，保精度运动速度 10mrad/s 的跟踪残差约为 25μrad，如果再考虑加速度动态滞后影响，σ_2 约为 40μrad。

(3) 平台振动抑制残差。平台的振动是一个有色宽谱噪声，平台振动残差取决于扰动幅度、振动频率、抑制系统的带宽与伺服刚度。所以平台振动残差仍然是影响 PAT 系统粗跟踪精度的主要因素。一般粗跟踪子系统采用视轴稳定环的带宽约为 25Hz，稳定精度可优于 30μrad，该误差近似服从高斯分布。

(4) 干扰力矩误差。伺服转台存在不平衡力矩、摩擦力矩和线扰力矩，这些干扰力矩也将产生随机误差，通常情况下，该误差小于 20μrad。该误差近似服从高斯分布。

综合上述四方面误差因素可以得到粗跟踪伺服系统的跟踪误差：

$$\sigma = \sqrt{\sigma_1^2 + \sigma_2^2 + \sigma_3^2 + \sigma_4^2} \tag{7.27}$$

其中，σ_1 为 CCD 探测器的测量误差；σ_2 为动态滞后误差；σ_3 为平台振动抑制残差；σ_4 为干扰力矩误差。

2. 精跟踪精度

影响精跟踪精度的主要因素有：精跟踪 CCD 光斑检测误差、平台振动抑制残差、动态滞后误差和视轴对准误差。具体说明如下。

(1) 光斑检测误差。通常精跟踪图像单元的检测精度为 1~5μrad，经过算法细分后优于 1μrad，考虑到图像探测器采集和图像处理过程中噪声的影响，其最大误差约为 1μrad，该误差概率近似为高斯分布。

(2) 平台振动抑制残差。精跟踪虽然属于宽带控制系统，可以对平台的宽谱振动进行有效的抑制，但还会存在误差，该误差通常在 1.5μrad，主要为随机误差。

(3) 动态滞后误差。精跟踪单元具有更高的伺服带宽和控制刚度，可对动态滞后误差进一步抑制，通常动态误差在 0.5μrad 以内。

(4) 视轴对准误差。精跟踪子系统接收视轴和通信接收视轴装调时产生的系统误差，此误差通常约为 1μrad。

综合上述四方面误差因素可以得到精跟踪伺服系统的跟踪误差为

$$\delta = \theta + \sqrt{\delta_1^2 + \delta_2^2 + \delta_3^3} \tag{7.28}$$

其中，θ 为视轴对准误差；δ_1 为光斑检测误差；δ_2 为平台振动抑制残差；δ_3 为动态滞后误差。

7.4　通信性能指标分析

7.4.1　通信灵敏度

光接收机的通信灵敏度是通信系统非常重要的指标, 其定义为, 低于特定误码率值时, 接收机可靠工作所需的最小光功率。下面以零差相干探测系统为例, 介绍接收机灵敏度的确定方法。光信号和本振信号分别表示为

$$E_{\mathrm{s}}(t) = \sqrt{2P_{\mathrm{s}}(t)} \cos\{w_{\mathrm{s}}t + \varphi_{\mathrm{s}} + \varphi(t)\} \tag{7.29}$$

$$E_{\mathrm{LO}}(t) = \sqrt{2P_{\mathrm{LO}}} \cos\{w_{\mathrm{LO}}t + \varphi_{\mathrm{LO}}\} \tag{7.30}$$

其中, $P_{\mathrm{s}}(t)$ 和 P_{LO} 分别为信号瞬时功率和本振信号功率; w_{s} 和 w_{LO} 分别表示信号和本振的角频率, 在零差相干探测中, w_{s} 和 w_{LO} 相等; $\varphi(t)$ 为调制相位。假设光场实现了理想的偏振校准, 经检测的光电流可表示为

$$i(t) = \frac{\eta q}{h\nu} \left[P_{\mathrm{s}} + P_{\mathrm{LO}} + 2\sqrt{P_{\mathrm{s}}P_{\mathrm{LO}}} \cos\{\varphi_{\mathrm{s}} - \varphi_{\mathrm{LO}} + \varphi(t)\} \right] \tag{7.31}$$

式中, 高频项被光电二极管的频率响应消除; η 为量子效率; q 为电子电荷; h 为普朗克常量; ν 为光频率。在探测中, 本振的功率主导了散弹噪声, 并增强了信号功率, 提高了信噪比。有用信号项为信号光和本振光拍频的结果, 该项幅值等于信号功率与本振功率乘积的平方根。有用信号功率 S 与散弹噪声功率 N_{s} 分别为

$$S = 4\Re^2 P_{\mathrm{s}} P_{\mathrm{LO}} \tag{7.32}$$

$$N_{\mathrm{s}} = 2q\Re(P_{\mathrm{s}} + P_{\mathrm{LO}})B \tag{7.33}$$

其中, $\Re = \dfrac{\eta q}{h\nu}$; B 为接收机的 3dB 带宽。因此, 光信噪比 OSNR 表示为

$$\mathrm{OSNR} = \frac{4\Re^2 P_{\mathrm{s}} P_{\mathrm{LO}}}{2q\Re(P_{\mathrm{s}} + P_{\mathrm{LO}})B + N_{\mathrm{eq}}} \tag{7.34}$$

式中, N_{eq} 为接收机前置放大器输入端总的等效电噪声功率。由该式可见, 如果显著增加 LO 的功率, 则可使得散弹噪声远超过等效噪声, 同时也增大了信噪比, 此时相干接收机的灵敏度受限于光电检测本身的量子噪声。在这种情况下, 光信噪比为

$$\mathrm{OSNR}_{\mathrm{QL}} = \frac{4\Re^2 P_{\mathrm{s}} P_{\mathrm{LO}}}{2q\Re P_{\mathrm{LO}} B} = \frac{2\Re P_{\mathrm{s}}}{qB} \tag{7.35}$$

在 PSK 调制格式中, 探测误码率与输入信噪比的关系如下式所示:

$$\mathrm{BER} = \frac{1}{2}\mathrm{erfc}\left(\sqrt{\mathrm{OSNR}}\right) \tag{7.36}$$

将式 (7.35) 代入 (7.36) 可得

$$\text{BER} = \frac{1}{2}\text{erfc}\left(\sqrt{\frac{2\Re P_\text{s}}{qB}}\right) \tag{7.37}$$

由此可见，误码率与信号功率和接收机带宽有关。在满足指定误码率 BER 的条件下，接收机灵敏度为

$$P_\text{min} = \frac{qB\left(\text{erfc}^{-1}\left(2\text{BER}\right)\right)^2}{2\Re} \tag{7.38}$$

在不同带宽以及误码率下，探测系统所需的灵敏度是不同的。通常，接收带宽越大，所能传输的信息的速率也就越高，但高带宽会使得更多频段的噪声信号进入接收机，系统的信噪比也就降低，在满足指定误码率的条件下，接收机正常工作所需的最小功率提高，导致灵敏度性能下降, 因此在确定指标时，应充分考虑上述因素。

7.4.2 通信速率

通信系统的通信速率受到最大传输距离、调制速率、接收带宽和探测灵敏度的限制。7.1.1 节已经介绍了最大通信距离对通信速率的影响，下面将详细介绍调制速率、接收带宽和探测灵敏度对通信速率的影响。

1. 调制速率对通信速率的影响

首先介绍三个概念。通信系统中，调制速率是单位时间内，载波参数的变化次数，用符号 R_c 表示；波特率是单位时间内传输的码元位数，用符号 R_b 表示；通信速率通常指比特率，是单位时间内传输的二进制代码有效位数，用符号 R_B 表示。R_b 和 R_B 的关系如下式所示：

$$R_\text{B} = R_\text{b}\log_2 m \tag{7.39}$$

其中，一个单位码元对应 m 位二进制代码。对于不同的调制格式，m 的取值不同。例如，QPSK 调制是四相位码，它的一个单位码元对应四位二进制代码，即 $m = 4$，则有，$R_\text{B} = 2R_\text{b}$。

在通信系统中，要求波特率小于或等于调制速率，即 $R_\text{b} \leqslant R_\text{c}$。因此有

$$R_\text{B} \leqslant R_\text{c}\log_2 m \tag{7.40}$$

由上述分析可以看出，调制速率和 m 越大，通信系统能够达到的通信速率越大。因此在高速通信系统中，应选择调制速率高的调制器，此外，在条件允许的情况下，应尽量选择高阶调制。

2. 接收带宽对通信速率的影响

通信速率与接收带宽的关系可以从两个方面进行阐述：一方面是有限带宽、无噪声信道的最大通信速率与信道带宽的关系；另一方面是有限带宽、有噪声信道的最大通信速率与信道带宽的关系。在实际应用中，信道都是有噪信道，因此此处只对第二种情况进行分析。

在有限带宽、有噪信道中，可以使用香农定理确定最大通信速率与信道带宽的关系。香农定理的表达式如式 (7.8) 所示。从香农定理公式可以看出，最大通信速率与接收带宽成正比。因此，在实际应用中，增大接收带宽是提高通信速率的有效手段。

3. 探测灵敏度对通信速率的影响

探测灵敏度是通信系统为满足指定误码率条件所需的最小功率。以功率的形式表示探测灵敏度为 P_{in}。根据香农定理可知，探测灵敏度与通信速率的关系为

$$C = B \lg \left(1 + \frac{P_{\mathrm{in}}}{N_0} \right) \tag{7.41}$$

由上式可知，通信速率随着探测灵敏度的增大而增大。因此，提高接收端探测灵敏度可以提高通信速率。

7.4.3　通信误码率

通信误码率是表征通信系统可靠性的指标。通常误码率的大小与接收信噪比有关，且不同调制格式的误码率的计算方法不同。常用的调制格式主要有 BPSK 调制、DPSK 调制和 QPSK 调制。下面将介绍 BPSK 调制、DPSK 调制和 QPSK 调制条件下，通信误码率的计算方法。

通信系统采用 BPSK 调制方式时，通信误码率与信噪比的关系表达式为

$$P_{\mathrm{BPSK}} = \frac{1}{2} \mathrm{erfc}(\sqrt{\mathrm{SNR}_{\mathrm{BPSK}}}) \tag{7.42}$$

通信系统采用 DPSK 调制方式时，通信误码率与信噪比的关系表达式为

$$P_{\mathrm{DPSK}} = \frac{1}{2} \mathrm{e}^{-\mathrm{SNR}_{\mathrm{DPSK}}} \tag{7.43}$$

通信系统采用 QPSK 调制方式时，通信误码率与信噪比的关系表达式为

$$P_{\mathrm{QPSK}} = \frac{1}{2} \mathrm{erfc}(\sqrt{\mathrm{SNR}_{\mathrm{QPSK}}}) \left[2 - \frac{1}{2} \mathrm{erfc}(\sqrt{\mathrm{SNR}_{\mathrm{QPSK}}}) \right] \tag{7.44}$$

BPSK、DPSK 和 QPSK 调制信号的通信误码率仿真图如图 7.2 所示。仿真曲线表示调制信号误码率随信噪比变化的关系。可以看出，在相同信噪比的情况

下，BPSK 调制信号的误码率最小；QPSK 调制信号的误码率最大；DPSK 调制信号的误码率居中。此外，BPSK、DPSK 和 QPSK 调制信号的通信误码率都随信噪比的升高而增大，因此，提高信噪比是降低误码率的有效手段。

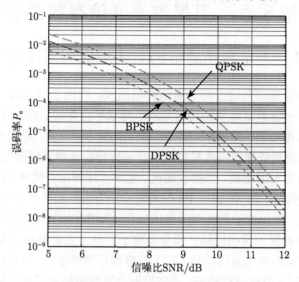

图 7.2　不同调制格式条件下，误码率与信噪比的关系曲线

第8章　卫星激光通信有效载荷

8.1　卫星激光通信的系统组成与工作原理

　　卫星激光通信链路系统由两套通信终端组成，构成了星–地之间或星–星之间的通信链路。每一套通信终端由通信系统、光学平台系统、PAT 系统、信号处理及控制系统和总体控制系统组成，其工作原理如图 8.1 所示。通信系统负责将光学系统获取的信号进行处理或将待发数据经处理后传给光学系统转化为光信号发送。光学平台系统由光发射端机、光接收端机、光学天线等部分组成，用于完成激光通信链路的建立、传输、信号获取。PAT 系统可分为粗跟踪子系统、精跟踪子系统、超前瞄准子系统。粗跟踪子系统主要完成捕获、对准和大视场的跟踪；精跟踪子系统主要完成较小视场的精确跟踪；超前瞄准子系统主要补偿由光束远距离传输引起的位置偏差；根据光电编码器和 CCD 传感器反馈的信息，信号处理及控制系统负责对粗、精跟踪子系统进行控制。总体控制分系统根据空间平台的命令和计算出的卫星运行轨迹控制上述各系统正常工作。本章对通信分系统、捕跟分系统和光学分系统进行介绍。

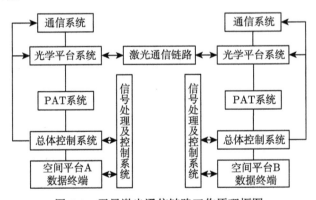

图 8.1　卫星激光通信链路工作原理框图

8.2　通信分系统

8.2.1　通信体制

　　将光信号转换为电信号的方式通常有两种：直接探测和相干探测。直接探测是目前商用光通信系统最常用的检测方式,因为其工作方式简单,并且成本低廉。但是直接探测是利用光电探测器的平方律检测的,因此只能检测幅度信息。相干检测中,光接收机接收的信号光和本地振荡器产生的本振光经光混频器后,发生干涉,然后经由光电探测器输出光电流。由于混频输出光信号的中频信号功率分量带有信号光的幅度、频率和相位信息,因此发射端不管采用哪种调制方式,均可以在中频功率中反映出来,所以,相干接收方式适合于所有调制方式的通信。

由于在相干探测中,经相关混频后输出光电流的大小与信号光功率和本振光功率乘积的大小成正比,并且本振光功率远大于信号光功率,所以极大地提高了接收机的灵敏度。另外,相干探测输出的电信号包含了光相位信息,所以通过调制光载波的相位来传输信息是可能的。而直接检测由于丢失了信号光有关相位的所有信息,不允许进行相位或频率调制。

相干探测的缺点也来自对相位灵敏度高的要求。在理想情况下,本振信号和接收信号的相位应该是一个恒定值。但是事实上,本振信号和接收信号的相位均是随时间随机浮动的,这增加了相干检测光接收机的复杂度。相干检测的另一个缺点是,由于相干检测要使发射机频率和接收机本地振荡器的频率相匹配,这就对两个光源提出了严格的要求。

在零差相干光通信系统中,相干接收方式需要本振激光器与接收的信号光混频,这是与 IM/DD 方式的最大的不同。根据接收端探测接收方式的不同,接收方式分为外差探测接收和零差探测接收两种,接收探测方式的不同对接收机性能影响较大,因此有必要对探测方式进行详细分析。

1. IM/DD 通信体制

目前商用的光通信系统大部分仍然是直接探测系统。在这一节中,我们将简单介绍直接探测光通信系统的组成及原理。直接探测光通信系统的组成如图 8.2 所示。直接探测光通信系统的发射机采用强度调制,接收机为直接探测接收机。输入信号通过调制器实现强度调制,并将电信号转换为光信号在光纤上进行传输。光

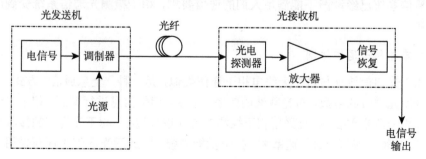

图 8.2 直接探测光通信系统框图

源一般采用发光二极管 (LED) 或者半导体激光器，根据系统不同的性能要求选择不同的光源。光信号在光纤上进行传输后，输入光接收机中，通过光电探测器将光信号转换为电信号，对电信号进行放大后，再经过信号恢复对信号进行整形，最后输出电信号。光电检测器可以采用 PIN 光电二极管或者雪崩光电二极管，一般 PIN 二极管更为常用。

假设入射到光电探测器的光信号为 $E_s(t) = AD_k \cos \omega t$，这里 A 是光信号振幅，ω 是光信号频率，D_k 为要传送的数据，具有如下形式：

$$D_k = \begin{cases} 1 & \text{发送数据 ‘1’,} \quad kT_s \leqslant t \leqslant (k+1)T_s \\ 0 & \text{发送数据 ‘0’,} \quad kT_s \leqslant t \leqslant (k+1)T_s \end{cases}$$

则平均光功率

$$P = \overline{E_s^2(t)} = A^2 D_k^2 / 2 \tag{8.1}$$

光探测器输出光电流为

$$I_P = R \cdot P = \frac{e\eta}{h\nu} \overline{E_s^2(t)} = \frac{e\eta A^2 D_k^2}{h\nu} \tag{8.2}$$

式中，$\overline{E_s^2(t)}$ 表示平均时间；R 为光电变换系数，若光探测器负载为 R_L，则光探测器输出电功率为

$$S_P = I_P^2 R_L = \left(\frac{e\eta}{h\nu}\right)^2 P^2 R_L D_k^2 \tag{8.3}$$

可以看出，当传输数据为 ‘0’ 时，光探测器的输出功率为 0；当传输数据为 ‘1’ 时，光探测器的输出功率为 $\left(\frac{e\eta}{h\nu}\right)^2 P^2 R_L$。因此，可以通过鉴别光探测器输出功率的方式，确定传输码元是 ‘0’ 还是 ‘1’。

直接探测光通信由于具有简单、成本低廉的优点，现在已经得到普遍的应用，商用的光通信系统大部分都为直接探测系统。但是直接探测接收机的灵敏度不高，频带利用率低，并不能充分发挥光纤通信的优越性。在信息量剧增的今天，直接检测光通信系统已经渐渐不能满足人们的通信要求，相干检测光通信系统受到广泛的关注。

2. 零差相干通信体制

相干光通信原理与传统无线电相干通信类似，是一种 “全息通信” 方式，可以充分利用光载波的参数，对光载波的频率、幅度、相位信息进行调制。相干光通信的光源相干性非常强，并且采用相干探测的方式进行接收，相干光通信的接收机灵敏度高，传输距离远，通信速率大，抗干扰能力强，因此激光通信中逐渐采用相干通信方式。

基于 COSTAS (科思塔斯) 环的零差相干光通信系统框图如图 8.3 所示。在发射端, 采用 QPSK 调制器把电信号调制到光载波上, 然后在光纤上进行传输。信号光经过光纤信道传输后到达接收端, 接收端首先将接收信号送入 90° 混频移相器, 与接收端的本振光进行相干混频, 产生 4 路信号, 然后将该 4 路信号分为两组后, 分别送入 2 个平衡探测器, 两个平衡探测器输出的信号分别为 I 支路信号和 Q 支路信号。一部分 I 支路信号经过基带信号处理后就得到发射端的数据信息, 另一部分 I 支路信号和 Q 支路信号相乘, 经过环路滤波器滤波之后, 控制本地振荡器的频率与接收信号频率相同。

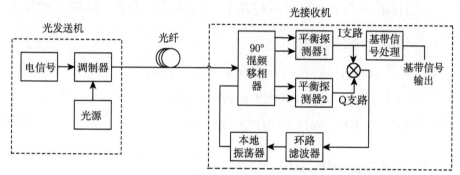

图 8.3　基于 COSTAS 环的零差相干光通信系统框图

下面以 QPSK 调制零差相干光通信为例, 介绍相干光通信的基本原理。

设信号光的数学表达式为

$$E_s = A_s \exp[\mathrm{j}(\omega_s t + D(t)\pi + \varphi_s)] \tag{8.4}$$

式中, A_s、ω_s、φ_s 分别为信号光的幅度、频率、相位; $D(t)$ 为所要传输的二进制信号, 取值为 $+1$ 或 -1。

本振光的数学表达式为

$$E_L = A_L \exp[\mathrm{j}(\omega_L t + \varphi_L)] \tag{8.5}$$

式中, A_L、ω_L、φ_L 分别为本振光的幅度、频率、相位。

90° 混频移相器的 4 路输出信号分别为

$$E_{1,\mathrm{out}} = \frac{1}{2}(E_s + E_L) \tag{8.6}$$

$$E_{2,\mathrm{out}} = \frac{1}{2}(E_s - E_L) \tag{8.7}$$

$$E_{3,\mathrm{out}} = \frac{1}{2}(E_s + \mathrm{j}E_L) \tag{8.8}$$

$$E_{4,\text{out}} = \frac{1}{2}\left(E_\text{s} - \text{j}E_\text{L}\right) \tag{8.9}$$

$E_{1,\text{out}}$ 和 $E_{2,\text{out}}$ 输入平衡探测器 1，$E_{3,\text{out}}$ 和 $E_{4,\text{out}}$ 输入平衡探测器 2，平衡探测器 1 和平衡探测器 2 输出的信号分别为 E_1 和 E_2，E_I 和 E_Q 的数学表达式如下：

$$
\begin{aligned}
E_\text{I} &= RE_{1,\text{out}}E_{1,\text{out}}^* - RE_{2,\text{out}}E_{2,\text{out}}^* \\
&= \frac{R}{4}\left(E_\text{s} + E_\text{L}\right)\left(E_\text{s} + E_\text{L}\right)^* - \frac{R}{4}\left(E_\text{s} - E_\text{L}\right)\left(E_\text{s} - E_\text{L}\right)^* \\
&= \frac{R}{4}\left(|E_\text{s}|^2 + |E_\text{L}|^2 + E_\text{s}E_\text{L}^* + E_\text{s}^*E_\text{L}\right) - \frac{R}{4}\left(|E_\text{s}|^2 + |E_\text{L}|^2 - E_\text{s}E_\text{L}^* - E_\text{s}^*E_\text{L}\right) \\
&= \frac{R}{2}\left(E_\text{s}E_\text{L}^* + E_\text{s}^*E_\text{L}\right) \\
&= \frac{RA_\text{s}A_\text{L}}{2}\left(\exp\left\{\text{j}\left[(\omega_\text{s} - \omega_\text{L})\,t + D(t)\pi + (\varphi_\text{s} - \varphi_\text{L})\right]\right\}\right. \\
&\quad \left. + \exp\left\{-\text{j}\left[(\omega_\text{s} - \omega_\text{L})\,t + D(t)\pi + (\varphi_\text{s} - \varphi_\text{L})\right]\right\}\right) \\
&= RA_\text{s}A_\text{L}\cos\left[(\omega_\text{s} - \omega_\text{L})\,t + D(t)\pi + (\varphi_\text{s} - \varphi_\text{L})\right]
\end{aligned}
\tag{8.10}
$$

$$
\begin{aligned}
E_\text{Q} &= RE_{3,\text{out}}E_{3,\text{out}}^* - RE_{3,\text{out}}E_{3,\text{out}}^* \\
&= \frac{R}{4}\left(E_\text{s} + \text{j}E_\text{L}\right)\left(E_\text{s} + \text{j}E_\text{L}\right)^* - \frac{R}{4}\left(E_\text{s} - \text{j}E_\text{L}\right)\left(E_\text{s} - \text{j}E_\text{L}\right)^* \\
&= \frac{R}{4}\left(|E_\text{s}|^2 - |E_\text{L}|^2 - \text{j}E_\text{s}E_\text{L}^* + \text{j}E_\text{s}^*E_\text{L}\right) - \frac{R}{4}\left(|E_\text{s}|^2 - |E_\text{L}|^2 + \text{j}E_\text{s}E_\text{L}^* - \text{j}E_\text{s}^*E_\text{L}\right) \\
&= \frac{R}{2}\left(-\text{j}E_\text{s}E_\text{L}^* + \text{j}E_\text{s}^*E_\text{L}\right) \\
&= \frac{RA_\text{s}A_\text{L}}{2}\left(-\text{j}\exp\left\{\text{j}\left[(\omega_\text{s} - \omega_\text{L})\,t + D(t)\pi + (\varphi_\text{s} - \varphi_\text{L})\right]\right\}\right. \\
&\quad \left. + \text{j}\exp\left\{-\text{j}\left[(\omega_\text{s} - \omega_\text{L})\,t + D(t)\pi + (\varphi_\text{s} - \varphi_\text{L})\right]\right\}\right) \\
&= RA_\text{s}A_\text{L}\sin\left[(\omega_\text{s} - \omega_\text{L})\,t + D(t)\pi + (\varphi_\text{s} - \varphi_\text{L})\right]
\end{aligned}
\tag{8.11}
$$

由于发射端激光器与本振激光器的频率不完全相等，在零差相干光通信初始阶段，ω_s 与 ω_L 不相等，二者之间存在很小差值 $\Delta\omega$。通过光学锁相环的反馈作用，纠正本振激光器的频率，使得发射端激光器与本振激光器的频率相等。

在零差相干光通信初始阶段，I 支路和 Q 支路输出信号的表达式为

$$E_\text{I} = D(t)RA_\text{s}A_\text{L}\cos\left(\Delta\omega t + \varphi_\text{s} - \varphi_\text{L}\right) \tag{8.12}$$

$$E_\text{Q} = D(t)RA_\text{s}A_\text{L}\sin\left(\Delta\omega t + \varphi_\text{s} - \varphi_\text{L}\right) \tag{8.13}$$

其中，$\Delta\omega = \omega_\text{s} - \omega_\text{L}$。在探测器后，数据分为两部分。对 I 支路输出的信号进行基带处理，即可得到发射端的信号信息；将同相分量与正交分量相乘得到鉴相电压信

号，鉴相电压信号的表达式为

$$V_s = E_I E_Q = R^2 A_s^2 A_L^2 \sin\left(\Delta\omega t + \varphi_s - \varphi_L\right)\cos\left(\Delta\omega t + \varphi_s - \varphi_L\right)$$

$$= \frac{1}{2} R^2 A_s^2 A_L^2 \sin\left(2\Delta\omega t + 2\Delta\varphi\right) \tag{8.14}$$

其中，$\Delta\varphi = \varphi_s - \varphi_L$。鉴相信号经过环路滤波器后启动本振激光器的压电控制，使得本振激光频率迅速与信号光频率拉近，最终实现锁相。

3. 带前置放大的自差相干通信体制

自差相干探测利用前后两个码元间的相位差进行数据恢复。这需要在自差相干通信系统的发射端对电信号进行差分编码。在这种条件下，采用自差相干探测的接收端才能恢复出发射端数据。差分编码的编码规则是：若传输电信号为 '0'，则前后码之间相位保持不变；若传输电信号为 '1'，则前后码之间相位改变 π。DPSK 信号采用平衡检测，达到相同的误码率所需的 OSNR 比传统 OOK 信号要小 3dB，这使得 DPSK 信号可以传输更远的距离并降低对光功率的要求。

自差相干探测通信系统框图如图 8.4 所示。在 DPSK 光信号的接收端，目前应用最为广泛的技术是采用延迟一个码元周期的马赫–曾德尔延迟干涉仪 (Mach-Zehnder delay-line interferometer, MZDI)，MZDI 首先把一路光信号分为两路信号，并将其中一路信号延时一个码元周期，这样在 MZDI 干涉处，两路光信号可实现相邻码元的干涉。实际中，一个码元的延时还可以通过改变延迟光路的光路长度来实现。因为光电检测二极管仅将光信号强度转换为电信号，而与光信号的功率无关，所以，MZDI 将调制信号的相位信息反映到信号的强度上，从而可以用光电检测二极管进行直接解调。从 MZDI 两个输出端输出的光信号分别通过光电探测器，并将平衡探测器输出的两路信号相减 (平衡检测)，然后利用相减得到的信号进行数据恢复，至此，此系统就完成了 DPSK 信号的接收。

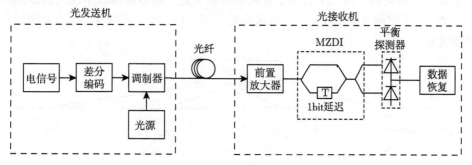

图 8.4 自差相干探测通信系统框图

下面的内容将定量分析 DPSK 解调的过程。

考虑两个相邻的符号，它们的信号可以表示为

$$s_{k-1} = A_{\mathrm{s}}\mathrm{e}^{(\mathrm{j}\omega_{\mathrm{s}}t+\varphi_{k-1})}, \quad 对于 \ (k-1)T_{\mathrm{b}} \leqslant t \leqslant kT_{\mathrm{b}} \tag{8.15}$$

$$s_k = A_{\mathrm{s}}\mathrm{e}^{(\mathrm{j}\omega_{\mathrm{s}}t+\varphi_k)}, \quad 对于 \ kT_{\mathrm{b}} \leqslant t \leqslant (k+1)T_{\mathrm{b}} \tag{8.16}$$

式中，A_{s}、ω_{s} 分别为信号光的幅度、载波频率；φ_k、φ_{k-1} 分别为第 k 时刻和第 $k-1$ 时刻信号的相位；T_{b} 为码元周期。则 MZDI 输出的两路信号 (E_1 和 E_2) 的数学表达式分别为

$$E_1(t) = s_k + s_{k-1} \tag{8.17}$$

$$E_2(t) = s_k - s_{k-1} \tag{8.18}$$

MZDI 输出的两路信号 (E_1 和 E_2) 分别输入两个平衡探测器，两个平衡探测器输出的信号相减后，得到输出信号 E_D，E_D 的数学表达式如下：

$$
\begin{aligned}
E_D &= R\left[|E_1|^2 - |E_2|^2\right] = R\left[|s_k + s_{k-1}|^2 - |s_k - s_{k-1}|^2\right] \\
&= R\left[(s_k + s_{k-1})(s_k + s_{k-1})^* - (s_k - s_{k-1})(s_k - s_{k-1})^*\right] \\
&= 2R\left[s_{k-1}s_k^* + s_k s_{k-1}^*\right] = 4R\cos(\Delta\varphi_{\mathrm{s}})
\end{aligned}
\tag{8.19}
$$

其中，$\Delta\varphi_{\mathrm{s}} = \varphi_k - \varphi_{k-1}$；$R$ 为探测器光电转换效率。

8.2.2　通信分系统组成

1. 通信激光单元

光通信系统使用三种不同类型的激光器传输信息。激光器的种类可以根据有源区工作物质的不同或泵浦方式的不同来区分。最主要的有源工作物质是半导体、气体和晶体；最主要的泵浦方式是采用外光源的光泵浦，以及半导体激光器中采用的电流泵浦。虽然泵浦方式不同，有源工作物质及尺寸也不同，但所用激光器的工作原理都是相同的。图 8.5 显示了在光通信及其他一些应用领域中使用的激光器的种类。由于空间光通信中，半导体激光器使用广泛，因此下面内容主要介绍半导体激光器。

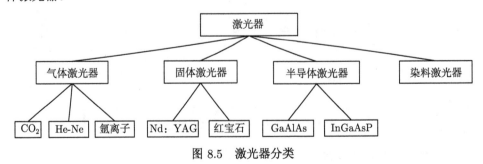

图 8.5　激光器分类

1) 异质结构半导体激光器

异质结构半导体激光器，又称为注入式激光器，是现代通信系统，更是光纤通信系统中最常用的器件之一。半导体激光器中的光是由载流子，即空穴和电子复合产生的。在激光器中，因为有谐振腔存在，发射光是相干的，所以，激光器的线宽很小，只有 0.1nm 量级。在下面要介绍的分布式反馈 (DFB) 单模激光器中，线宽有可能达到 0.0001nm。线宽越小，由色散造成的信号失真越小，传输的距离越长。除了线宽窄以外，激光器的光束发射角也很小，这样与光纤的耦合效率要高得多。

图 8.6 为双异质结构 GaAlAs 激光器的原理图。这一结构在垂直方向将复合区限制在零点几微米 (通常为 0.1μm) 的厚度内，所以激光器效率很高。在侧面有一对窄金属电极，长度一般为 5~15μm，它决定了有源区的长度。在纵向，有源区由一对平行的部分反射镜面限制，并形成激光器的谐振腔。反射镜面是沿半导体晶体的自然解理面切割形成的。

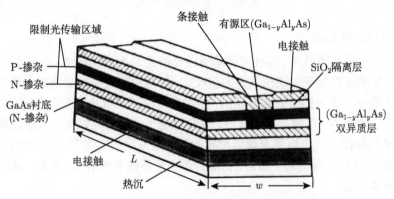

图 8.6 双异质结构 GaAlAs 激光器的原理图

有源区相当于法布里–珀罗 (Fabry-Perot, F-P) 谐振腔，光由受激辐射产生并在谐振腔内振荡。两个端面都有光输出。通常一个面用于耦合光纤或一些器件，如光隔离器和调制器等，另一个面用于监视并控制光功率。

与有源区相邻的两层是 $Ga_{1-x}Al_xAs$ 材料层，厚度为 1μm 左右。管芯的长度 L 一般为几百 μm (通常为 300μm)，厚度一般为 10μm。这些参数刚好与光纤参数相匹配。

2) DFB 及 DBR 半导体激光器

普通 Fabry-Perot 腔激光器的有源区在半导体解理面之内，但这种结构对波长的选择性并不好。激光的光谱较宽，并且不稳定，满足不了更高的要求。

在 DFB 激光器中，沿有源区，即谐振腔方向，半导体材料的折射率按周期规律变化。这样，在谐振腔内形成了一个光栅，用于对波长进行选择。在分布式布拉

格反射 (DBR) 激光器中, 普通 Fabry-Perot 谐振腔解理面由一个光栅替代, 其两端各有一个 Bragg 反射镜。DFB 和 DBR 激光器的结构如图 8.7 所示。DFB 和 DBR 激光器利用内部谐振腔滤波, 具有很好的选择性, 可以得到稳定的单模输出。即便在 10Gbit/s 或更高的调制速率下, 波长仍然相当稳定。

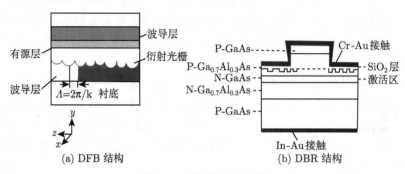

(a) DFB 结构   (b) DBR 结构

图 8.7   调制器原理结构

3) 可调谐激光器

在现代光通信系统中, 连续可调单模激光器是一个关键器件。在多通道波分复用 (WDM) 系统及相干光通信系统的接收端, 都需要对波长及通道进行选择。波长调谐是靠改变有源区的折射率实现的, 折射率与波长成反比。理论上, 可以通过改变温度或压力实现, 但调制速率较低。改变载流子的浓度可以提高调制速率。有几种方法可以获得大范围连续可调谐窄带光谱。最常用的有多节 DFB-DBR 设备和可调谐双导 (TTG) 激光器。通常, 调谐会带来光谱线宽的展宽, 所以, 需综合考虑调谐范围和线宽。

可调谐激光器是将普通激光器分为三个部分, 通过低损耗波导耦合在一起, 如图 8.8 所示, 每一部分有不同的驱动电流, 而普通半导体激光器只有一个驱动电

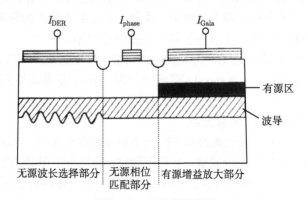

图 8.8   DBR 式激光器

流。第一个区域称为增益区，是有源区。和普通半导体激光器类似，在这一区域能产生足够大功率的光。第二个区域是无源区，相当于 DBR 激光器，对波长进行选择。在这两个区域之间，有一个无源相移区，它的作用是调制增益区和相移区的有效光程，以便在 DBR 区进行波长选择。通过改变三个区域的驱动电流来改变波长。可调谐激光器的调谐范围一般为几纳米，线宽一般为几兆赫兹。

4) 多量子阱 (MQW) 激光器

多量子阱激光器在改善半导体激光器的性能 (如线宽、输出功率、阈值、调谐等) 方面具有很多优点。当激光器的有源层厚度在 10nm 量级或更小时，它的量子效应变得明显起来。这时载流子，即电子和空穴，被限制在某一区域，我们称之为量子阱结构。量子阱结构由一个到几个非常薄的窄带半导体层和宽带隙半导体层交替组成。如果层数很多，例如，在 100 层左右，称之为多量子阱结构。有源层通过分子生长方式或金属有机化学气相沉积 (MOCVD) 方式制作而成，这里不予讨论。

量子阱激光器减少了实现粒子数反转所需的载流子数目，所以阈值电流极大降低，仅为普通双异质结构激光器的 1/10 左右。此外，量子阱激光器增益较高，线宽较窄，光相干性较好。

在量子阱激光器中，载流子在一维方向上受限制。也可以做成二维或三维量子阱激光器，激光器的性能会得到进一步的改善。

2. 通信调制单元

在光通信系统中，光调制器是一种将承载信息的电信号转换为光信号的变换器件，它将电信号调制到光源产生的光载波上，实现光信号传输。目前最常用的光调制器是基于材料的电光效应，即电光材料的折射率随施加的外电压而变化从而实现对激光的相位、频率和幅度的调制。这样的调制器具有调制速率高、频带宽的特点，适用于高速通信系统。最常用的电光晶体是铌酸锂 (LiNbO$_3$) 晶体。

光调制分为直接调制和外调制两种。直接调制受限于器件的啁啾效应，激光器的啁啾效应使光频谱拓宽，这对密集波分复用信道的隔离十分不利，因此，直接调制在现今高速相干光通信中应用很少。外调制器由一个或多个基本的外光调制器组成。目前光通信系统中常见的外光调制器有相位调制器 (PM)、马赫–曾德尔调制器 (MZM) 以及电吸收光调制器。它们不仅可以实现不同的光调制，在正弦信号的驱动下，还可以产生多波长光源，在光通信中应用广泛。

1) 相位调制器

相位调制器的工作机制正是基于铌酸锂晶体的折射率随外电场变化而产生的光波传播速率和相位变化。电光效应的试验发现，晶体材料折射率随外电场变化而变化，可近似认为 $\Delta n \sim (R|E| + \gamma|E|^2)$，其中，第一项与 E 呈线性关系，称为泡

克耳斯效应；第二项与 E 呈平方关系，称为克尔效应。在电光相位调制中主要利用泡克耳斯效应。

采用铌酸锂晶体集成的光相位调制器结构如图 8.9 所示。可以看到，在铌酸锂衬底上，相位调制器用扩散技术制造出一个条形波导，波导上下加上电极。当电极上施加调制电压时，波导折射率因电光效应而改变，导致光波通过电极后，相位随调制电压而变，实现了调相功能。

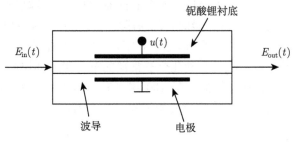

图 8.9 光相位调制器结构

根据电光效应可知，相位调制器的调制系数 $\varphi_{\text{PM}}(t)$ 是输入光波长 λ、光与电极相互作用长度和有效折射系数改变 Δn_{eff} 的函数。当只考虑一阶泡克耳斯效应时，相位的改变可以被视为输入驱动电压 $u(t)$ 的线性函数，如下式所示：

$$\varphi_{\text{PM}}(t) = \frac{2\pi}{\lambda} k \Delta n_{\text{eff}} L u(t) \tag{8.20}$$

同时，定义了一个调制器的主要特征参数 —— 半波电压 V_π，即当调制器相位发生 π 变化反转时所需的调制电压，可以表示为

$$V_\pi = \frac{\lambda}{2k\Delta n_{\text{eff}} L} \tag{8.21}$$

由公式 (8.20) 和公式 (8.21) 可得，调制系数与输入驱动电压和半波电压的关系是

$$\varphi_{\text{PM}}(t) = \frac{u(t)}{V_\pi}\pi \tag{8.22}$$

2) MZM

MZM 是基于干涉原理的光调制器，其结构如图 8.10 所示。可以看到，通过将两个相位调制器平行组合在铌酸锂晶体衬底上就可以构成 MZM。在铌酸锂衬底上制作了一对平行条形波导，两端均连接一个 3dB Y 型分支波导，波导两侧有电极。从输入端进入的光束，经过一个 3dB Y 型分支波导被分割成为功率相等的两束光，耦合进两个结构参数完全相同的平行直波导中。在上下两臂驱动信号的作用下，两个波导分别进行了相位调制，然后通过第二个 3dB Y 型分支波导后将两调制光波

相互干涉，转换为强度调制。在 MZM 中，上下两臂的驱动不仅有射频信号，还包括直流偏置电压，这两种信号相互作用决定了 MZM 的工作状态。

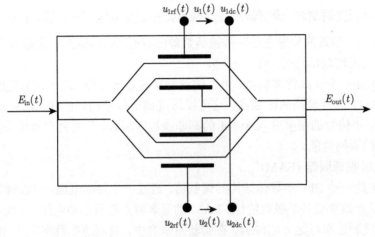

$$u_{1\text{rf}}(t) \quad u_1(t) \quad u_{1\text{dc}}(t)$$

$$E_{\text{in}}(t) \qquad\qquad\qquad E_{\text{out}}(t)$$

$$u_{2\text{rf}}(t) \quad u_2(t) \quad u_{2\text{dc}}(t)$$

图 8.10　MZM 结构

首先我们可以通过对相位调制器的原理分析得到 MZM 的传输函数，可以表示为

$$E_{\text{out}} = E_{\text{in}} \times \frac{1}{2} \left(e^{j\varphi_1(t)} + e^{j\varphi_2(t)} \right) \tag{8.23}$$

其中，$\varphi_1(t)$ 和 $\varphi_2(t)$ 分别为 MZM 的上臂和下臂的相移。根据相位调制器原理，上下臂的相移可以表示为

$$\varphi_1(t) = \frac{u_1(t)}{V_{\pi_1}}\pi, \quad \varphi_2(t) = \frac{u_2(t)}{V_{\pi_2}}\pi \tag{8.24}$$

其中，V_{π_1} 和 V_{π_2} 分别表示了 MZM 的上臂和下臂的相移为 π 的驱动电压，称为半波电压；$u_1(t)$ 和 $u_2(t)$ 分别表示上下臂的外接电压，分别包括了射频驱动电压 $u_{\text{rf}}(t)$ 和直流偏置电压 $u_{\text{dc}}(t)$。

当 MZM 工作在推推 (push-push) 模式时，意味着上下臂的相移完全相同，只是增加了相移，对信号仍然是相位调制。

当 MZM 工作在推挽 (push-pull) 模式时，双臂之间的相移相反，即 $\varphi_1(t) = -\varphi_2(t)$，$u_1(t) = -u_2(t) = 1/2u(t)$。这时输出端得到的就是强度调制的光信号。输入和输出光信号表示为

$$\begin{aligned} E_{\text{out}} &= \frac{1}{2}E_{\text{in}} \left(e^{j\varphi_1(t)} + e^{j\varphi_2(t)} \right) \\ &= \frac{1}{2}E_{\text{in}} \left[\cos\varphi_1(t) + \cos\varphi_2(t) + j\left(\sin\varphi_1(t) + \sin\varphi_2(t) \right) \right] \end{aligned}$$

$$= E_{\text{in}} \cos \varphi_1(t) = E_{\text{in}} \cos \left(\frac{u(t)}{2V_\pi} \pi \right) \tag{8.25}$$

当进行强度调制时，调制器的直流偏置要在正交位置，即 $-\dfrac{V_\pi}{2}$，驱动电压变化范围为 $0 \sim V_\pi$。当直流偏置在功率传输函数最低点时，驱动电压变化范围为 $0 \sim 2V_\pi$，当驱动电压经过最低点时，有 π 相移。

MZM 是一个非线性调制器。为了使调制器高效地工作，应该使加载的信号尽量落在 MZM 线性度高的区域内，这可以通过调节信号的峰值和 MZM 的配置电压来控制。当信号的幅度进入 MZM 的高非线性区域时，信号将严重地失真，从而降低系统的误码性能。

3) 电吸收调制器 (EAM)

EAM 是一种 PIN 半导体结构的调制器。通过一个外部电压，可以对其带隙进行调制，从而改变设备的吸收特性。EAM 的显著特点是其驱动电压低。现在，它实际应用的调制速率可达 40Gbit/s，在实验室研究中，调制速率最高可达 80Gbit/s。然而，和直接调制激光器一样，它也会产生剩余啁啾效应，在现今研究的高速相干光通信中应用很少。EAM 的吸收特性是由波长决定的，动态消光比 (最大调制光功率与最小调制光功率之比) 通常不会超过 10dB，且它具有有限的功率响应。EAM 光纤与光纤之间的连接引入的插入损耗大约为 10dB。在 EAM 中，激光二极管与芯片集成在一起，从而减小了光纤-芯片输入接口的损耗，同时也减小了发射机尺寸大小。这种调制格式叫做 EML(光电吸收激光调制器)，它的输出功率为 0dBm 数量级，调制速率可达 10Gbit/s。另外一种减小 EAM 插入损耗的方法，是将激光二极管与半导体光放大器集成在一起，这样甚至可以产生光纤增益。EAM 的光传输函数如下：

$$E_{\text{out}}(t) = E_{\text{in}}(t) \sqrt{d(t)} \, \mathrm{e}^{\frac{\mathrm{i}a}{2} \ln[d(t)]} \tag{8.26}$$

其中，$E_{\text{in}}(t)$ 是输入的光信号；功率传输函数 $d(t)$ 的表达式为 $d(t) = (1-m) + m \times \text{data}(m)$，这里，$m$ 为调制器的调制指数，$\text{data}(m)$ 是电调制信号。为了使功率传输函数 $d(t)$ 大于 0，一般情况下，输入数据的值只能在 0、1 之间变化。因此，我们可以得到输出信号的功率为 $P_{\text{out}} = |E_{\text{out}}(t)|^2$：

$$P_{\text{out}} = P_{\text{in}}(t)d(t) = P_{\text{in}}(t)\left((1-m) + m \times \text{data}(m)\right) \tag{8.27}$$

3. 通信激光功率放大单元

虽然空间激光通信系统具有非常高的光学增益和非常小的束散角，但是为了进行更远距离的传输，仍然需要高速率、高功率通信发射单元，采用光放大技术是实现高功率的主要途径之一。光放大技术是一种可以不经过任何光电、电光的内部转换而直接放大光信号的放大器, 光放大器不能解决带宽限制问题, 但功率限制问题可以得到很好的改善。在空间激光通信系统中广泛使用的放大器有两类, 其一是半导体激光放大器, 其二是掺铒光纤放大器。下面我们将介绍这两类器件的工作原理以及它们的应用。

1) 半导体光放大器

半导体光放大器 (SOA) 基于半导体介质内部的粒子数反转引起的受激辐射提供增益, 从这点来看, SOA 其实是端面涂有增透膜的半导体激光器。SOA 有源区通常由III-V族化合物材料制备, 如 AlGaAs/GaAs、InGaAsP/InP、InGaAs/InP 等。如图 8.11 所示, 外部注入偏置电流提供光放大所需要的载流子, 嵌入的脊型波导用于束缚传输信号于有源区。

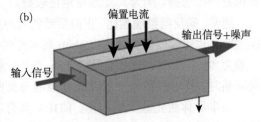

图 8.11　半导体光放大器

SOA 可以分为两大类: 法布里–珀罗腔 SOA(FP-SOA) 与行波 SOA(TW-SOA)。其中, FP-SOA 端面反射率较大, 信号在 SOA 内部往返多次放大输出; 而 TW-SOA 端面反射率几乎可以忽略, 信号在 SOA 内部只传输一次放大输出。因此, TW-SOA 对偏置电流、温度及偏振态等参数的波动不是特别敏感, 而 FP-SOA 存在很严重的增益涟漪, 不宜用于放大宽带信号, 所以多数情况下选用 TW-SOA。

2) 掺铒光纤放大器

掺铒光纤放大器 (EDFA) 的基本结构图如图 8.12 所示。从图中可以看到, EDFA 由三种基本器件组成: 一定长度的掺铒光纤、泵浦光源和波长选择耦合器。波长选择耦合器用来合并信号光和泵浦光。在一些应用场合, 需要去除没有用的泵浦光, 所以在放大器输出端需要加一个滤波器。当信号光和泵浦光从放大器的两个同向端输入时, 两种光混合在一起。放大器也可以反向使用, 泵浦光从放大器的反向端进入, 和信号光的传输方向相反。如果泵浦功率太低或者掺铒光纤太长, 都可能会使放大器的损耗大于增益。反之, 如果单纯泵浦功率或者掺铒光纤太短, 可能会使泵浦功率得不到充分利用。所以, 存在一个最佳光纤长度, 它取决于泵浦功率、输入信号功率、掺杂浓度及泵浦波长, 通常为几米至 100m。如果掺杂浓度极低, 也有可能达到 1km。这时, 放大器在整个光纤长度内是连续放大的。

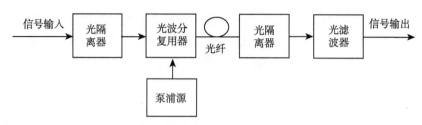

图 8.12 EDFA 的基本结构图

很多波长的光都可以作为泵浦源，但通常都是使用半导体激光器所能产生的波长的光。因为半导体激光器体积小、坚固耐用、耗能小、可靠性好，所以是最佳的泵浦源。980nm 波长证明是最好的，因为它的效率高、噪声特性好。1480nm 波长也是一个选择，因为其光源稳定性较好。

通常，同反向泵浦相比，正向泵浦的噪声系数 (NF) 较小，泵浦光到信号光的转换效率 η 也比较低。在使用 1480nm 泵浦光时，对于正向泵浦，NF 一般为 4~5dB，η 一般为 40%~50%；而对于反向泵浦，NF 一般为 6~7dB，η 一般为 60%~70%。双向泵浦时，其 NF 和 η 一般在正向泵浦与反向泵浦之间。

与半导体激光放大器相比，EDFA 具有以下一些特点：① EDFA 与光纤匹配性能好，不会损失增益系数；② 对信号光偏振态不敏感；③ 重复性较好，因为其特性由原子结构决定，与几何尺寸无关；④ 环境稳定性好。

4. 光电探测器

探测器将接收到的光信号转变为电信号。探测器有多种不同类型，包括光电倍增管 (PMT)、焦热点探测器、光电管。其中，PMT 为真空性光电探测器，虽然它具有较快的响应时间和高增益，但其大尺寸、高电压和真空特性，不适合轻小型空间激光通信系统；焦热点探测器是将光子转化成热，吸收光子致使探测器温度发生变化，这种器件的优点是在宽光谱范围内响应比较平坦，但是其效率较低，而且时间响应慢，不适合高速空间激光通信系统应用。光电管包括普通光电二极管、PIN 光电二极管、雪崩光电二极管、光电晶体管、光达林顿晶体管。由于普通光电二极管、光电晶体管和光达林顿晶体管的响应速度的限制，所以不适合用于高速通信。所以，我们重点介绍 PIN 光电二极管和雪崩光电二极管，这两种探测器都具有尺寸小、灵敏度高、响应速率快、动态范围宽等优点，非常适合开展空间激光通信探测。

1) PIN 光电二极管

PIN 型光电探测器是基于 PN 结反偏特性的无内部增益的探测器。当 PN 结反偏时，反向电流主要来自耗尽区的热产生的复合电流和在耗尽区边界一个扩散长度范围内的扩散电流。当光照射到反偏 PN 结时，光电效应产生的电子空穴对使反向电流增大。此时, 电流与偏压无关, 电流的大小与光强和光的产生率成正比。但是在耗尽层之外光产生的少子需要扩散到耗尽层边界, 再进入耗尽区被电场扫向另一侧形成信号电流。因此, 缩短少子的散射时间对提高响应速度是十分重要的。一般做法是, 尽量使空间电荷区的宽度足够大, 使入射的绝大多数光子都被耗尽层吸收, 而不是被耗尽层之外的 N 区和 P 区吸收, 以减少载流子的扩散时间对探测器响应速度的影响。同时, 较宽的耗尽层也有利于减小结电容, 从而减小探测器的 RC 时间常数。图 8.13 给出了 PIN 型光电探测器的结构示意图及其内部电场分布, 即在 N 型和 P 型半导体之间加入一层本征半导体层, 并且尽量减小结与入射表面之间的厚度。其中本征层并不是严格意义上的本征半导体, 只要电阻足够高就可以。本征层通常是在 N 型衬底上外延形成的, 而 P 型区由离子注入方法形成。

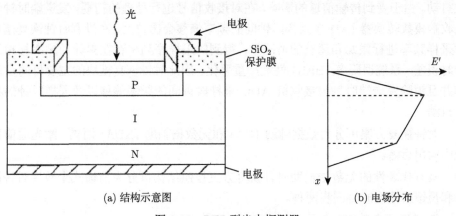

(a) 结构示意图   (b) 电场分布

图 8.13   PIN 型光电探测器

在反偏工作情况下, 由于本征层中有较少的杂质浓度, 其完全耗尽, 外加偏压几乎全部降落在本征层内。如果载流子的寿命比在耗尽区的漂移时间长, 则大多数载流子都能到达 N 区和 P 区, 形成探测器的输出信号电流。为了减小载流子的漂移时间和电容, 需要本征区厚度越小越好, 但为了吸收更多的光子, 又需要本征层越大越好, 因此要在探测器的响应时间和响应度之间做折中处理。

2) 雪崩光电二极管

同电子学中的雪崩二极管类似, 光照在反向偏置的一些特殊结构的二极管上时, 会产生光生电子或空穴, 光生电子或空穴经过 PN 结内部形成的高电场区时被加速, 从而获得足够的能量, 并与晶格发生碰撞而产生新的电子–空穴对, 这种过程会形成一种连锁反应, 使雪崩光电二极管发生雪崩击穿, 使光生载流子浓度迅速增大, 结电流急剧增加。这种光电二极管就是雪崩光电二极管。

与 PIN 光电二极管相比, 由于雪崩光电二极管的雪崩击穿效应, 所以其具有更高的电流增益, 从而具有更高的探测灵敏度。但是雪崩光电二极管的响应速度近似为 PIN 光电二极管的一半，虽然如此，雪崩光电二极管仍具备高速率激光通信的能力。在空间激光通信中，由于其通信距离远，接收信号十分微弱，而且无法实现中继放大，所以它对探测器的灵敏度要求非常高。因此雪崩光电二极管是目前空间激光通信系统的首选探测器。

5. 时钟提取与数据恢复单元

通信系统接收端得到基带数据之后，需要对探测器输出的电信号进行基带判决，以恢复发送端传输的数据。要对信号进行基带判决，首先需要对信号进行周期采样，其采样时钟通常由接收端本地时钟提供。但由于本地时钟独立于发送端时钟，且时钟振荡器本身可能存在不理想特性，所以收发端时钟间存在频率偏移与相位抖动。由于受到传输信道的影响，在对接收信号进行处理的初期，发送端时钟与接收端模数转换器 (ADC) 采样时钟间的频率偏移会比较大，在没有时钟恢复模块对采样频率进行跟踪和调整的情况下，得到的采样序列将存在累计的频率与相位定时误差，系统误码率 (BER) 性能严重恶化。因此时钟恢复模块的主要目的是追踪并且消除发送端时钟与接收机 ADC 采样时钟间的频率偏移以及采样时钟的相位抖动。

时钟恢复方案可分为数据辅助 (DA) 和无数据辅助 (NDA) 两类。激光通信系统中常用后者。

具有代表性的无数据辅助时钟恢复方案按照结构可分为前馈式全数字时钟同步和反馈式混合时钟同步两种。

1) 前馈式全数字时钟同步

前馈式全数字时钟同步结构如图 8.14 所示，图中 $x(t)$ 为接收到的基带信号，$x(mT_s)$ 为按接收端本地时钟采样所得到的异步采样序列，T_s 为 ADC 采样周期；$y(kT_i)$ 为经时钟同步后输出的同步采样序列，有 $T_i = T/N$, $N \in C$, T 为信号周期。

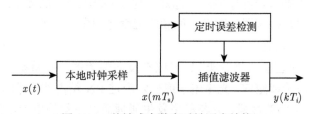

图 8.14　前馈式全数字时钟同步结构

在前馈式方案中，所有信号都是前向流动，不存在反馈环延迟，因而具有高速的时钟抖动追踪能力且通常对信号失真不敏感。前馈方案一般采用线性定时误差检测算法，能够直接准确地计算当前定时误差的大小，插值滤波器将根据当前误差值进行定时调整,具有同步建立快和全数字化实现的优点。但由于实时性的要求,前馈式结构采用的定时误差检测算法计算复杂度较高,且还需对每符号至少采样 4 次,对于高速的传输系统将很难实现。

2) 反馈式混合时钟同步

结构如图 8.15 所示。其中环路滤波器将根据定时误差信号形成控制电压,调整压控振荡器 (VCO) 的时钟频率。压控振荡器的频率根据反馈的定时误差信息进行不断调整,当环路进入稳定状态时,ADC 将输出同步采样值。该结构中包含一个模拟器件:压控振荡器,因此将其称为半数字半模拟的混合时钟同步环路。反馈式结构由于存在反馈环结构引入的延迟,故对时钟抖动追踪能力有限。然而反馈式结构无须严格的线性定时误差检测,且算法实现较为简单直接,无符号采样也仅需 2 次。但对高速传输系统而言,模拟器件的引入而造成的模拟原件漂移和容差等不理想特性将会不可避免地影响时钟恢复模块整体的性能。

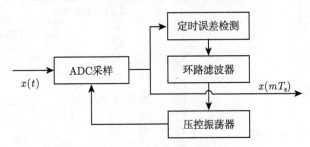

图 8.15 反馈式混合时钟同步结构

考虑到前馈式与反馈式结构各自存在的优势与劣势,目前时钟恢复方案已向反馈式全数字结构的趋势发展。

8.3 捕跟分系统

空间光通信是无线通信,在传输数据之前,必须在空间光通信的两端建立通信链路,通信链路的建立是由 PAT 系统来完成的。为了确保通信成功,PAT 系统的跟瞄精度要求非常高。当光束宽度非常窄,传输距离非常远,空间工作环境非常复杂时,要求就更为苛刻,此时,捕获、跟踪和瞄准就成为一个特别突出的问题。在本节中对 PAT 系统的基本组成、工作过程及相关技术进行简要介绍。

8.3.1 捕跟分系统策略

1. 信标捕跟策略

1) 信标捕跟分系统工作原理

空间激光通信光端机工作原理示意如图 8.16 所示。通信和精信标激光通过光束

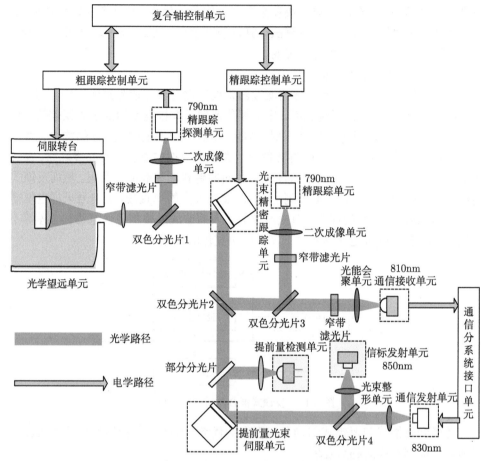

图 8.16　空间激光通信光端机工作原理示意图

整形系统后，经双色分光片合束，共同入射到提前量振镜，经过振镜发射后，入射到双色分光片，此光束透射双色分光后，经过二维快速振镜反射，并通过光学天线发射激光束。由于系统初始对准过程中，可能由平台间运动速度不同步导致指向产生误差，需要提前量伺服单元对其进行修正补偿，以保证初始捕获模块正常工作。入射光经光学天线后被分光片分成两部分，一部分入射到粗跟踪探测器，用于检测粗跟踪入射光束角度偏差信号，另一部分光入射到快速振镜后，经反射，再经过双色分光片分为两部分，一部分光束入射到精跟踪探测器，用于检测精跟踪入射光束角度偏差，另一部分光束入射到光电探测器，进行通信。在光束入射到粗跟踪探测器后，探测器可以获得粗跟踪入射光束的角度偏差，得到入射光束角度偏差后，粗跟踪控制系统驱动伺服转台，将激光光斑跟踪在视场中心，从而将其导入精跟踪视场。在光束入射到精跟踪探测器后，探测器输出精跟踪光束的角度偏差，接着精跟踪控制系统驱动振镜,微调整激光光束方向,使光束进入精跟踪视场。在完成精跟踪过程后,通过主控系统来解算提前量,由提前量伺服系统驱动提前量振镜对发射视轴进行修正,使近衍射极限角的通信束散角中心对准接收光端机。因此提前量补偿只适用于远距离运动的空间激光通信系统,如 GEO-LEO、GEO-地面以及星间激光通信等。

2) 信标捕跟分系统工作流程

首先两个激光通信端机获取对方端机的姿态数据,系统处理器利用这些信息可以确定对方的方位和俯仰角,然后激光通信终端按照计算得到的方位和俯仰角进行提前指向定位,确定入射光束的不确定区域。平台间运动速度不同步会导致指向误差,因此在系统初始对准过程中,需要提前量伺服单元对其进行修正补偿,保证初始捕获模块正常工作。

然后,粗瞄装置在不确定区域内以一定的轨迹进行扫描。为弥补定位误差需要使接收端和发射端终端同时进行双向扫描。当终端的 CCD 测角系统捕获到对方信标光信号时立即停止扫描,并进入粗跟踪阶段。

在粗跟踪阶段,CCD 探测器检测到光斑的存在,并且能解算出脱靶量,并驱动伺服转台运动,使成像光斑向中央逼近。当光斑进入精跟踪视场后,进入精跟踪阶段。

当光斑进入精跟踪视场后,精跟踪 CCD 探测器检测到光斑的存在,并解算出入射光束脱靶量,根据该脱靶量驱动振镜,对发射光束的方向进行调整,完成精瞄。之后两终端进入跟踪阶段。

一旦精确对准过程完成,就可以启动通信,并且粗、精跟踪系统会一直追踪光斑位置,当光斑偏离中心位置时,系统将产生跟踪误差,并控制粗跟踪装置和精跟踪装置来调整发射光束的指向。

3) 信标捕跟关键技术

(1) 视轴初始指向。

视轴的初始指向数据来源于对光端机姿态位置的测量。由于早期激光通信动态试验常常需要机载或舰载平台间的激光捕获,因此姿态位置测量采用基于 GPS/INS 的捷联惯导系统。

平台坐标系 ($p\text{-}xyz$) 与地球坐标系 ($e\text{-}xyz$) 的转动关系满足:

$$\begin{pmatrix} X_p \\ Y_p \\ Z_p \end{pmatrix} = C_e^p \begin{pmatrix} X_e \\ Y_e \\ Z_e \end{pmatrix} \tag{8.28}$$

其中,$e\text{-}xyz$ 到 $p\text{-}xyz$ 的转换矩阵为

$$
\boldsymbol{C}_e^p = \begin{pmatrix} C_{11} & C_{12} & C_{13} \\ C_{21} & C_{22} & C_{23} \\ C_{31} & C_{32} & C_{33} \end{pmatrix}
$$

$$
= \begin{pmatrix} -\sin\alpha\sin\varphi\cos\lambda - \cos\alpha\sin\lambda & -\sin\alpha\sin\varphi\sin\lambda + \cos\alpha\cos\lambda & \sin\alpha\cos\varphi \\ -\cos\alpha\sin\varphi\cos\lambda + \sin\alpha\sin\lambda & -\cos\alpha\sin\varphi\sin\lambda - \sin\alpha\cos\lambda & \cos\alpha\cos\varphi \\ \cos\varphi\cos\lambda & \cos\varphi\sin\lambda & \sin\varphi \end{pmatrix}
$$

$$(8.29)$$

根据下式, 可确定经度和纬度:

$$
\left.\begin{aligned} \varphi_{主} &= \arcsin C_{33} \\ \lambda_{主} &= \arctan \frac{C_{32}}{C_{31}} \end{aligned}\right\} \tag{8.30}
$$

该经纬度主值即可作为空间激光通信伺服转台的数据导引, 用来进行目标方向的初始对准。本体坐标系 (b) 与平台坐标系 (p) 关系如下:

$$
\begin{pmatrix} X_p \\ Y_p \\ Z_p \end{pmatrix} = T \begin{pmatrix} X_b \\ Y_b \\ Z_b \end{pmatrix} \tag{8.31}
$$

$$
T = \begin{pmatrix} T_{11} & T_{12} & T_{13} \\ T_{21} & T_{22} & T_{23} \\ T_{31} & T_{32} & T_{33} \end{pmatrix}
$$

$$
= \begin{pmatrix} \cos\gamma\sin\psi_G - \sin\gamma\sin\theta\cos\psi_G & -\cos\theta\sin\psi_G & \cos\gamma\cos\psi_G + \cos\gamma\sin\theta\sin\psi_G \\ \cos\gamma\sin\psi_G + \sin\gamma\sin\theta\cos\psi_G & \cos\theta\cos\psi_G & \sin\gamma\sin\psi_G - \cos\gamma\sin\theta\cos\psi_G \\ -\sin\gamma\cos\theta & \sin\theta & \cos\lambda\cos\theta \end{pmatrix}
$$

$$(8.32)$$

根据下式确定平台姿态:

$$
\left.\begin{aligned} \gamma_{主} &= \arctan\left(\frac{-T_{31}}{T_{33}}\right) \\ \theta_{主} &= \arcsin(T_{32}) \\ \psi_{主} &= \arctan\left(\frac{-T_{12}}{T_{22}}\right) \end{aligned}\right\} \tag{8.33}
$$

完成双方轨道姿态测量后, 通过数传电台, 进行信息交互, 将姿态补偿后的经纬度信息作为导引数据, 控制各光端机转台, 实现初始对准。该对准方法的精度主要依靠捷联惯导系统的测量精度。目前基于捷联惯导初始对准的捕获系统开环捕获不确定区域约为 10mrad。

该系统相当成熟，已成功应用于地面对地面，地面对空中，舰船对空中，空中对空中的激光通信捕获试验系统。但是由于初始对准前，需要射频传输对方位置信息，故无法实现真正意义上的全光通信，这削弱了激光通信的技术优势。

(2) 捕获模式。

捕获技术的关键问题是捕获模式的选择，即通过凝视或扫描的方法，使发射端束散角和接收端视场角覆盖对应的捕获不确定区域。经典的双向捕获方式包括凝视–凝视捕获，凝视–扫描捕获，跳步–扫描捕获。

凝视–凝视捕获是最简单的捕获方式，仅需要双方探测器凝视，要求信标光束散角大于捕获不确定区域，此时，通过跟踪系统补偿即可使得双方视轴对准。该捕获方式，捕获时间很短，可忽略不计，捕获概率为视场探测概率与信标光覆盖率的乘积。实际应用中，仅适用于近距离激光通信。近距离条件下，信标光功率裕量较大，可以放宽信标光束散角，满足不确定区域。接收端由于信标功率强，可以减小接收口径，实现大视场捕获。

凝视–扫描捕获是最常用的捕获方式，该凝视扫描方式又可分为信标光扫描和探测器扫描两种，信标光扫描将捕获视场凝视，覆盖不确定区域，信标光工作于扫描模式，该模式适用于背景光较弱，可以采用大探测视场的星间激光通信系统。探测器扫描将信标光凝视，覆盖不确定区域，捕获探测器工作于扫描模式，该模式适用于背景光较强，需要小接收视场的星地、空地激光通信系统。

凝视–扫描捕获方式捕获时间由下式确定：

$$T_{\rm s} \approx \frac{1}{(1-k)^2} \cdot \left[\left(\frac{\theta_{\rm U}}{\theta_{\rm BC}} \right)^2 + \frac{1}{2} \left(\frac{\theta_{\rm U}}{\theta_{\rm BC}} \right) \right] \cdot T_{\rm d} \cdot N_{\rm t} \tag{8.34}$$

其中，$\theta_{\rm U}$ 为捕获不确定区域；$\theta_{\rm BC}$ 为信标光束散角；$T_{\rm d}$ 为驻留时间；$N_{\rm t}$ 为扫描次数；k 为扫描重叠次数。

跳步–扫描捕获方式用于信标光束散角和捕获探测器视场均小于不确定区域的情况中。在此种模式下，主光端机和从光端机工作在统一时序下，主光端机采用跳步模式，从光端机采用扫描模式，从机扫描一个周期，主机跳步一步，直到双方探测到信标光信号为止。该模式由于需要广泛扫描与跳步，故捕获时间最长，捕获时间的计算方法如下：

$$T_{\rm s} \approx \frac{1}{(1-k_1)^2} \cdot \left[\left(\frac{\theta_{\rm U1}}{\theta_{\rm BC}} \right)^2 \right] \cdot \frac{1}{(1-k_2)^2} \cdot \left[\left(\frac{\theta_{\rm U2}}{\theta_{\rm FOV}} \right)^2 \right] T_{\rm d} \cdot N_{\rm t} \tag{8.35}$$

其中，$\theta_{\rm U1,2}$ 为双方捕获不确定区域；$\theta_{\rm BC}$ 为信标光束散角；$\theta_{\rm FOV}$ 为捕获探测器视场；$T_{\rm d}$ 为驻留时间；$N_{\rm t}$ 为扫描次数；$k_{1,2}$ 为双方扫描重叠次数。

(3) 扫描方式。

由捕获模式分析可见,开环扫描是大多数捕获的基本过程,对于经典信标激光通信捕获系统来说,由于收发共用同一光学系统,故采用光学天线整体扫描,即控制二维伺服转台,进行空间运动,完成扫描。经典的扫描方式主要包括螺旋扫描、光栅扫描和光栅螺旋复合扫描。

采用螺旋扫描具有最高的效率,因为发射孔径为圆形,不确定区域为圆周概率分布。工程上,采用阿基米德螺旋线进行不确定区域扫描,螺旋扫描示意图如图 8.17 所示。

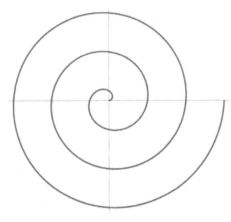

图 8.17　螺旋扫描

在极坐标 (r, θ) 下,阿基米德螺旋线方程为

$$r = a\theta \tag{8.36}$$

该扫描方式,从内向外螺旋扩展,自然完成高概率到低概率的精确扫描,能增大缩小扫描时间的可能性。但是漏扫概率会随着扫描时间的增大而增大,因此,不适合用在大范围、长时间扫描上。而且阿基米德螺旋线的工程实现较为困难。

矩形扫描是最容易实现的一种扫描方式,即使矩形与圆形不确定区域不匹配会导致一定的效率降低。如图 8.18 所示,矩阵扫描为一 $m \times n$ 矩阵。

矩形扫描可看作扫描程序内一组固定的扫描点二维数组 $a_{i,j}$,当扫描开始时,j 首先进行累加,伺服机构开始执行相应的位置命令,使光束指向相应位置。当 j 累加至 n 时,i 累加 1,j 从 n 递减回 1,完成一个矩阵扫描周期。如此循环,直到 $i = m$ 或捕获成功为止。矩形扫描为均匀扫描,不具有高概率到低概率的扫描过程。

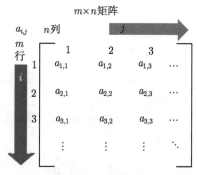

图 8.18 矩阵扫描

螺旋扫描效率高、算法难, 矩形扫描易实现, 但效率低。故将二者结合, 构成矩形螺旋扫描, 即可完成从高概率到低概率区域的高效扫描, 也易于工程实现。图 8.19 为矩形螺旋扫描曲线。

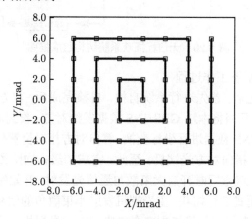

图 8.19 矩形螺旋扫描曲线

2. 无信标捕跟策略

1) 无信标捕跟分系统工作原理

对于无信标捕获系统, 需要取消信标激光器及整个信标的光链路。取消捕获探测器, 改用捕获跟踪复合探测系统探测信号光进行捕获。为了减小捕获时间, 伺服转台仅执行初始指向工作, 不再进行捕获扫描。捕获扫描工作交由伺服振镜完成。为了扩大振镜扫描视场, 原卡塞格林望远系统改为离轴三反式光学系统。无信标捕获系统结构组成框图如图 8.20 所示。

指向捕获跟踪 (pointing acquisition and tracking, PAT) 分系统包括粗跟踪单元、精跟踪单元、提前量单元三个主要部分。通过自身传感器获得姿态信息, 查星历表获得自身及对方位置等信息实现视轴初始指向角解算, 粗跟踪周扫转台完成视轴初始指向，依靠振镜快速扫描实现光束捕获及粗跟踪。振镜、控制单元、四象限探测器 (QD) 组成精跟踪伺服回路实现光束精密跟踪。提前量单元由振镜及解算两个主要单元组成保证光束超前指向发射。

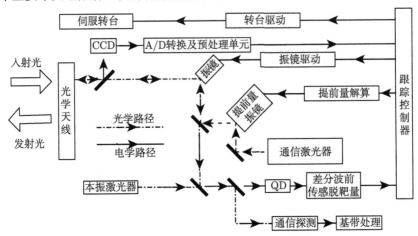

图 8.20   无信标捕获系统结构组成框图

2) 无信标捕获系统工作过程

通信系统上电之后，首先进行系统自检，自检完成后，双方通过无线数传模块建立无线数据链路，互相将本地 GPS/INS 数据发给对方，收到对方 GPS/INS 数据后，结合本地 GPS/INS 数据进行坐标变换，算出对方相对位置信息。两个光端机按照计算的方位信息，指向对方光端机。至此，完成初级指向阶段。

在完成对准后，双方同时开启大束散角通信光发射，开始空间捕获。无信标捕获系统首先以主从模式进行捕获，主光端机发射小束散角的信号光，并扫描不确定区域，理想情况下，在每次扫描过程中会击中对方从光端机一次。每次被信号光击中，从机都校正自身指向，使不确定区域减小。在经过了一定次数 (预先设定) 的扫描后，主光端机停止扫描。此时，主光端机与从光端机之间仅存在一个很小的指向误差。接着从光端机发射小束散角的信号光对主光端机进行扫描，主光端机校正自身指向。由于此时二者之间的指向误差很小，因此，从光端机会很快完成此次扫描过程。然后主、从光端机继续交替扫描，使得二者之间的指向误差越来越小，直到相干跟踪探测器响应。此时主从光端机停止扫描，进入跟踪阶段。

完成捕获后，进入精跟踪视场，这时将通信光调整为小束散角发射，进行精跟踪。在接收端，通信光与本振光混频后产生拍频信号，此拍频信号由四象限探测器接收。当混频的两束光之间有一个微小的夹角时，会在四象限探测器上形成一个成比例的相对相移，四象限探测器根据此相对位移量计算出振镜的执行量，并使振镜偏转响应角度，实现跟踪。

3) 无信标捕跟系统关键技术

(1) 无信标捕获初始指向。

无信标捕获系统一般应用于星间激光通信,对于光端机而言,最简洁准确地获得初始指向导引数据的方法是借助卫星平台信息提供姿态与轨道。

实现初始对准,需要知道自身光端机位置、姿态,以及对方光端机位置。位置信息通过地面站与卫星平台间轨道测量与预报完成,姿态信息由卫星平台惯导系统测量。下面讨论借助星上轨道根数,确定双星相对位置速度的指向算法。

已知六个轨道根数如下:比角动量模长 h;轨道倾角 i;升交点赤经 Ω;偏心率 e;近地点角距 ω;真近点角 θ,比角动量模长也可用椭圆半长轴表示。各要素关系如图 8.21 所示。

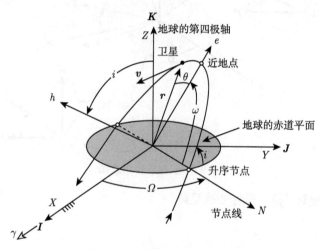

图 8.21 轨道六要素几何关系

如图可知,比角动量模长和偏心率可以确定轨道尺寸,轨道倾角、升交点赤经和近地点角距可确定轨道指向,真近地点角可确定卫星位置。因此六要素即可描述卫星的轨道运动。下面根据轨道六要素求解航天器位于地心赤道坐标系中的位置矢量 r_{XYZ} 和速度矢量 v_{XYZ}。

对于近焦点坐标系 $(O\text{-}\overline{xyz})$,航天器的状态向量为

$$r_{\overline{xyz}} = \frac{h^2}{\mu} \frac{1}{1+e\cos\theta} \begin{bmatrix} \cos\theta \\ \sin\theta \\ 0 \end{bmatrix} \tag{8.37}$$

$$v_{\overline{xyz}} = \frac{\mu}{h} \begin{bmatrix} -\sin\theta \\ e+\cos\theta \\ 0 \end{bmatrix} \tag{8.38}$$

由地心赤道坐标系 $(O\text{-}XYZ)$ 到近焦点坐标系 $(O\text{-}\overline{xyz})$ 坐标的变换可以通过三次旋转完成，此三次旋转如图 8.22 所示。

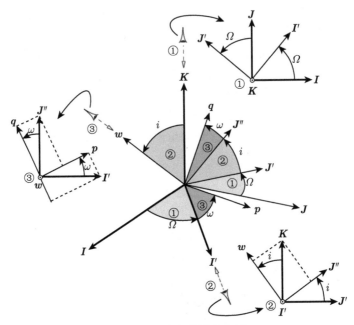

图 8.22　欧拉旋转示意图

经过欧拉旋转，得到坐标变换矩阵

$$
\begin{aligned}
&\boldsymbol{Q}_{\overline{xyz}\text{-}XYZ}\\
&=\begin{pmatrix}
\cos\varOmega\cos\omega-\sin\varOmega\sin\omega\cos i & -\cos\varOmega\sin\omega-\sin\varOmega\cos i\cos\omega & \sin\varOmega\sin i\\
\sin\varOmega\cos\omega+\cos\varOmega\cos i\sin\omega & -\sin\varOmega\sin\omega+\cos\varOmega\cos i\cos\omega & -\cos\varOmega\sin i\\
\sin i\sin\omega & \sin i\cos\omega & \cos i
\end{pmatrix}
\end{aligned}
\tag{8.39}
$$

于是，有

$$
\boldsymbol{r}_{XYZ}=\boldsymbol{Q}_{\overline{xyz}\text{-}XYZ}\cdot\boldsymbol{r}_{\overline{xyz}}
\tag{8.40}
$$

$$
\boldsymbol{v}_{XYZ}=\boldsymbol{Q}_{\overline{xyz}\text{-}XYZ}\cdot\boldsymbol{v}_{\overline{xyz}}
\tag{8.41}
$$

对于卫星间激光通信系统，设双星相对于地心赤道坐标系的位置与速度矢量分别为 $\boldsymbol{r}_A,\boldsymbol{r}_B$ 和 $\boldsymbol{v}_A,\boldsymbol{v}_B$。

如图 8.23 所示，则 A、B 卫星间相对位置：

$$
\boldsymbol{r}_{\mathrm{rel}}=\boldsymbol{r}_B-\boldsymbol{r}_A
$$

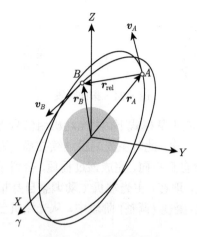

图 8.23 双星轨道关系

设固连于航天器 A 上的本体坐标系 xyz 的角速度为 Ω_A，则 A、B 卫星间相对速度：

$$v_{\mathrm{rel}} = v_B - (v_A + \Omega_A \cdot r_{\mathrm{rel}}) \tag{8.42}$$

考虑到光传播速度的影响，给出最终的光束指向向量：

$$u_{\mathrm{rcv}} = -\frac{r_{\mathrm{rel}} - v_{\mathrm{rel}}\left|r_{\mathrm{rel}}\right|/c}{\left|r_{\mathrm{rel}} - v_{\mathrm{rel}}\left|r_{\mathrm{rel}}\right|/c\right|} \tag{8.43}$$

其中，c 为光速。

式 (8.43) 即光端机的初始瞄准给定向量。值得说明的是，对于姿态环节的补偿，无信标捕获与信标捕获系统没有本质区别，都采用惯性器件对运动姿态进行测量。对于信标捕获系统，姿态测量来自于光端机自身配备的陀螺组件。考虑到上星需要，无信标捕获要尽可能减小质量，取消自身惯性器件，改由星上陀螺测量的姿态信息结合发射前地面上对转台与星载平台的光学标定数据进行姿态导引与补偿。

(2) 无信标捕获模式。

无信标捕获要求小束散角信号光快速扫描，全光捕获，因此无信标捕获模式的核心思想为：双光端机互相扫描，逐步缩小不确定区域。在无信标捕获中，使用通信光代替大束散角的信标光，提出一种双方互相扫描的捕获模式。下面将分步详细说明该种捕获模式。

双光端机完成初始指向后，由瞄准误差产生一不确定区域，如图 8.24 所示，在无信标捕获中，采用主机 M，从机 S 描述光星捕获过程。设捕获不确定区域大小为 UC。此时 M、S 端捕获探测器状态为 0，即未接收到信号光信号。

图 8.24　指向阶段

此时进入捕获阶段，在主从模式下，主光端机用信号光扫描不确定区域，在扫描过程中，必定击中从机一次。此时主光端机继续扫描，从光端机开始根据探测到的主光端机光束波前调整自身指向，完成该过程后，会留下一个较小的角度偏差。

接着，双方转换角色，现在，主光端机主动调整自身指向，使其朝向从光端机的光束波前。因为在扫描–凝视 (调整) 阶段中，从光端机已经对准，此步骤将十分快速。

如图 8.25 和图 8.26 所示，经过扫描–凝视 (调整) 和凝视 (调整) 扫描之后，不确定区域进一步缩小，捕获策略不变，继续进行双方交替扫描捕获，只是随着不确定区域的逐渐缩小，每次光端机扫描范围不断缩小，扫描过程越来越快。最终，如图 8.27 所示，在经过一定次数的交替扫描后，满足双方信号光进入对方通信与精跟踪四象限探测器，捕获完成。

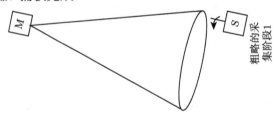

图 8.25　扫描–凝视 (调整) 阶段

图 8.26　凝视 (调整)–扫描阶段

为了实现上述过程，需要使用 2 个 Q-APD 探测系统，一个使用大视场离轴三反光学系统，获得大于不确定区域的视场，用来进行捕获探测，另一个作为捕获完成判据与精跟踪复合通信。

对于无信标捕获模式，时序的统一与协调是十分重要的，双光端机需要工作在相同的时序下，参考上述捕获步骤，在一个扫描周期内，定义初始指向完成时刻为 T_0，T_1 为主光端机第一次扫描开始时刻，T_2 定义为从光端机首次探测到信号光时刻，T_3 为主光端机扫描停止时刻。

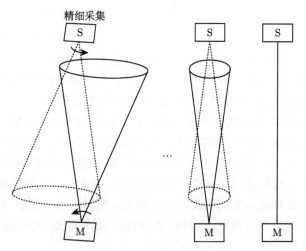

图 8.27 互相交替捕获

T_0、T_1 时刻，双方初始指向完成，此时，双方同时启动捕获模式，主光端机控制器依据已经编制好的扫描方式数组，控制振镜进行预订扫描。从光端机控制器控制捕获探测器进行凝视，同时，从光端机控制器内部对相同的扫描数组进行时序索引，即进行和主光端机扫描一样的数组索引。

T_2 时刻，从光端机捕获探测器探测到信号光，此时，主光端机继续扫描，从光端机读取此时索引扫描数组值，根据此值和四象限探测器响应时序即可判断主光端机信号光击中从光端机时主光端机的指向。具体判断方法如图 8.28 所示。

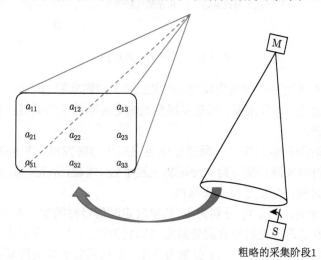

粗略的采集阶段1

图 8.28 扫描矩阵示意图

可以将主光端机扫描范围视为一矩阵，为了简洁，不考虑扫描细节，将扫描矩阵定义为 3×3 方阵，其中，$a_{11} \sim a_{33}$ 为子矩阵。假设主光端机击中从光端机时刻，扫描位置为 a_{23}，此时，从光端机读取的矩阵值理论上也为 a_{23}，则从光端机应该调整指向，使其尽量朝向主光端机扫描矩阵中心。即控制振镜摆动 $a_{23} \to a_{22}$ 向量，这样，在下次扫描时，从光端机视轴会更加趋近主光端机视轴。

T_3 时刻，主光端机完成一个周期的扫描。从光端机这时转换角色，以更小的扫描范围开始扫描余下的不确定区域。主光端机停止扫描，启动捕获探测器，开始进行凝视捕获，并和从光端机扫描同步索引新的不确定区域扫描数组。

T_4 时刻，主光端机捕获探测器探测到信号光，此时，从光端机继续扫描使得主光端机视轴会更加趋近从光端机视轴。T_4 时刻，相对于 T_2 时刻，主从光端机这时转换角色扫描。如果双方捕获不成功，T_5 时刻，开始以更小的扫描范围开始扫描余下的不确定区域。

系统工作时序图如图 8.29 所示。

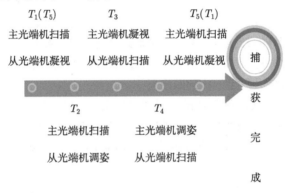

图 8.29　系统工作时序图

捕获系统本质上是以时间为反馈，实现空间上的瞄准的，因此，卫星间的时序统一对于捕获来说，十分重要，这是实现全光快速可靠捕获的关键，下面探讨星间时序统一的方法。

星间双向时间同步系统以一颗静止轨道卫星作为转发星，主光端机卫星平台通过转发星发射时间同步信号给从光端机卫星平台，同理，从光端机卫星平台也通过转发星发射时间同步信号给主光端机。

如图 8.30 所示，T_1、T_2 分别为主-从发射定时信号时间差、从-主发射定时信号时间差。该数值通过卫星平台测量后发送到转发星。t_1、t_2 分别为主光端机、从光端机发射设备时间延迟。r_1、r_2 分别为主星、从星接收设备时间延迟，设备时间延迟通常通过地面校正完成。

设 Δt 为主从星的时钟差，有

$$T_1 = \Delta t + (t_2 + \tau_2) + \tau_0 + \tau_1' + r_1 + \delta_1 \tag{8.44}$$

$$T_2 = -\Delta t + (t_1 + \tau_1) + \tau_0 + \tau_2' + r_2 + \delta_2 \tag{8.45}$$

$$T_1 - T_2 = 2\Delta t + (t_2 - t_1) + (r_1 - r_2) + (\tau_2 - \tau_1) + (\tau_2' - \tau_1') + (\delta_1 - \delta_2) \tag{8.46}$$

$$\Delta t = \frac{T_1 - T_2}{2} + \frac{t_1 - t_2}{2} + \frac{r_2 - r_1}{2} + \frac{(\tau_1 + \tau_2') - (\tau_2 + \tau_1')}{2} + \frac{(\delta_2 - \delta_1)}{2} \tag{8.47}$$

其中，τ_0 为转发星时间延迟；τ_1、τ_1' 分别为主星到转发星的延迟和转发星到主星的延迟；τ_2、τ_2' 分别为从星到转发星和转发星到从星的时间延迟；δ_1、δ_2 为其他时间延迟。

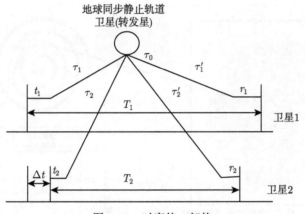

图 8.30　时序统一架构

此种时间同步方法与全光捕获并不冲突。因为时间同步所用射频系统来源为卫星平台，光端机系统仅读取卫星平台信息，作为时间统一的参考。但是仅有时序统一，接收卫星只能确定对方卫星相对于自身的指向，还要结合此时接收卫星四象限探测器响应时序，方可确定最终朝向，这将在下面结合扫描方式进行详细讨论。

(3) 无信标扫描方式。

在探讨了捕获模式之后，要处理扫描方式的问题，如果说捕获模式是在时间上处理问题，那么，扫描方式即在空间上处理捕获的细节。小束散角信号光大范围复合快速扫描是扫描的核心问题。而解决此问题的基本方法为通过小束散角信号光快速扫描，形成原有信标光束散角范围的覆盖。

为了实现快速扫描，扫描曲线上采用阿基米德螺旋线，振镜执行。加大重叠区域，以提高捕获概率。扫描示意图如图 8.31 所示。

笛卡儿坐标系下阿基米德螺旋线方程为

$$r = a\theta \tag{8.48}$$

$$x = r\cos\theta \tag{8.49}$$

$$y = r\sin\theta \tag{8.50}$$

$$\theta = \omega t \tag{8.51}$$

其中，r 为螺旋半径，该参数与扫描范围成正比，最终时刻的 r 即整个扫描区域，在无信标捕获中，该单位的量纲为 rad；x、y 为两轴振镜摆角；θ 为曲线运动角度；ω 为曲线扫描角速度，扫描曲线应看作是角度在平面上的投影，位置量纲应换作角度量纲；a 为阿基米德螺旋线系数，该系数确定扫描直径，扫描直径为

$$s = 2\pi a \tag{8.52}$$

扫描步长的量纲记为 rad。

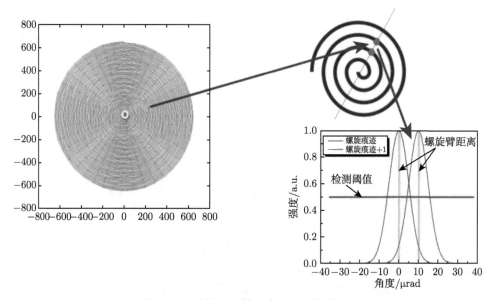

图 8.31　信号光扫描示意图 (后附彩图)

已知不确定区域 θ_{UC}，信号光束散角 θ_{DIV}，则对于无信标捕获系统，扫描方程为

$$\left.\begin{array}{l} x = \dfrac{(1-k) \cdot \theta_{\mathrm{DIV}}}{2\pi} \omega_{\mathrm{mir}} t \cos \omega_{\mathrm{mir}} t \\[3mm] y = \dfrac{(1-k) \cdot \theta_{\mathrm{DIV}}}{2\pi} \omega_{\mathrm{mir}} t \sin \omega_{\mathrm{mir}} t \end{array}\right\} \tag{8.53}$$

图 8.31 右侧为螺旋扫描细节，可见为了保证较高的捕获概率，并减小平台抖动对小束散角信号光的影响，增大了重叠区域，图中所示光斑重叠部分为光斑尺寸的 25%。

扫描时间是捕获时间的重要组成部分，下面研究无信标复合扫描过程的扫描时间。根据前文所述，单次扫描时间为

$$T_{\mathrm{scan}} = \left(\frac{1}{(1-k)} \cdot \frac{\theta_{\mathrm{UC}}}{\theta_{\mathrm{DIV}}}\right) \cdot \frac{2\pi}{\omega_{\mathrm{mir}}} \tag{8.54}$$

其中，k 为重叠系数；ω_{mir} 为振镜扫描角速度，根据前文，$\omega_{\mathrm{mir}} = \alpha$，由于采用了高速伺服振镜和光电二极管器件，故相比于信标捕获，无信标捕获无须驻留时间，按照时序，运行阿基米德螺旋线扫描。振镜扫描角速度由探测器响应时间和振镜执行时间共同确定。

双卫星时序统一可以使凝视卫星在扫描卫星扫描激光束击中凝视卫星探测器时，得到扫描卫星的扫描圈数，即代入阿基米德螺旋线方程，得到此时的半径 r。

但是由于双卫星不具有统一的位置坐标基准，故角度信息无法仅通过时统获得。此时需要借助四象限探测器对光斑移动向量进行识别。识别示意图如图 8.32 所示。

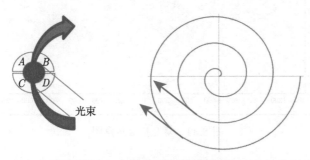

图 8.32 探测器对扫描向量的识别

图 8.32 左侧为凝视卫星四象限探测器靶面，光束经过光学系统，在四象限探测器表面形成圆光斑，光斑能量呈高斯分布。右侧为扫描卫星扫描曲线及其两条切线，可以想象，当光斑扫过四象限探测器时，在四象限探测器表面，运动轨迹与扫描轨迹相关。如图所示，当扫描到切点时，四象限探测器接收信号会呈现从 C 和 D 到 A 和 B 象限的能量变化，由此可以判断扫描矢量方向，这是凝视光端机探测到扫描光端机信号后进行朝向校准的方向数据。再结合探测的时刻，可以得到此时对方的扫描圈数，这是朝向校准的长度数据。由此，可以很快校正自身指向，完成捕获。同时，不可忽略平台抖动的影响，因此，在螺旋扫描基础上，加入大范围复合螺旋矩形扫描有助于提高捕获概率，增加系统稳定性，图 8.33 为复合扫描示意图。

由图 8.33 可知，在 $\pm 2\mathrm{mrad}$ 矩形螺旋扫描范围内，叠加 $\pm 500\mu\mathrm{rad}$ 螺旋扫描，附加 25% 重叠区域，即扩大了扫描范围，又降低了平台运动的影响。这种运动方式，适合在初始指向不确定区域较大的情况下，结合伺服转台进行。

(4) 基于四象限探测器的通信与捕获跟踪复合技术。

在无信标捕获系统中，强调通信与跟踪复合探测，即在没有信标光的条件下，使用信号光既作为捕获信号又作为通信信号。这要求在高速率调试下对光斑位置进行识别。为了实现上述功能，采用四象限探测器作为无信标捕获系统的主探测器。将四象限探测器输出的信号分为两部分，一部分用于捕获跟踪，另一部分用于通信接收。

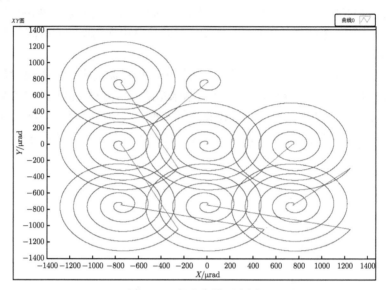

图 8.33　复合扫描示意图

　　四象限探测器的本质为参数一致的四个光电二极管组成的光电二极管阵列。四象限探测器的四个光电二极管按照坐标系的四个象限的位置排列起来，由于这种特殊的排列方式而具有光斑位置分辨能力，其基本结构示意图如图 8.34 所示。象限 A、B、C、D 分别代表四个光电二极管，相邻象限之间的象限间隔被称为死区。光斑照射在死区上面时，探测器无响应，死区是限制光斑尺寸选取的一个重要因素，在保证四象限探测器的各象限间无相互影响的条件下，死区尺寸越小越好。

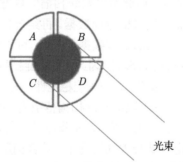

光束

图 8.34　四象限探测器基本结构示意图

　　四象限探测器的光斑位置探测原理简述如下：以四象限探测器的中心为坐标原点建立直角坐标系，接收光束经透镜会聚到四象限探测器的光敏面上，如图 8.34 所示，假设光斑均匀分布，光斑分布在四象限探测器的象限 A、B、C、D 的面积

分别为 S_A、S_B、S_C、S_D；则光斑在四个象限的光功率分别为 P_A、P_B、P_C、P_D，且各象限功率与面积成正比；相应地，四象限探测器各象限产生的光电流分别为 I_1、I_2、I_3、I_4。一般光斑中心 O' 到四象限探测器中心 O 的位置偏移量可表示为 $(\Delta x, \Delta y)$，

$$\Delta x = \frac{(S_A + S_D) - (S_B + S_C)}{k\,(S_A + S_D + S_B + S_C)} = \frac{(P_A + P_D) - (P_B + P_C)}{k\,(P_A + P_D + P_B + P_C)} = \frac{(I_1 + I_4) - (I_2 + I_3)}{k\,(I_1 + I_2 + I_3 + I_4)}$$
(8.55)

$$\Delta y = \frac{(S_A + S_B) - (S_C + S_D)}{k\,(S_A + S_D + S_B + S_C)} = \frac{(P_A + P_B) - (P_C + P_D)}{k\,(P_A + P_D + P_B + P_C)} = \frac{(I_1 + I_2) - (I_3 + I_4)}{k\,(I_1 + I_2 + I_3 + I_4)}$$
(8.56)

其中，k 为四象限探测器的检测灵敏度，可由四象限探测器探测电路的输出信号(电流或者电压) 与光斑偏移量的比值表示。

由四象限探测器上的光斑位置偏移量可解算出四象限探测器接收光束的偏移角度，如图 8.35 所示，四象限探测器光敏面中心与三维坐标系的原点 O 重合。当信号光束与 z 轴呈 $\Delta\theta$ 角入射时，光束经过焦距为 f' 的光学系统会聚到四象限探测器光敏面上形成光斑，光斑中心 O' 如图所示，O' 与 x 轴距离为 Δy，与 y 轴距离为 Δx；$\Delta\theta_x$、$\Delta\theta_y$ 分别为入射信号光束在 xOz 平面和 yOz 平面的角度分量的大小。由几何关系可计算 $\Delta\theta$、$\Delta\theta_x$ 和 $\Delta\theta_y$ 的大小分别为

$$\Delta\theta = \arctan\frac{\sqrt{\Delta x^2 + \Delta y^2}}{f'} \tag{8.57}$$

$$\Delta\theta_x = \arctan\frac{\Delta x}{f'} \tag{8.58}$$

$$\Delta\theta_y = \arctan\frac{\Delta y}{f'} \tag{8.59}$$

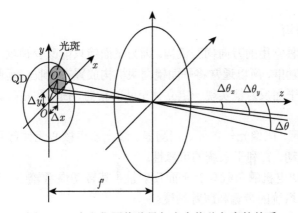

图 8.35　光斑位置偏移量与光束偏移角度的关系

基于四象限探测器的通信与跟踪复合技术原理框图如图 8.36 所示。光端机接收到的激光光束经过光学透镜在四象限探测器光敏面上形成一个合适大小的光斑。根据光斑在四象限探测器的四个象限上的能量分布，四象限探测器的四个象限产生相应的光电流，将光电流信号一分为二，一条支路信号给跟踪处理单元，做光斑位置偏移量的解算及跟踪执行器执行量的解算，另一路送给通信探测单元，进行通信数据的解调。光斑位置偏移量的解算方法如式 (8.55) 和式 (8.56)，跟踪执行器执行量的解算方法如式 (8.58) 和式 (8.59)，将解算得到的执行量输出到驱动执行机构，驱动执行机构进行跟踪控制。

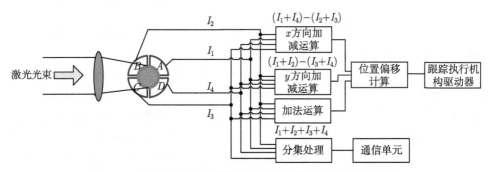

图 8.36   基于四象限探测器的通信与跟踪复合技术原理框图

8.3.2   捕跟分系统组成

1. 粗跟踪伺服转台

根据不同的链路特点，粗跟踪伺服转台单元具有不同角度伺服范围、跟踪速度和跟踪精度要求，所以粗跟踪伺服转台具有不同的结构形式和特点。主要归纳为以下几类。

1) 单反镜结构

该结构是一种常用的万向伺服机构。因为平面镜只能改变视轴的方向，而没有光束会聚和聚焦功能，所以通常将平面镜伺服机构放置在接收望远单元的前面。通过二维驱动单个平面反射镜实现一定立体空间的指向、扫描和跟踪。这种结构的优点是：

(1) 望远单元、成像光学单元、探测器、激光器等核心元件都固定，不因视轴方向的调整而运动，有利于系统的可靠性；

(2) 因为驱动电机的负载只有平面反射镜，其转动惯量较小、谐振频率较高，有利于提高伺服系统的带宽和跟踪精度。

但是，平面反射镜伺服平台也存在一些缺点：

(1) 这种结构的伺服范围有限，不适合大角度扫描和跟踪，比较适合 GEO-地

面、GEO-LEO 的 GEO 终端采用;

(2) 平面反射镜通常暴露在外,平面反射膜的厚度仅为几微米量级,各种紫外线、高能量辐射、高能量粒子或者高亮度激光武器都能够破坏平面反射镜的膜系;

(3) 平面反射镜接收的太阳光将引起平面镜热畸变,引起发射光束的波面质量改变,进而引起额外损耗;

(4) 对平台振动影响相对较大,比较适合在地面、卫星等平台上应用。

2) 周扫望远镜式结构

在望远镜的前面放置两个正交布置的一维扫描结构平面镜。一个用于方位全周扫描,一个用于俯仰全周扫描,构成潜望周扫伺服结构。该结构的两个平面反射镜都采用 45° 角放置,所以平面镜的尺寸不大,光学基台各个组件基本不运动,系统稳定性增加,通过周扫结构可实现二维的周扫。所以它非常适合大范围扫描,如 LEO 卫星终端。但是它带来的一个缺点是结构外形较大。欧洲空间局早期研制的 Small Optical User Terminal(SOUT) 系统就是采用此结构。它采用小口径 (7cm) 望远系统和半导体激光发射技术实现轻小型激光通信系统。采用潜望视周扫粗跟踪机构,其对准精度不高 (因为它采用低增益天线,允许降低精度),并采用被动减振机构,对平台的高频振动进行抑制,进而极大减小对于跟踪伺服宽带的要求。

3) 十字跟踪架式机构

十字跟踪架式机构经常应用于链路距离较远的激光通信系统。望远镜伺服机构仅让望远系统进行万向伺服,系统中的其他部分固定不动。因为望远系统直接引起视轴的移动,所以它相对于平面镜伺服机构,易于实现轻量化设计。这种结构易于实现半球甚至更大立体空间扫描和指向。为了保证系统中其他部分固定,需要将光束从横轴引出,并且伺服转台应该有 Coude 光学单元进行中继,以保证望远系统可在方位和俯仰两维度进行自由运动。

4) 光学基台伺服机构

将光学基台整体或大部分进行伺服也是一种主要的伺服机构。因为光学基台包括通信发射、接收光路、粗精复合轴 PAT 光路,其上集成有大量的光学、机械、电子关键元器件和精密固定机构,所以其质量和转动惯量较大。为了提高伺服带宽和谐振频率,这种系统比较适合应用于光学口径较小的激光通信系统 (5in[①]以内)。由于伺服转台的负载–光学基台包含有电子探测和处理单元,需要用线缆进行信号联系和功率驱动,线缆的扰动力矩和线缆的可靠性需要重点设计。另外,对于短程大气激光通信系统,由于捕获和粗信标的束散角和视场与通信发收不能共用同一望远系统,或者为了对收发光束进行物理隔离,通常采用多口径发射和接收,对于

---

① 1in=2.54cm。

这种激光通信系统也常采用此种伺服机构。

2. 粗跟踪探测单元

系统在粗跟踪探测过程中，需要注意以下单元性能。

(1) 波长。由于粗跟踪是主动对信标光进行跟踪的，所以要注意信标光的波长要与粗跟踪的探测光谱相适应。对于单探测器复合轴来说，粗跟踪的过程选用的是大视场、低帧频的 CCD 探测器，其波长的范围在 800nm 左右，为了更好地探测信标光，信号选用 800nm 的激光源更理想。

(2) CCD 帧频。系统检测光斑及对其电子处理需要一段时间，这段延迟时间会影响系统的稳定性以及限制带宽，为了减小延迟时间需要对 CCD 帧频进行提高，当 CCD 的帧频是粗跟踪伺服的 10 倍以上时，相位裕量大约只变化 3°，故需提高 CCD 的帧频。而帧频过高会增加动态滞后误差和平台振动残差。

(3) 空间分辨率及信噪比。粗跟踪是对光斑进行追踪，并使其在视场范围内，为了更快、更准地检测到光斑，通常选用大面阵 CCD 探测器，而光斑检测误差也是粗跟踪的重要误差源，所以使用高分辨率的大面阵 CCD 是减小误差源最有效的方法。探测器在两个跟踪阶段对帧频及积分时间的要求完全一样，故对信噪比有以下两点：一是捕获时要达到探测的概率范围。例如，虚警率达到千分之一，信噪比达到 12.5dB，具体计算在此不再赘述。二是跟踪时要达到光斑的精度要求。由于是主动跟踪系统，因此在功率及大小上都要有高精度的光斑分辨率。在粗跟踪方面，分辨率要达到 10μrad，足以满足脱靶量的需求精度，故此影响较小不用再细分。

3. 精跟踪伺服机构

精跟踪伺服机构由振镜和振镜驱动器两个部件组成。它是一种光束精密跟踪技术手段，与含有大惯量的底座支架主轴系统共同构成复合轴跟踪系统，主要用于抑制主轴系统的跟踪误差、平台抖动以及大气干扰的影响。振镜驱动器由跟瞄执行机构及其驱动器组成。在激光通信精跟踪系统中，跟瞄执行机构可以选用摆动电机、音圈电机 (VCM)、液晶器件或压电陶瓷。

摆动电机采用交流电控制，其基本结构由定子、永磁转子和激励线圈等部件组成，广泛应用于光学成像、精密定位及跟踪等系统。它具有稳定性好、重复精度高以及定位精度较高等优点，但存在质量大、响应慢等问题，无法满足空间光通信精跟瞄装置的要求。

音圈电机是把电信号转变为线性位移的直流电动机，其基本结构主要由磁钢、线圈、运动体和簧片等部件组成。它具有噪声低、结构简单、维护方便、响应快等优点，而且没有转动机械磨损，广泛应用于磁盘机、CD 机以及其他精密定位系统中，但在谐振频率和精度等性能方面劣于 PZT 压电陶瓷。

电磁振镜是基于电磁原理，通过改变线圈中电流的大小来产生电磁力控制平台精密微位移，广泛应用于光束控制、稳像以及自适应光学等领域中。它具有大动态范围和高伺服带宽等优点，但电磁铁中始终存在电流，以致器件发热影响系统精度和稳定性。

液晶器件 (LCD) 可以实现光束扫描、偏转和控制等功能要求，但其缺点是响应慢和带宽窄。

压电陶瓷利用固态晶体的压电特性来实现超精密定位和微位移控制的功能。它具有体积小、功耗低、位移分辨率高及重复性好、响应快、精度高、推力大、换能效率高、不发热以及采用电场控制等优点。考虑移动平台 (尤其星载设备) 的特殊要求，PZT 压电陶瓷振镜是高精度跟瞄和微位移控制技术中比较理想的执行器件。

4. 精跟踪探测单元

空间光通信链路 PAT 子系统所使用的光束跟瞄探测器件是具有位置敏感特性的光电探测器。目前它主要分为四象限探测器件、雪崩光电二极管、互补性氧化金属半导体和位置敏感器件。光电探测器把接收天线系统收集的传输光在光电探测器光敏面上形成聚焦光场，光信号通过探测器转换为输出电信号，其大小与入射光强度和探测器的响应性能有关。因此，光电探测器的种类和特性对 PAT 子系统性能指标有重大影响。

位置敏感器件 (PSD) 的基本结构是在一维或二维方向上形成均匀分布电阻的光电二极管，其工作机理是基于半导体 PN 结的横向光电效应。它是一种对入射到探测光敏面上的光斑位置敏感的光电器件，其输出电信号与光斑在光敏面上的位置相关。PSD 具有分辨率高、灵敏度高、响应快、稳定可靠等优点，而且能够连续地检测入射光斑的位置和光强，表面无死区、无须扫描，处理电路相对简单。但温度漂移、非线性误差、光源能量分布及尺寸等因素对 PSD 定位特性影响严重。由于 PSD 分辨率与其探测器光敏面大小有关，因此在空间光通信链路设计时难以同时兼顾大接收视场和高空间位置分辨率两者的要求。

四象限探测器 (QD) 是利用内光电效应制作的光电探测器件，其工作机理基于光生伏特效应，是应用最为广泛的定位探测器。光生伏特效应是光照使非均匀半导体或均匀半导体中光生电子和空穴在空间分离而产生的电势差现象。它的基本结构是把四个性能完全相同的光电二极管阵列按照直角坐标系四个象限排列而成，象限之间的分割带被称为死区，其较窄的尺度在制造工艺上有严格要求。由于探测器每个象限输出的电流强度与该象限探测器光敏面接收的光能量多少一致，因此当光斑照射到四象限探测器光敏面上时，各象限将分别输出相应的电流。四象限探测器响应时间短，灵敏度很高，主要应用于位置检测、光学定位以及距离探测等领域。在实际应用中可以获得入射光斑的连续位置信号，具有很高的空间分辨率。它还与四象限探测定位算法和误差信号的精度有关。但由于材料和制造工艺的差异，四个象限并非具有严格的一致性，同时光敏面死区、光斑大小、光束强度及其漂移给四象限探测器的分辨率和精度造成明显的影响。

雪崩光电二极管基于电离碰撞效应而对光生电流起到内部放大功能。它具有暗电流小、低噪声、快响应、高灵敏度、高带宽以及低造价等优点，主要应用于激光测距、分析仪器以及弱光探测等领域。

CCD 探测器是由若干电荷耦合单元组成，用以完成信号电荷产生、存储、传输和检测的器件。它具有高灵敏度、高分辨率、高帧频、低噪声以及动态范围宽等优点。探测器光敏面上每个像素的电荷通过有限个输出节点 (通常仅仅一个) 转换成电压，缓冲，作为模拟信号被送出芯片。所有像素都可用于光捕获，并且输出一致性高。目前 CCD 发展非常成熟，具有高灵敏度、高分辨率、高帧频、图像质量好、噪声低以及动态范围宽等优点，已经逐步发展成为图像传感器的主导产品。但 CCD 相机与通常集成电路生产工艺互相不能兼容，并且过程复杂，成本价格也很高，另外 CCD 传感元件和信号处理电路不能集成在同一芯片上，造成了由 CCD 器件制成的图像采集系统体积大、功耗大等缺点。高分辨率 CCD 相机的像素数增多，导致势阱可以存储的最大电荷量减少，因此动态范围较小。高集成度的光敏单元能够获得高分辨率，但光敏单元尺寸的减小将造成灵敏度降低。互补型氧化金属半导体 (CMOS) 探测器是输出数字量，通常包括功放、滤波和数字采样量化，但像素之间差异性较大。这些其他功能增加了设计复杂度，减少了光捕获的现有面积，但提高了系统集成度。CMOS 图像传感器的高度集成化减小了系统的复杂性，根据实际需要，可以将 CCD 图像传感器的全部电学功能集成在一块芯片上，减少了制造成本，比 CCD 响应速度快，简单而快捷地读出及处理获得的图像信息，能够设计出更灵巧的小型成像系统，它还具有单电源供电、比常规 CCD 功耗低、可以与其他的 CMOS 电路工艺兼容、对图像局部像素的随机访问等优点。

8.4　光学分系统

8.4.1　光学分系统类型

光学系统是星载激光通信终端的主体部分，它要完成的任务是将信号光和信标光发向目标卫星终端，并接收目标卫星终端传来的激光。光学系统要保证快速建立通信链路，并能维持稳定可靠有效的通信状态，系统设计必须适合于空间环境要求，结构应满足小型、轻量、简单，并要考虑克服大气环境对传输光束的干扰。根据上述要求，目前常用的光学系统有共口径光学系统和多子口径光学系统。

1. 共口径光学系统

为实现卫星的小型、轻量,卫星激光通信系统通常采用共口径光学系统结构。图 8.37 所示的空间光端机原理示意图就是采用了共口径光学系统。光学系统采用卡塞格林望远单元。

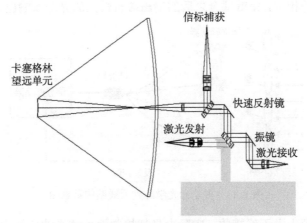

图 8.37 空间光端机原理示意图

共口径光学系统原理图如图 8.37 所示,采用卡塞格林天线后接分光光路的结构形式,将激光发射、激光接收、信标捕获子系统整合在一起,具有小型化、高性能的特点。

典型的空间激光通信系统为双工通信,每个终端都具备发射和接收的能力,所以通信分系统需要分配两个波长。另外,高精度精密跟踪需要主动信标光发射,对于双端闭环跟踪单元,信标光的发射和信标光的探测也需要分配两个波长。

光学天线后接有三路子光路,分别为信标捕获、激光发射和激光接收子光路。三路子光路共用卡塞格林望远单元实现收发,提高视轴一致性,达成轻小型设计。

系统采用双色分光片实现收发分离,采用部分分光片实现信标光路和信号光路分离。通信和信标光源采用光纤出射,便于出射光的匀化整形,同时将热功耗较大的激光器远离光学元件,避免产生的温度梯度影响光学系统,也有利于整个体积的轻小型化。

2. 多子口径光学系统

大气自由空间光通信受大气介质随机变化的影响,光束传输质量劣化,尤其在出现湍流大气时,到达接收机的光场可能出现碎裂、涡旋等随机分布,光学接收天线接收到的光能量衰减严重,信号出现衰落,信噪比下降。一种有效的解决方案是采用多口径光学天线光链路,改善光场接收效果。

图 8.38 为多单元光学阵列天线结构示意图。入射光束由阵列光学天线接收,

之后，使用移相器和耦合器等光学元件对光信号进行处理合并，使天线的输出信号的信噪比最大。各个子透镜的位置不同，并且各路光信号的光程不同，所以耦合时的初始相位不同，并且随大气湍流的影响各路光束的相位差还会随机波动。在光路中加入移相器的目的就是随时调节各路光信号之间的相位差，经过耦合后，各路光信号具有相同的相位，使得耦合之后的输出端有最大的光功率输出。

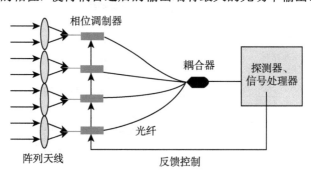

图 8.38　多单元光学阵列天线结构示意图

采用多口径光学天线接收，实际上是把接收面上的光波分解为几个比较小的波束，通过移相使各个波束的相位一致，使信号强度不随相位变化，从而改善了信噪比。

为了得到最大的分集增益，各子天线接收到的信号应独立统计，互不相关，因而各子孔径天线的距离应尽可能远。但是各天线接收到信号的相关性越大，信噪比提高越多。二者之间存在矛盾，在设计时需要考虑这种关系。

根据 Kolmogorov 理论，在接收孔径面的相干尺度为

$$R_0 = \left[0.423k^2 \sec\varphi \int_0^L C_n^2(z)\mathrm{d}z \right]^{-3/5} \tag{8.60}$$

其中，$k = 2\pi/\lambda$ 是波数；C_n^2 是大气折射率结构常数；L 是路径总长度；z 是沿积分路径的变量；φ 是积分路径与水平面法线的夹角。在实际应用中，根据 R_0 的值，设计透镜单元的尺寸和各个接收天线间的距离，使得光学系统满足所需的分集增益和信噪比指标。下面分析多口径接收天线的信噪比性能。

以 5 个子孔径的阵列天线系统为例，其中 1 个在中间，另外 4 个放在它的四周，距中央透镜的距离为 15mm，透镜直径为 10mm，透镜焦距为 5mm。如图 8.39 所示。

设入射光为高斯光束，光斑直径为 10cm。设各支路的噪声平均功率相等，$n_k = n_0$。信号功率为 $P_k = A_k^2$，A_k 为第 k 个输入端的复振幅，暂不考虑光强的波动，可以得到 $P_1 = P_2 = P_3 = P_4$，$P_1 = 0.61P_0$ (P_0 为中央透镜接收到的光功率)，耦合器

可采用 Y 型耦合器级联的形式，先将周围 4 个透镜的光功率耦合后，再与中间透镜的光功率耦合，如图 8.40 所示。可以得到，耦合之后总的输出功率为

$$\boldsymbol{E} = [(\boldsymbol{A}_1 \cos\varphi_1 + \boldsymbol{A}_2 \cos\varphi_1)\cos\varphi_3$$
$$+ (\boldsymbol{A}_3 \cos\varphi_2 + \boldsymbol{A}_4 \cos\varphi_2)\cos\varphi_3] \times \cos\varphi_3 + \boldsymbol{A}_0 \sin\varphi_4$$
$$\boldsymbol{P} = \frac{\sqrt{P_1}\,|\boldsymbol{A}_1| + \sqrt{P_2}\,|\boldsymbol{A}_2| + \sqrt{P_3}\,|\boldsymbol{A}_3| + \sqrt{P_4}\,|\boldsymbol{A}_4| + \sqrt{P_5}\,|\boldsymbol{A}_5|}{(P_1 + P_2 + P_3 + P_4 + P_5)^{1/2}} \tag{8.61}$$

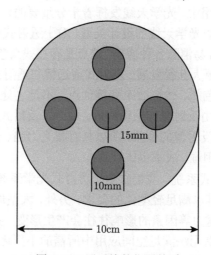

图 8.39 子透镜的位置关系

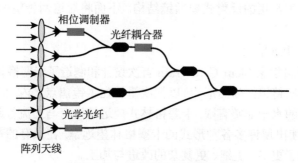

图 8.40 光束通过耦合器合束

由于噪声的非相干性，耦合器的各输入端口的噪声功率都为 n_0，则每个输出端口的噪声功率也为 n_0。耦合之后的信噪比为

$$\mathrm{SNR} = \frac{|\boldsymbol{E}|^2}{n_0} = \frac{|0.42\,(|\boldsymbol{A}_1| + |\boldsymbol{A}_2| + |\boldsymbol{A}_3| + |\boldsymbol{A}_4|) + 0.54\,|\boldsymbol{A}_0||^2}{n_0} \tag{8.62}$$

对于单接收天线，入射光经过光学天线后的幅度和噪声取值分别为 $|\boldsymbol{A}'_m| =$

$2.2\left|\boldsymbol{A}_0'\right|$，$n' = 5n_0$，其信噪比为

$$\text{SNR}' = \frac{\left|\boldsymbol{A}_m'\right|^2}{n'} = \frac{\left|2.2\boldsymbol{A}_0'\right|^2}{5n_0} \tag{8.63}$$

8.4.2　光学分系统构成

1. 光学望远单元

在星载激光通信应用中，光学天线发挥着十分重要的作用。透射式、反射式和折反射组合式等都可作为光学天线的设计类型。对于透射式系统来说，加工球面透镜较容易，通过增加镜片易消除各种像差，缺点是存在残余色差、光能量损失较大、口径不能太大，无法向更大孔径发展。反射式望远镜与透射式相比具有大口径、质量轻、光能损失小、无色差、传输效率高等优点。不足之处是存在中心遮拦现象。折反射组合式光学系统由反射镜和透镜构成，结合了反射式和透射式系统的优点，用补偿透镜来校正球面反射镜的像差，所以具有集光力强、像差小的优点。但缺点是系统体积较大，加工困难，成本也比较高。

对比透射式和反射式系统，我们知道，透射式光学系统往往需要使用多种材料、多个镜片，越来越难以满足轻型化的要求。另外，大型玻璃镜片不但难于加工和装调，而且受其自身重力等因素的影响往往会产生形变，从而影响系统的成像质量。所以透射式系统逐渐无法满足空间应用中所需的小型化、轻量化的要求。反射式系统已成为大口径空间光学系统的一个首选类型，其中卡塞格林反射式和离轴三反反射式是两种常用的反射式望远镜结构。下面将对这两种望远镜结构进行详细介绍。

1) 卡塞格林望远单元

1672 年法国科学家 Sieur Cassegrain 首次设计和制造了卡塞格林式望远镜。卡塞格林望远镜的次镜镜面为凸形，可以把次镜放在主镜焦点之内，但当时对于曲面镜片加工和测试的水平非常有限，卡塞格林式望远镜没有马上流行起来，前后经过了百余年，才陆续出现许多各种形式的卡塞格林望远镜，在原有的基础上，卡塞格林望远系统得到了更多、更细、更复杂的改进与加工。

随着科技的发展，卡塞格林系统的各结构的完善，在科学领域的各个领域都得到了广泛的应用，随之，又出现了各类改进、加工型的卡塞格林系统，即带有折射元件的卡塞格林望远镜。例如，加施密特校正板的卡塞格林望远镜、Maksutov 卡塞格林望远镜等。

经典的卡塞格林系统结构如图 8.41 所示。它只能消除球差，主镜是抛物面，次镜为双曲面，主镜的焦点和次镜的焦点重合。由于主镜的面形系数 $e_1^2 = 1$，代入消球差公式可得

$$e_2^2 = \frac{(1-\beta)^2}{(1+\beta)^2} \tag{8.64}$$

其中，$\beta = \dfrac{\text{系统焦距}}{\text{主镜焦距}}$，是副镜放大率。从上式可知，副镜的偏心率与副镜放大率有关。卡塞格林系统的副镜是凸面，并且将主镜焦距放大，故 $\beta < -1$。当 $\beta < -1$ 时，e_2^2 恒大于 1，故卡塞格林系统的副镜是凸的双曲面。卡塞格林系统的彗差系数计算方法为

$$S_{\mathrm{II}} = \frac{1-\alpha}{\alpha}\left[\frac{\alpha\,(1+\beta)^3}{4\beta}e_2^2 - \frac{\alpha\,(\beta-1)^2\,(\beta+1)}{4\beta}\right] - \frac{1}{2} = -\frac{1}{2} \tag{8.65}$$

其中，$\alpha = \dfrac{\text{次镜焦距}}{\text{主镜焦距}}$。由式 (8.65) 可知，卡塞格林系统的彗差系数恒为 $-\dfrac{1}{2}$。此系统的优点是：可用波段范围较宽；光学结构简单；无色差；口径可以做得较大。它的不足之处是：要获得良好的像质，必须以牺牲视场为代价；存在次镜遮挡，损失能量。

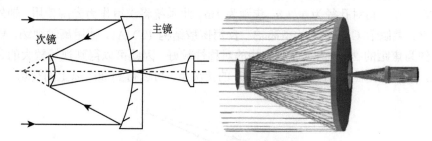

图 8.41 经典的卡塞格林系统结构

2) 离轴三反望远单元

三反射式消像散系统是近年来长焦距空间光学系统设计使用最多的类型之一，其结构简单，仅由三块反射镜组成。在多光谱范围条件下，无色差的影响。三反系统的分类方式也很多，按照结构不同，三反射式消像散系统可以分为同轴三反系统和离轴三反系统两类。离轴三反射光学系统可以在可见光到长波红外的宽波段中工作，并具有大视场、无中心遮拦等优点。近年来在空间遥感、大视场宽波段辐射测量等领域得到了实际应用，成为空间光学系统的重要发展方向。这里将对离轴三反望远单元做详细介绍。

离轴三反系统可以按照结构、是否具有中间成像和光角度分配进行不同的分类。按照结构形式进行分类，离轴三反系统可分为孔径离轴、视场偏置和孔径离轴视场偏置三种。

孔径离轴三反系统如图 8.42 所示，其光阑的位置很灵活，可以放置在主镜前

或主镜上, 也可放在次镜上。放在主镜之前可以得到所需要的外型尺寸安排和实出瞳位置, 利于消杂光; 光阑放在次镜上, 类似于经典的 Cooke 三片系统。

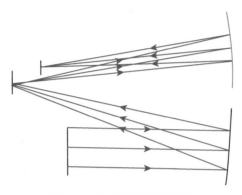

图 8.42   孔径离轴三反系统

视场偏置离轴三反系统如图 8.43 所示, 该结构是由 Santa Barbara 研究中心设计的用于线阵 CCD 推扫成像的离轴三反系统, 三个面均为高次非球面, 视场角为 $15° \times 0.6°$、相对孔径为 $1/4.5$、焦距为 1m, 此系统将次镜作为光阑使用, 轴外视场偏置, 类似于 Cooke 三片型离轴三反消像散结构 (TMA)。使用离轴视场, 轴向尺寸约为焦距的 $2/3$, 由于此种结构的对称性较好, 因此可以得到视场较大的离轴系统, 在相对孔径为 $1/10$、焦距为 1m 的情况下, 可以得到 $30°$ 以上的视场。

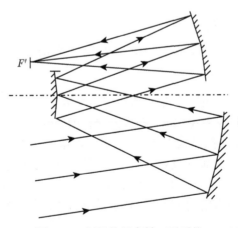

图 8.43   视场偏置离轴三反系统

孔径离轴同时视场偏置, 如图 8.44 所示, 这类系统在长焦距 (10m) 时, 视场可达到 $3°$ 左右。

从有无中间像来分类, 实用的三反射镜系统可分为: 有中间像的三镜系统和无中间像的三镜系统。

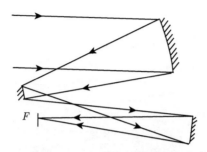

图 8.44 孔径离轴、视场偏置

有中间像的 TMA 三镜系统中，又可分为主镜成中间像的三镜系统 (图 8.45) 和主次镜成中间像的三镜系统 (图 8.46)。

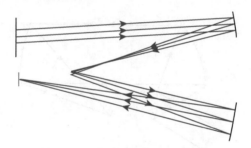

图 8.45 主镜成中间像的三镜系统

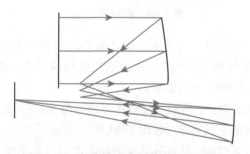

图 8.46 主次镜成中间像的三镜系统

无中间实像的 TMA 系统中，又可分为两种：主镜为凹面的三镜系统 (Cooke-TMA 型，图 8.47) 和主镜为凸面的三镜系统 (WALRUS 型，图 8.48)。对于 Cooke-TMA 结构，其总长/焦距之比在 0.5~1。若它的孔径光阑的中心在光轴上，并与次镜重合，并且从主镜到次镜的距离和从次镜到第三镜的距离几乎相等，则系统具有环形视场对称性。在视场小于 10° 条件下，它的成像质量更好。WALRUS 型类似于反摄远物镜，它的前两块反射镜形成一个 2× 的远焦系统，使得第三镜的视场可以缩小 0.5×, 从而这种结构可有较大视场 (如 30° 以上)。

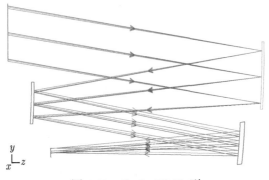

图 8.47   Cooke-TMA 型

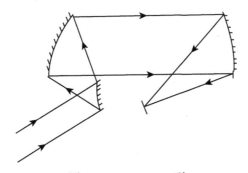

图 8.48   WALRUS 型

然而 WALRUS 型的第二镜到第三镜之间的距离相当大 (典型值是 3~4 倍焦距), 在空间用的高分辨率轻型相机, 不宜选用此结构形式。这两种结构的系统各有优缺点, 可以满足不同的应用要求。

从光焦度分配来分类, 实用的三反射镜系统可分为: 正–负–正分布的三反系统和具有负–正–正分布的三反系统 (称作 WALRUS 型)。

正–负–正的三镜系统中, 又可分具有中间实像的三反系统 (Rug-TMA) 和无中间实像的三反系统 (Cooke-TMA)。Rug-TMA 型有中间实像和实出瞳, 这利于抑制杂散光。缺点是加工和装调公差严于 Cooke-TMA。对于 Cooke-TMA 结构, 也包含两类: 虚入瞳的系统或实入瞳的系统。虚入瞳的 Cooke-TMA (图 8.49), 它的孔径光阑的中心在光轴上, 并与次镜重合, 并且从主镜到次镜的距离和从次镜到第三镜的距离几乎相等, 故主镜与第三镜尺寸相仿, 在视场小于 20° 条件下, 与具有实入瞳的系统相比, 它的成像质量更好。实入瞳的 Cooke-TMA (图 8.50) 只有在要求通过一个实窗口或指向镜去摄像时, 或者需要与前置光学系统的出瞳相匹配使用时才考虑采用。它的实入瞳 (即光阑) 在主镜前面, 三个反射镜依次增大。

负-正-正的三镜系统 (WALRUS 型) 类似于反摄远物镜, 也可以分为成中间像的 WALRUS 和无中间像的 WALRUS。对于有中间像的 WALRUS, 它的前两块反射镜形成一个 2× 的远焦系统, 使得第三镜的视场可以缩小 0.5×, 从而这种结构可有很大视场 (如 30° 以上)。然而 WALRUS 型的第二镜到第三镜之间的距离相当大 (典型值是 3~4 倍焦距)。

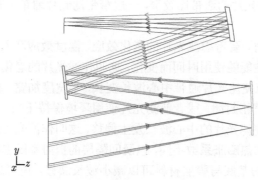

图 8.49　虚入瞳的 Cooke-TMA 系统

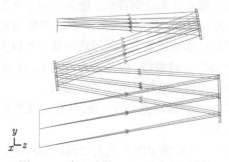

图 8.50　实入瞳的 Cooke-TMA 系统

2. 光学中继组件

1) 双色分光片单元

分光片能按照一定的要求和一定的方式把光束分成两部分。分光片主要包括波长分光片、光强分光片和偏振分光片等。其中, 波长分光片又称为双色分光片。

双色分光片按照波长区域把光束分成两部分。这种分光片可以是一种截止滤光片或带通滤光片, 所不同的是, 波长分光膜不仅要考虑透过光, 还要考虑反射光, 二者都要求有一定形状的光谱曲线。双色分光膜通常在一定入射角下使用, 在这种情况下, 由于偏振的影响, 光谱曲线会发生畸变, 为了克服这种影响, 必须考虑薄膜的消偏振问题。对双色分光片的要求主要有以下几个方面:

(1) 透射区的透射率和反射区的反射率要尽可能高;

(2) 光谱曲线越接近矩形越好, 即曲线在过渡区越陡越好, 当光束倾斜入射时偏振效应小, 即 P 偏振与 S 偏振的光谱曲线尽可能重合;

(3) 透射区和反射区的宽度满足要求。

2) 窄带滤光片单元

窄带滤波器只允许指定波段的光信号通过, 偏离该波段的光信号被抑制。与中心波长相比, 窄带滤光片的通带比较窄, 一般窄带滤光片通带半宽度与通带中心波长之比小于 20%。

在使用滤光片时, 要考虑滤光片的老化效应、温度效应和入射角效应。

滤光片的光学性能随使用时间而变化, 这叫作滤光片的老化效应, 也叫作滤光片的时效。老化效应使滤光片通带中心波长变长, 半宽度加宽。减小老化效应的一个办法是把滤光片严格封闭, 或者使滤光片使用环境保持干燥。

温度变化也会使滤光片的中心波长发生偏移, 这叫作滤光片的温度效应。该效应是由基底与膜层的热膨胀系数不同, 以及间隔层的折射率随温度变化引起的。选用热膨胀系数一致的基底与膜层材料可以减小波长漂移, 还可选用温度稳定性好的间隔层材料来减小这一效应。

随着入射角的变化, 滤光片的透射波长、透射率和半宽度都发生变化。一般来说, 入射角加大, 中心波长短移, 透射率变低, 而半宽度加宽, 这叫作滤光片的入射角效应。半宽度越窄这种影响就愈大。利用这种效应可以弥补老化效应, 以及温度效应引起的滤光片中心波长的漂移。但是若角度太大, 滤光片的特性就会无法达到使用要求, 所以实际应用时, 偏角多限在 10° 以内。

窄带滤光片主要有空气间隔层滤光片、金属–介质滤光片、全介质滤光片和固体间隔层滤光片四种结构。

法布里–珀罗 (F-P) 标准具最初的形式是由两块相同的、间距为 d 的平行反射板组成的, 结构如图 8.51 所示。两板反射膜面的平面度要求很高, 一般要达到 1/20 到 1/100 波长, 同时还要保持严格的平行。反射膜一般为金属膜, 间隔层为空气。对于平行光线, 除了一系列按相等波数间隔分开的很窄的透射带以外, 其余所有波长的透射率都很低。它常用来测量波长相差非常小的两条光谱线。这种结构形式就是带通滤光片的基本形式。其他各种滤光片只是间隔层和反射膜不同, 基本的结构形式并没有变。图 8.51 所示法布里–珀罗标准具间隔层一般为空气、介质薄膜、固体材料 (熔融石英或云母), 反射层一般为金属膜或介质膜, 这几种间隔层与反射膜的不同组合就构成不同的滤光片。

对于最初的金属–空气滤光片, 它的反射膜为金属膜, 间隔层材料是空气。其金属反射膜吸收较大, 所以峰值透射率较低; 而空气间隔层一般很厚, 干涉级次很高, 自由光谱范围很小, 光学和物理性质不稳定, 易受周围环境的影响, 温度稳定性也不高。一般用在要求不高的场合。

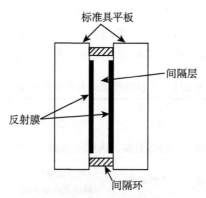

图 8.51 法布里–珀罗标准具

金属–介质滤光片是在介质薄膜的两边镀金属反射膜来形成 F-P 滤光片。其介质膜间隔层的厚度很薄,干涉级次比空气间隔层的要小得多,一般干涉级次低于三级。若薄膜间隔层的厚度超过第四级次,就开始显得粗糙,这种粗糙会展宽通带,压低峰值透射率,使得高级次应用完全失去其优越性。金属反射膜一般是 Ag 膜,优点是其反射带宽很宽,使这种滤光片透射带两边的截止带很宽。但是金属反射膜的吸收较大,所以这种滤光片的峰值透射率不高,一般有 35%~40%,而且反射率也不能做得很高,这使得半宽度也不能做得很窄,限制了滤光片性能的提高。如果用多层介质反射膜代替金属反射膜,则可极大地提高 F-P 滤光片的性能。

全介质滤光片的反射膜与间隔层全部通过镀制介质薄膜形成,它的间隔层干涉级次一般也不能高于三级。要减小它的通带半宽度,只能提高间隔层两边反射层的反射率,这可以通过增加反射膜层数来实现,其通带半宽度可以做得比金属–介质滤光片的更窄。但是,增加反射膜的层数会增加膜层的吸收和散射损耗,从而降低峰值透射率,而且增加了镀制难度和成本。因此用提高反射率来压缩半宽也是有限制的。同时介质反射膜的反射带宽比金属膜要小,所以该滤光片透射波长两边的截止带比金属–介质滤光片要小一些。

固体腔滤光片的间隔层是由固体材料通过一定的加工工艺制成的,材料一般选用熔融石英。这种材料线膨胀系数小,温度稳定性好,材料易得,容易加工。反射层采用介质薄膜。这种滤光片间隔层可以做得比较厚,也就是其干涉级次比全介质滤光片高很多,这就可以发挥高干涉级次的优越性,可以在不提高反射膜反射率的情况下压缩半宽,因此固体腔滤光片可以实现高透射率的超窄带滤波,十分适合作要求半宽很窄的密集型光波复用 (dense wavelength division multiplexing, DWDM) 滤光片,它的透射率也可以做到 90% 以上。而且它的温度稳定性好,镀膜的难度低。但是提高间隔层的干涉级次会使主级次透射带两边出现很多透射带,各级次透射带之间的波长间隔 (也就是自由光谱范围 (FSR)) 也会变小, 这是它的一个缺点。因此也不能一味地提高间隔层厚度, 应在设计和使用时考虑实际的使用要求, 在要求的范围内选取适当的间隔层干涉级次。但对多固体腔滤光片来说, 若其各腔的干涉级次不同, 会有效增加自由光谱范围。表 8.1 是对这几种滤光片的比较和总结。

表 8.1　几种窄带滤光片的比较和总结

类型	间隔层材料	反射层材料	优点	缺点
空气间隔层滤光片	空气	金属反射膜	容易加工制作	精度不高, 温度稳定性不好
金属–介质滤光片	介质薄膜	金属反射膜	通带两边的截止带最宽	峰值透射率不高, 半宽度较大, 温度稳定性不高
全介质滤光片	介质薄膜	介质薄膜	半宽度很窄, 峰值投射率较高	镀膜难度高, 成本高
固体间隔层滤光片	固体材料 (熔融石英)	介质薄膜	峰值透射率高, 半宽度极窄, 温度稳定性好, 镀膜难度低	固体间隔层加工精度要求高, 自由光谱范围小

3) 高效光纤耦合单元

光纤耦合器是激光在自由空间和光纤中传输的纽带, 衔接了自由空间光传输技术和光纤传输技术, 光纤耦合系统隶属于空间光通信天线系统。其系统结构框图如图 8.52 所示。光纤耦合器在空间光通信中的功能是: 发射端将载有信息的光纤信号耦合进入光学天线, 实现光信号的发射; 接收端将光学天线接收到的空间光信号耦合进入光纤介质中, 运用光纤通信技术, 便于信息的传输和处理。

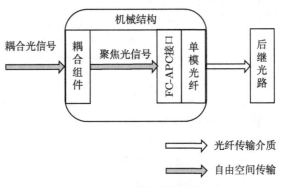

图 8.52　系统结构框图

光纤耦合系统由 4 部分构成: 耦合组件、单模光纤、光纤接口和调节机制。聚焦透镜被封装在耦合组件上, 耦合组件、光纤接口和调节机制被固定在机械结构上。

光纤耦合的原理框图如图 8.53 所示。在空间光通信中, 激光信号经接收光学天线进入整形系统之后, 得到的激光束的光束质量比较高, 可以视为准平行光束,通过聚焦透镜严格聚焦后,在透镜的后焦面上形成艾里斑衍射图样,通过透镜在聚焦面上得到了经过傅里叶变换的艾里斑模场分布,单模光纤在聚焦面上进行光束导入。在聚焦面上形成的艾里斑如图 8.54 所示。

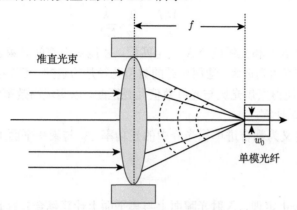

图 8.53 光纤耦合的原理框图

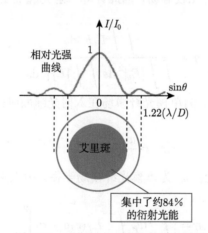

图 8.54 聚焦面上形成的艾里斑图样

耦合的基本原理是模式匹配,即艾里斑模场与单模光纤模场之间的匹配。下面对二者匹配做详细介绍。

(1) 模式匹配理论。

光束在光纤中传输受到光纤数值孔径的限定,光纤数值孔径表示为

$$\mathrm{NA} = \sqrt{n_1^2 + n_2^2} \approx n_1\sqrt{2\Delta} \tag{8.66}$$

光束在透镜系统中传输受到透镜数值孔径的限定,透镜的数值孔径为

$$\mathrm{NA} = \frac{D/2}{f} \tag{8.67}$$

其中，n_1、n_2 为光纤芯层和包层的折射率；D 为透镜通光孔径；f 为透镜的焦距。激光束通过耦合透镜进行聚焦，在焦平面上的分布仍呈高斯状分布，根据光束空间传输特性，焦平面上光斑的模场大小表示为

$$d = \frac{4\lambda f}{D} = \frac{2}{\pi} \cdot \frac{\lambda}{\mathrm{NA}} \tag{8.68}$$

耦合透镜的 NA 和光纤的 NA 完全匹配，才能实现空间光束的理想耦合，使耦合效率的理论值达到最大。通用光纤的数值孔径是约定的，可以控制调节耦合透镜的通光孔径，使得聚焦光斑与光纤数值孔径匹配，以实现高效率的光纤耦合。

(2) 耦合效率计算。

耦合效率定义为耦合进单模光纤中的光功率 P_c 与聚焦平面上接收的光功率 P_a 之比：

$$\eta = \frac{P_c}{P_a} \tag{8.69}$$

根据 Parseval 定理，入射光瞳面上与焦平面上计算耦合效率是等效的，由于入射光瞳面上的计算相对比较容易，因此计算入射光瞳面上的耦合效率 η 的计算方法如下：

$$\eta = \frac{\displaystyle\iint E_i E_f^* \mathrm{d}s}{\displaystyle\iint |E_i|^2 \,\mathrm{d}s \iint |E_f|^2 \,\mathrm{d}s} \tag{8.70}$$

其中，E_i 为入瞳光场；E_f 为单模光纤模场在入射光瞳面时的等效模场，分布呈高斯形式：

$$E_f(r) = \frac{w_0\sqrt{2\pi}}{\lambda f} \mathrm{e}^{-r^2 \left(\frac{\pi w_0}{\lambda f}\right)^2} \tag{8.71}$$

式中，f 为光学系统焦距；w_0 为单模光纤模场半径。由上两式可以得到耦合效率的计算方法为

$$\eta = \left| \int_0^{2\pi} \mathrm{d}\varphi \int_0^\infty E_f(r) g(f) \mathrm{d}r \right|^2 \tag{8.72}$$

式中，孔径函数 $g(r)$ 为

$$g(r) = \frac{1}{\sqrt{\pi}D} \mathrm{circ}\left(\frac{r}{D}\right) \tag{8.73}$$

由式 (8.72) 和式 (8.73) 可以得到

$$\begin{aligned}
\eta &= \left| 2\pi \frac{1}{D\sqrt{\pi}} \frac{\sqrt{2\pi}w_0}{\lambda f} \int_0^D \mathrm{e}^{-\left(\frac{\pi w_0}{\lambda f}r\right)^2} r\mathrm{d}r \right|^2 \\
&= 2 \frac{\left(1 - \mathrm{e}^{\frac{\pi D w_0}{2\lambda f}}\right)^2}{\left(\frac{\pi D w_0}{2\lambda f}\right)^2}
\end{aligned} \tag{8.74}$$

令

$$\beta = \frac{\pi D w_0}{2\lambda f} = \frac{\pi w_0}{\lambda} \frac{D/2}{f} \tag{8.75}$$

则式 (8.74) 可以化简为

$$\eta = \frac{2\left(1 - e^{-\beta^2}\right)^2}{\beta^2} \tag{8.76}$$

通过计算得出，$\beta = 1.1209$ 时，光纤耦合系统才能达到最大理论耦合效率 $\eta_{\max}$，代入式 (8.76) 得到最大耦合效率为

$$\eta_{\max} = 81.75\% \tag{8.77}$$

式 (8.77) 是在理想条件下准直光束耦合进入单模光纤的最大耦合效率。

4) 激光光束整形与耦合单元

由于半导体波导结构特点，线阵半导体激光器的输出光场在快慢轴两个方向上不对称，所以不能直接通过聚焦透镜直接校正。在许多应用场合中却都需要小而圆的聚焦光斑，即能量密度大，发散角小，所以需要对激光器输出的光束进行整形，实现输出光场的对称性和均匀性。典型的光束整形方法有光纤耦合整形、成像整形和台阶形反射镜整形，下面分别介绍上述三种整形方法。

在 1993 年，瑞士科学家 Th.Graf 设计了一种光纤耦合系统。如图 8.55(a)、(b) 所示，快轴方向是柱透镜整形方向，系统利用多模光纤耦合，其耦合效率为 67%。端面泵浦固体激光器一般就是采用光纤耦合系统校正的，一般采用的步骤如下：

(1) 用微型柱透镜压缩半导体激光器线阵快轴方向 (Y 方向) 较大的发散角，一般由 $40°$ 左右压缩至 $1°\sim5°$，使之远小于光纤的孔径角；

(2) 将出射后的光束与平端光纤一一对准，并且将光纤输出端面按照圆状排列；

(3) 最后采用组合透镜对 (2) 中的输出光束进行聚焦。

1997 年德国的 Rolf Gring 等利用如图 8.56 所示的系统对型号为 SDL-3450-S 的半导体激光器线阵进行整形，该线阵由 16 个激光发射单元构成。如图 8.56 所示。慢轴方向为图中 X 方向，快轴方向为图中 Y 方向，光束的传播方向为 Z 轴方向。整形步骤如下。

(1) 由于快轴方向发散角大，所以首先利用梯度折射率 (GRIN) 微柱透镜对 Y 方向进行准直，同时使其在 Y 方向发生偏转。

由于快轴方向 (Y 方向) 的发散角较大，所以各种整形方法的第一步一般都是对快轴方向 (Y 方向) 的发散角进行压缩，以使得对两轴方向同时压缩变换较为容易。

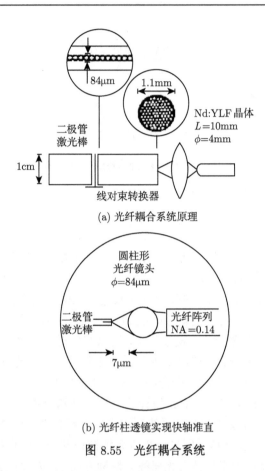

(a) 光纤耦合系统原理

(b) 光纤柱透镜实现快轴准直

图 8.55   光纤耦合系统

(2) 让出射光束通过消色散的双胶合透镜成像，使得各个出射光束在 X-Z 平面内发生偏转。

此双胶合透镜的作用相当于一个反偏器，使得经过 Y 方向准直后向 Y 方向偏转的光束同时向 X 方向偏转，在透镜的焦平面处，这些出射光束在 X 方向彼此重合，要使得此位置处的光束同时在 Y 方向分开，可以控制光束的偏转角度，这样我们就得到了一个近似方形的二维光场分布，通过上述方法整形的光束的对称性提高了。但是此时各子单元光束的传播方向都偏离了 Z 轴，还需要对光束的传播方向进行校正，使光束传播方向平行于主光轴。

(3) 要校正光束在 X 方向的传播方向通常采用闪耀光栅阵列 (透射式)，来使光束偏向 Z 轴。闪耀光栅阵列，由 N 个光栅层叠排列而成。它相当于一个反偏系统，当各光束通过它继续传播时，该系统使光束方向偏回到 Z 轴方向。

(4) 从 (3) 步中出射的光束再通过一个双胶合透镜来校正光束在 Y 方向的传播方向，同时对慢轴方向的光束进行准直。成像系统校正可以用于线阵半导体激

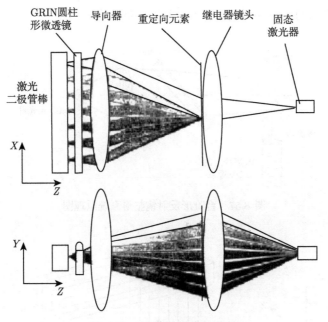

图 8.56 成像系统整形原理

光器光束整形中。经过这四步处理之后，各光束在快轴和慢轴方向都得到了准直，并且传播方向平行于 Z 轴，这样就可以形成一个发散角小的矩形截面的输出光场，可以用一个透镜把全部光束聚焦成一个极小的圆形光斑，从而改进光束的方向性、光斑的能量密度、光场的均匀性。

在 1998 年，德国的 Treusch 等科研人员利用台阶形反射镜系统对半导体激光器线阵进行整形。其整形步骤如下。

(1) 先用非球面微柱透镜对快轴方向 (Y 轴方向) 进行准直压缩，该透镜数值孔径高达 0.8，准直前快轴方向 (Y 轴方向) 的发散角为 40°，经过该系统处理后 Y 方向的发散角减小为 3mrad，且耦合效率高达 95% 以上，可见准直效果非常好。

(2) 再用两个由多个高反射率的镜面所构成的台阶形反射镜使输出光场对称分布。光束整形的原理如图 8.57 所示。

Treusch 等研究人员采用的台阶形反射镜系统是由 11 个反射面构成阶梯状排列的。如图 8.58 所示，各个台阶的深度和宽度均相同，为 1.1mm，第一个台阶形反射镜的各个反射面与慢轴方向 (X 轴方向) 成 45° 夹角，第二个台阶形反射镜的每个反射面都与快轴方向 (Y 轴方向) 成 45° 夹角。通过上述准直后的 Y 方向光束，被分割成 11 个子单元，并且被反射到快轴方向，出射的光束再经过第二个台阶形反射镜的处理后，传播方向与慢轴方向相同，并且各个光束截面旋转了 90°。通过上述处理的光束经过一段距离的传输后就得到如图 8.59 所示的输出光场，在图中可以观察到光场的对称性得到了提高, 光强分布更均匀。

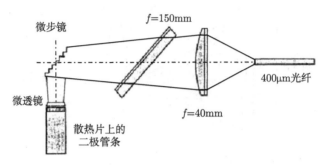

图 8.57　台阶形反射镜整形系统原理图

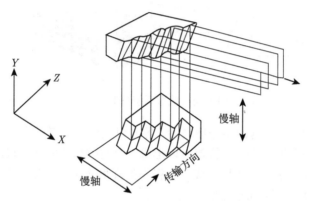

图 8.58　台阶形反射镜实现激光束的变换

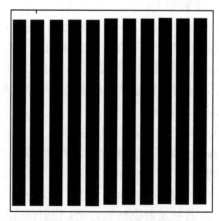

图 8.59　变换后的光场分布

(3) 再用一个柱透镜对慢轴方向 (X 方向) 进行准直。为了使准直柱透镜与光束传播方向成 45° 角，让第二个台阶镜的台阶形表面与光束传播方向也成 45° 夹角。如图 8.57 所示，通过上述变换后得到的输出光束经聚焦透镜后光斑直径小于 400μm，整个整形系统的能量传输效率为 71%，可以看出台阶形反射镜整形系统对线阵半导体激光器光束整形具有结构简单，工业上容易加工，且耦合效率较高的优点，因此该方法在实际中得到了广泛的应用。

5) 激光光斑成像单元

激光光斑的测量技术对于评价激光光束的各种性能参数起着重要作用。常采用光斑成像的方法测量激光强度分布。近年来，随着 CCD 成像技术快速发展，CCD 器件与 CCD 摄像机在现代光电子学和精密测量技术 (如尺寸测量、定位检测、天体观测等) 中的应用日趋广泛。用 CCD 测量光斑可及时获得光斑的二维扫描结果，是较理想的测量方法之一。

该方法的优点是非接触测量，系统结构简单，操作使用方便，空间分辨率较高；缺点是实现辐照度分布定量测量较难，较适合于光斑相对分布实时测量。按照被测激光波长是否在光学相机光谱响应范围内，光斑成像法应用可分为带内应用和带外应用两种方式。

带内应用是指被测激光的波长在成像系统光谱响应范围内。图 8.60 为带内漫反射成像法测量光斑强度分布。在激光远场光斑测量中，一般采用漫反射成像法，即被测激光聚焦照射在漫反射屏上，采用 CCD 相机摆在合适角度直接对漫反射屏上的光斑图像进行成像测量。测量时，要求漫反射屏具有较均匀的漫反射特性，且相机视轴与入射激光光轴不能有太大夹角 (一般不大于 20°)。由于入射激光功率密度太高时会对漫反射屏产生热损伤，从而导致光学特性变化，特别是对漫反射系数影响，因此，需要对入射光进行适当衰减。此外，漫反射成像法用于高重频脉冲激光测量时，由于 CCD 相机积分时间限制，给出的是多个脉冲的积分光斑图像。

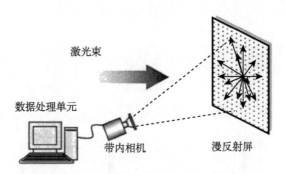

图 8.60　带内漫反射成像法测量光斑强度分布

带外应用是指被测激光的波长不在成像系统光谱响应范围内，如热图法是一典型例子。热图法测量原理是强激光辐照在特制的平面热屏板上，热屏板的前表面吸收强激光产生的热导致屏板表面温度升高，其温升信息采用工作光谱范围不包含激光波长的长波红外相机 (热像仪) 进行非接触测量，如果得知温升与入射激光功率的定标系数，可获得光斑空间分布信息。这种方法中由于热响应是一种较慢的积分过程，无法直接获得高分辨时间信息。应用中为减少前表面加热状态对测量的影响，通常用热像仪测量屏板后表面的温度场分布。同时，为了提高时间和空间分辨率，常采用相对较薄的热屏板或在前表面采用带内相机测量漫反射光斑图像进行复合法测量。

第9章　激光通信有效载荷与卫星平台适配技术

9.1　卫星姿态控制与检测精度

航天器的姿态控制包括姿态确定、姿态稳定控制和姿态激动控制。姿态确定就是研究航天器相对于某参数基准的方位或指向，进而获取姿态角参数，其精度取决于姿态敏感器和姿态确定算法的精度。姿态稳定控制是指航天器的姿态保持在其指定方向和指定值上。航天器在正常轨道运行时，由于受到内部和外部干扰力矩的作用，其姿态会偏离期望值。姿态稳定的任务是根据姿态确定的信息，利用合适的控制规律与执行机构，把姿态稳定在期望值附近。姿态控制的限制因素主要是敏感器、执行部件和控制电子装置的性能。根据飞行任务对指向精度、姿态稳定度的要求以及运行寿命的长短，采用不同的稳定方案，如重力梯度稳定、自旋稳定、双自旋稳定、三轴稳定等。姿态机动控制是使航天器从一个姿态过渡到另一个姿态的再定向过程。

一般说来，姿态控制系统应具备如下功能：① 姿态捕获，在星箭分离或在飞行程序中涉及构型突变时，消除其对航天器姿态的扰动，建立初始姿态；② 姿态确定；③ 姿态稳定和控制；④ 姿态机动；⑤ 航天器机动变轨时的姿态稳定和控制；⑥ 有效载荷及太阳电池阵等分系统部件的控制。

9.1.1　卫星的姿态稳定控制方法与姿态控制精度

姿态稳定控制系统保证航天器以预定的姿态精度保持在轨道上运行的功能。按姿态稳定方式可分为两种基本类型：被动稳定系统和主动稳定系统。这两种系统的结合又派生出半被动、半主动稳定系统等类型。

1. 被动稳定系统

航天器姿态被动稳定系统是利用自然环境力矩或物理力矩资源，如自旋、重力梯度、地磁场、太阳辐射压力力矩和气动力矩等以及它们的组合，来控制航天器的姿态。下面介绍几种典型的控制方式。

1) 自旋控制

利用航天器绕自旋轴旋转所获得的陀螺定轴性在惯性参考空间定向。这种航天器不具有控制自旋速度、再定向或使自旋轴进动的能力，自旋轴指向 (姿态) 精度只能达到 $10° \sim 1°$。

2) 重力梯度稳定

重力梯度稳定是指利用航天器各部分质量在地球引力场中受到不等的重力, 使绕圆轨道运行的刚体航天器的最小能量轴趋向于稳定在当地垂线方向。另外, 由于绕地球轨道运动时姿态参考坐标系在空间旋转, 所产生的惯性力矩与重力梯度力矩共同作用使刚体航天器的最大惯量轴趋向于垂直轨道平面。因此这种方式特别适用于要求航天器某一个面持续对地指向的任务。

3) 磁稳定

被动磁稳定一般通过在航天器上安装产生磁矩的永久磁铁或线圈来实现。由于航天器上的磁矩与地磁场相互作用, 便产生磁力矩, 使航天器的姿态在轨道上沿地磁场方向稳定, 或者作为其他用途的控制力矩。跟踪地磁场的稳定精度一般可达到 $3° \sim 1°$。

4) 气动稳定

航天器在轨运行时大气中气体分子与航天器表面碰撞将产生气动力和气动力矩。通过设计良好的航天器质量分布特性和航天器启动外形能使卫星姿态对迎面气流方向稳定, 称为气动稳定方式。由于气动力矩随大气密度而变, 纯被动的气动稳定只适用于低轨道, 一般在轨高度低于 50km 时才可行。

5) 辐射压稳定

航天器表面受到空间辐射源照射时, 入射光对卫星表面产生一静压力, 各处表面静压力的综合效应产生合成辐射压力和合成辐射压力矩。由于太阳辐射压与航天器到太阳的距离平方成反比, 因此对于地球轨道上的卫星来说, 辐射压力和辐射压力矩基本上与航天器轨道高度无关。

6) 组合被动稳定

把上述稳定方式适当地组合起来, 即构成组合被动稳定系统, 例如, 组合采用磁稳定和动力梯度稳定。组合被动稳定系统一般只在特殊情况下使用。

2. 主动稳定系统

航天器姿态主动稳定系统, 从控制原理上看, 就是三自由度的姿态闭环控制系统, 又称三轴稳定系统。姿态主动稳定系统是要消耗能源的, 故又称为有源控制。下面介绍典型的控制方式。

1) 轴喷气控制系统

以喷气发动机为执行机构的三轴稳定姿态控制系统是一种主动式零动量姿态控制系统。其主要优点是响应快、指向精度较高, 适用于在各种轨道上运行的有各种指向要求的航天器。这种系统的姿态控制精度可达到 $5° \sim 0.1°$。

2) 角动量交换装置

长寿命高精度的三轴姿态稳定航天器, 在轨道上正常工作时, 普遍采用角动量交换装置作为姿态控制系统的执行机构。采用角动量交换装置的姿态控制系统简称为轮控制系统。

3. 半被动稳定系统

航天器姿态的半被动稳定系统是利用一种被动稳定方式和一种动量交换装置组合在一起构成的。比较姿态被动稳定系统，它消耗少量的能源，却提高了姿态精度。下面介绍两种主要的典型。

1) 重力梯度加恒值动量飞轮

沿航天器的偏航轴设置具有端部质量的重力梯度杆，而俯仰轴上安装一个恒值动量的飞轮。重力梯度可实现俯仰和滚动两轴稳定，飞轮可实现偏航轴稳定，同时也改善了滚动轴的稳定性能。这种系统的姿态精度可达到 $5° \sim 0.5°$，适合于三轴稳定和对地定向航天器。

2) 重力梯度加陀螺力矩器

与前者不同的仅是沿滚动轴安装具有双转子组件的陀螺力矩器。陀螺力矩器改变其自旋轴和俯仰轴夹角产生控制力矩，达到消除偏航轴姿态角偏差的目的，同时还起着天平动阻尼器的作用。这一系统也适用于三轴稳定和对地定向的航天器，姿态精度可达到 $5° \sim 1°$。

4. 半主动稳定系统

航天器采用自旋稳定方式，并配置较少的姿态敏感器，实现控制某些姿态参数，即为半主动姿态控制系统。基本形式有两种。

1) 自旋稳定加控制系统

在自旋航天器上设置了姿态敏感器和控制用的喷气执行机构，因此航天器除具有自旋稳定的能力外，还可以对自旋速度、进动和姿态再定向进行控制。它的控制精度可达到 $1° \sim 0.1°$。

2) 双自旋稳定加控制系统

与前者不同的仅是在航天器的自旋体上加一个或几个消旋体。由于具有自旋体和消旋体两部分，故称为双自旋航天器。自旋部分具有被动姿态稳定功能。消旋体与自旋体转速相等，方向相反，二者之间由电动机驱动并实现速度、位置控制。这种姿态稳定方式，多用在早期的通信卫星上，它的姿态精度可达到 $1° \sim 0.1°$。

9.1.2 卫星姿态控制与检测精度

1. 自旋、双自旋卫星的姿态确定

自旋稳定卫星由于其简单可靠得到了广泛应用。自旋卫星绕其某一主惯量 (自旋轴) 旋转，当无外力矩作用时，依靠其旋转动量矩，自旋轴保持在惯性空间指向

不变。自旋卫星的姿态指的是卫星自旋轴在惯性空间的方位。通常这个方位是用其在赤道慢性坐标系的赤经赤纬来表达的。描述自旋卫星方位时一般假定卫星的自旋轴与角动量方向是一致的，即卫星做无章动运动的纯自旋运动。

在实际工程中，章动运动或大或小总是存在，若章动角相对测量精度要求比较小，忽略章动运动而不把章动角作为一个姿态量估计，这时姿态测量给出的姿态值应视为角动量方向的方位。而自旋卫星的测量主要通过使用姿态敏感器来完成。常用的有测量地球弧长的红外地球敏感器、测量太阳方向与自旋轴方向夹角的太阳敏感器、测量恒星方向的星敏感器以及测量地球上陆标方向的陆标敏感器。

2. 三轴稳定卫星的姿态确定

三轴稳定卫星姿态确定的任务是利用星上姿态敏感器测量所得到的信息，经过适当的处理，求得固连于卫星本体的坐标系相对空间某参考坐标系中的姿态。姿态确定的输入信息是姿态敏感器的测量数据，输出时卫星的三轴姿态参数。若姿态参数是相对于某个在惯性空间中定向的参考坐标系给出，则称为惯性姿态；若参考坐标性取为当地轨道坐标系，则称为对地姿态。大部分卫星的有效载荷都要求对地球定向，因此感兴趣的是它的对地姿态。也有一些卫星的有效载荷要求对太阳或某颗恒星定向，这时采用惯性姿态比较方便。而三轴稳定卫星的姿态测量系统按所采用的姿态敏感器不同分为：① 红外地球敏感器和太阳敏感器；② 星敏感器；③ 全球定位系统接收机；④ 陀螺和红外地球敏感器。其中 ①、②、③ 确定姿态的方法均采用参考矢量法，参考矢量分别取为地心方向矢量、太阳方向矢量、恒星方向矢量、无线电波传播方向矢量。它们利用安装在卫星上的姿态敏感器在某个瞬时给出的测量值导出两个或两个以上参考矢量相对于卫星本体坐标系中的坐标，再基于其他方法导出相应的参考矢量在坐标系中的坐标，便可以确定卫星本体坐标系相对于参考坐标系的三轴姿态。利用一次测量便可以直接得到卫星的瞬时姿态。系统 ④ 姿态确定的过程是利用了惯性测量部件和方向敏感器互补特性。通过对姿态敏感器测量数据的处理得到卫星姿态角的估计值。这里三轴姿态的确定是一个动态过程，测量值随着时间的进程不断积累，姿态轨迹值逐渐接近真值。

9.1.3　卫星姿态对捕获过程的影响

中继通信卫星将是以激光通信为主体的下一代通信中继通信系统。激光通信有效载荷搭载卫星平台，对于平台姿态的测控要求比较苛刻，因为在开环捕获阶段，它是产生开环捕获不确定区域的主要因素；其次对于平台的振动也有比较严格的约束，由于通信光束散角接近衍射极限，平台的微小振动都将引起视轴的偏置，进而引起功率损耗；最后，空间激光通信系统中的运动部件的干扰也需要考虑。

卫星平台的姿态扰动、轨道定位精度将影响激光通信系统的视轴初始指向和开环捕获不确定区域，进而影响捕获时间和捕获概率。在初始捕获阶段，系统尚没有建立闭环跟踪。需要使载荷的视轴开环指向地面载荷。这就要求首先知道平台的当前三轴姿态、伺服转台与卫星平台的空间安装矩阵、伺服转台的当前零位和视轴预指向的空间方向。其中预指向的空间方向可通过卫星与地面的精确位置来解算；而卫星平台的三轴姿态则需要高精度测量单元予以实现。在新一代卫星平台中，采用复合姿态检测技术与捷联导航技术，卫星的姿态测量精度和控制精度极大地提高了。卫星平台的姿态控制性能和目前国外搭载激光通信终端的卫星平台相当。其中，俯仰和横滚的控制精度可达 0.05°，偏航的控制精度可达 0.15°，三轴姿态引起的综合角度误差约为 0.17°，姿态测量和控制精度是影响开环捕获不确定区域的主要误差源。

9.2　卫星平台宽谱振动

9.2.1　卫星振动特性分析

在空间光通信链路系统工作中，由于通信的光束很窄，平台的中高频振动造成的角振幅干扰，可能大于激光通信系统跟瞄误差分配所容许的值，需要采取措施抑制。有关国内卫星平台振动环境的数据 (包括振幅、频率带宽、持续时间、出现的频度等)，目前还难以全面了解。图 9.1 是各种国外卫星的平台振动谱，它们是卫星光通信终端振动抑制设计依据。

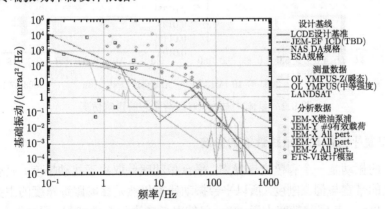

图 9.1　各种国外卫星的平台振动谱 (后附彩图)

从上面的典型平台振动谱密度可以看出，振动谱主要集中在 1~100Hz 范围以内，平台振动功率谱呈现有色限带噪声特性，在低频处存在幅度较大的扰动 (小于10Hz)；在中高频 (10~100Hz) 的振动幅度仍在 μrad 量级以上；而在高频处 (大于100Hz) 都出现较大的下降。根据任务需求，平台振动残差是跟踪误差的主要误差源,只有将平台振动抑制到微弧度量级,才能保证总的跟踪精度小于 3μrad。由此可见,平台振动的幅值大于 1μrad 量级以上所对应的频率延伸至百赫兹量级,要求系统对振动的抑制频谱要达到几百赫兹 (理论上 3~5 倍),即跟踪系统的伺服带宽要有几百赫兹,才能对平台的有效振动进行有效抑制。

9.2.2 卫星平台振动来源及动力学耦合分析

在卫星激光通信系统中,卫星平台搭载的其他有效载荷或部件的运动通过与星体多体及柔性动力学耦合也是卫星平台抖动的一个重要原因。通常这类抖动主要来源于太阳能帆板的运动 (振动)、星载转动天线的运动、卫星姿态控制系统飞轮的运转以及储箱液体晃动等。对激光通信载荷应用于不同的常用卫星平台的动力耦合情况进行了初步仿真分析。图 9.2 为卫星平台在 1s 时受到 10N 冲击力,引起激光通信有效载荷视轴影响的仿真。通过仿真,结果表明:若不加隔振措施,动量轮振动、太阳能帆板的驱动、星体上发动机开启和星上其他有效载荷的运动将通过平台柔性传递,进而影响激光通信有效载荷的视轴精度。设计中采取主、被动隔振措施,确保激光载荷可靠工作。

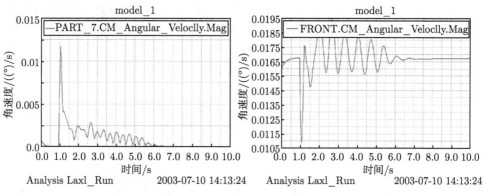

图 9.2 星体冲击激励对载荷姿态的影响仿真

9.2.3 卫星平台振动对跟踪性能的影响

平台的振动是一个有色宽谱噪声,平台振动残差取决于扰动幅度、振动频率、抑制系统的带宽与伺服刚度。所以平台振动残差仍然是影响跟踪精度的主要因素。对于跟踪单元,其跟踪带宽小于 5Hz,仅能对低频进行有效抑制,平台振动的中高频都残留,平台振动抑制误差约为 35μrad。

9.3 载荷结构的谐振频率

机械结构对系统带宽的影响主要表现在结构的谐振频率上。由于系统的固有频率的限制，机械部件运动时，当其振动的频率接近其固有频率时将会引起共振，系统无法正常工作。所以，即使伺服控制系统的带宽再高，系统的整体伺服带宽也无法高于机械结构的固有频率。因此，如果结构本身的固有频率过低，系统的控制带宽将无法达到要求。要保证系统的相应带宽，就要求系统的谐振频率必须在载荷伺服结构带宽的 3~4 倍之外。

9.4　载荷运动反作用力矩分析

　　卫星载荷的二维转台由相互垂直的转动部件组成，通过方位轴和俯仰轴的配合旋转，可实现对特定空间目标的指向和跟踪。轴系的转动由力矩电机驱动，可视为卫星载体上的受控动量装置。转动过程中，转台与卫星本体通过转台基座的锁紧机构进行动量交换，有可能对卫星平台造成扰动，同时卫星平台的扰动又会影响二维转台的运动。故二维转台与卫星载体之间存在耦合运动。

　　转台的方位和俯仰运动由两个方向上的俯仰电机驱动。完全受控，故转台方位和俯仰运转时，其相对于卫星本体的角动量和角动量矩可以直接得到。结合卫星姿态动力学方程，基于卫星主体带有动量装置卫星姿态动力学理论推导二维转台与卫星本体的姿态动力学方程。

　　带动量装置的卫星姿态动力学方程的一般形式为

$$\boldsymbol{I\dot{\omega}} + \tilde{\boldsymbol{\omega}}(\boldsymbol{I\omega} + \boldsymbol{h}) = -\dot{\boldsymbol{h}} + \boldsymbol{T} \tag{9.1}$$

式中，$\boldsymbol{I}$ 为包括卫星转台在内的卫星整体的转动惯量矩阵；$\boldsymbol{\omega}$ 表示卫星绝对速度；$\tilde{\boldsymbol{\omega}}$ 表示 $\boldsymbol{\omega}$ 的斜矩阵：

$$\tilde{\boldsymbol{\omega}} = \begin{pmatrix} 0 & -\boldsymbol{\omega}_z & \boldsymbol{\omega}_y \\ \boldsymbol{\omega}_z & 0 & -\boldsymbol{\omega}_x \\ -\boldsymbol{\omega}_y & \boldsymbol{\omega}_x & 0 \end{pmatrix} \tag{9.2}$$

式 (9.1) 左边第二项表示转动部件引起的陀螺效应，右边第二项 $\boldsymbol{T}$ 则表示外干扰力矩，包括太阳光压力矩、重力梯度力矩、地磁力矩和气动力矩等，$\boldsymbol{h}$ 和 $\dot{\boldsymbol{h}}$ 表示卫星上转动部件相对于卫星的角动量和控制角动量矩。

　　转台和卫星在设计过程中经过动态平衡设计，并在装配和调试时经过动态平衡补偿，使系统达到动态平衡，即保证了转台相对于各自坐标系轴对称，各惯性积均为 0，故 $\boldsymbol{I}_{10}$、$\boldsymbol{I}_1$、$\boldsymbol{I}_2$ 只存在对角线上的分量，即

$$\boldsymbol{I}_{10} = \begin{pmatrix} I_{10x} & & \\ & I_{10y} & \\ & & I_{10z} \end{pmatrix}, \quad \boldsymbol{I}_1 = \begin{pmatrix} I_{1x} & & \\ & I_{1y} & \\ & & I_{1z} \end{pmatrix}, \quad \boldsymbol{I}_2 = \begin{pmatrix} I_{2x} & & \\ & I_{2y} & \\ & & I_{2z} \end{pmatrix}$$
$$\tag{9.3}$$

所以，转台转动方位角为 Az、俯仰角为 El 时，在卫星本体坐标系下，

$$
\begin{aligned}
\boldsymbol{I}_0 =& \boldsymbol{I}_{10} + \boldsymbol{I}_{ro} + \sum_{n=1}^{2} \boldsymbol{R}_{nb}{}^{\mathrm{T}} \boldsymbol{I}_n \boldsymbol{R}_{nb} \\
=& \begin{bmatrix} I_{10x} + m_1 d_1^2 + m_1 d_1^2 & & \\ & I_{10y} + m_1 d_1^2 + m_1 d_1^2 & \\ & & I_{10z} \end{bmatrix} \\
& + \begin{bmatrix}
I_{1x}\mathrm{C}^2(Az) + (I_{1y}+I_{2y})\mathrm{S}^2(Az) + \mathrm{C}^2(Az)(I_{2z}\mathrm{S}^2(El))\mathrm{C}(Az)\mathrm{S}(Az) \\
[I_{2z}\mathrm{C}^2(El)+I_{2z}\mathrm{S}^2(El)+(I_{1x}-I_{1y}-I_{1z})\mathrm{C}(Az)\mathrm{C}(El)\mathrm{S}(El)(I_{2x}- \\
I_{2z})]\mathrm{C}(Az)\mathrm{S}(Az)[I_{2z}\mathrm{C}^2(El)+(I_{1x}-I_{1y}-I_{2y})](I_{1x}+I_{2x}\mathrm{C}^2(El) \\
+I_{2z}\mathrm{S}^2(Az)+(I_{1y}+I_{2y})\mathrm{C}^2(Az)\mathrm{S}(Az)\mathrm{S}(El)\mathrm{C}(El) \\
(I_{2x}-I_{2z})\mathrm{C}(Az)\mathrm{C}(El)\mathrm{S}(El)(I_{2x}-I_{2z})\mathrm{S}(Az)\mathrm{S}(El) \\
\mathrm{C}(El)(I_{2x}-I_{2z})I_{1z}+I_{2x}\mathrm{S}^2(El)+I_{2z}\mathrm{C}^2(El)
\end{bmatrix}
\end{aligned} \tag{9.4}
$$

式中，C 表示取余弦 cos; S 表示取正弦 sin。

转台运动相对于卫星的角动量：

$$
\boldsymbol{h}_r = \sum_{n=1}^{2} \boldsymbol{R}_{nb}^{\mathrm{T}} \boldsymbol{I}_n \boldsymbol{\omega}_n = \begin{bmatrix}
\dot{El} I_{2y}\mathrm{S}(Az) + \frac{1}{2}\dot{Az}(I_{2x}-I_{2z})\mathrm{C}(Az)\mathrm{S}(2El) \\
-\dot{El} I_{2y}\mathrm{C}(Az) + \frac{1}{2}\dot{Az}(I_{2x}-I_{2z})\mathrm{S}(Az)\mathrm{S}(2El) \\
\dot{Az}(I_{1z}+I_{2x}\mathrm{S}^2(El)+I_{2z}\mathrm{C}^2(El))
\end{bmatrix} \tag{9.5}
$$

转台存在方位和俯仰两个方向运动时，将引起卫星总系统的转动惯量的变化。当设计转台，使得俯仰部分为绕各轴的转动惯量相等的旋转体且质量分布均匀、方位部分为绕 z 轴的质量均匀分布的旋转体时，即 $I_{1x}=I_{1y}=I_{ax}$、$I_{2x}=I_{2y}=I_{2z}=I_{ex}$ 时，有

$$
\boldsymbol{I}_0 = \begin{pmatrix}
I_{ax}+I_{ex}+m_1 d_1^2+m_2 d_2^2+I_{10x} & 0 & 0 \\
0 & I_{ax}+I_{ex}+m_1 d_1^2+m_2 d_2^2+I_{10y} & 0 \\
0 & 0 & I_{1z}+I_{ex}+I_{10z}
\end{pmatrix} \tag{9.6}
$$

$$
\boldsymbol{h}_r = \begin{pmatrix}
\dot{El}\, I_{ex}\mathrm{S}(Az) \\
-\dot{El}\, I_{ex}\mathrm{C}(Az) \\
\dot{Az}(I_{1z}+I_{ex})
\end{pmatrix} \tag{9.7}
$$

将 (9.6) 和 (9.7) 式代入 (9.1) 中，有

$$
\begin{pmatrix} c_1 & & \\ & c_2 & \\ & & c_3 \end{pmatrix} \begin{bmatrix} \ddot{\varphi} \\ \ddot{\theta} \\ \ddot{\psi} \end{bmatrix}
$$

$$
+ \begin{pmatrix} 0 & 0 & (c_2-c_3-c_1)\omega_{or}-c_4\dot{E}lC(Az) \\ -\dot{A}z(c_4+c_5) & 0 & c_4\dot{E}lS(Az) \\ (c_2-c_3-c_1)\omega_{or}-c_4\dot{E}lC(Az) & 0 & 0 \end{pmatrix} \begin{bmatrix} \dot{\varphi} \\ \dot{\theta} \\ \dot{\psi} \end{bmatrix}
$$

$$
+ \begin{pmatrix} 4(c_2-c_3)\omega_{or}^2+c_4\omega_{or}\dot{E}lC(Az) & 0 & 0 \\ c_4\dot{E}lS(Az)\omega_{or} & 3\omega_{or}^2(c_2-c_3) & \dot{A}z(c_4+c_5)\omega_{or} \\ 0 & 0 & (c_2-c_1)\omega_{or}^2+c_4\omega_{or}\dot{E}lC(Az) \end{pmatrix}
$$

$$
\begin{bmatrix} \phi \\ \theta \\ \psi \end{bmatrix} = \begin{bmatrix} -c_4(\ddot{E}lS(Az)+\dot{E}l\dot{A}zC(Az))+\dot{A}z(c_4+c_5)\omega_{or} \\ c_4(\ddot{E}lC(Az)+\dot{E}l\dot{A}zS(Az)) \\ -\dot{A}z(c_4+c_5)-c_4\omega_{or}\dot{E}lS(Az) \end{bmatrix}
\tag{9.8}
$$

式中，

$$
c_1 = I_{0x} = I_{ax} + I_{ex} + m_1 d_1^2 + m_2 d_2^2 + I_{10x}
$$

$$
c_2 = I_{0y} = I_{ax} + I_{ex} + m_1 d_1^2 + m_2 d_2^2 + I_{10y}
\tag{9.9}
$$

$$
c_3 = I_{0z} = I_{1z} + I_{ex} + I_{10z}, \quad c_4 = I_{ex}, \quad c_5 = I_{1z}
$$

表示与转台设计转动惯量、安装方式及卫星转动惯量有关的常数。式 (9.8) 左边均与卫星本体姿态运动有关，等式右边不含姿态角运动信息，只与转台的方位和俯仰角度、角速度、角加速度等信息有关。同时，转台方位和俯仰方向的角运动会引起卫星三个姿态角耦合运动。转台运动对卫星本体的干扰力矩存在与方位角位置有关的周期性扰动。

通过式 (9.8) 卫星系统姿态动力学方程计算特征方程，求解特征方程，可以判断卫星姿态系统稳定运行的充分条件，即得到转台运动不影响卫星姿态运动稳定性的条件，否则星体可能因为姿态失稳而倾覆。

使转台的俯仰角转动一定角度后固定，即 $\dot{El} = \ddot{El} = 0$ 时，式 (9.8) 有

$$\begin{cases} c_1\ddot{\varphi} + 4(c_2 - c_3)\omega_{or}^2\varphi + (c_2 - c_3 - c_1)\omega_{or}\dot{\psi} = (c_5 + c_4)\omega_{or}\dot{Az} \\ c_2\ddot{\theta} - \dot{Az}(c_5 + c_4)(\varphi - \dot{\omega}_{or}\psi) + 3\omega_{or}^2(c_2 - c_3)\theta = 0 \\ c_3\ddot{\psi} + (c_2 - c_1)\omega_{or}^2\psi + (c_2 - c_3 - c_1)\omega_{or}\dot{\varphi} = -(c_5 + c_4)\dot{Az} \end{cases} \tag{9.10}$$

此时，单独存在转台的方位运动，转台转动不引起干扰力矩的周期性变化。设定转台方位角转动一定角度后锁定，即有 $\dot{Az} = \ddot{Az} = 0$，此时，式 (9.8) 有

$$\begin{cases} c_1\ddot{\varphi} + \left[4(c_2 - c_3)\omega_{or}{}^2 + c_4\omega_{or}\dot{El}C(Az)\right]\varphi + \left[(c_2 - c_3 - c_1)\omega_{or} - c_4\omega_{or}\dot{El}C(Az)\right]\dot{\psi} \\ = -c_4\ddot{El}S(Az) \\ c_2\ddot{\theta} + c_4\dot{El}S(Az)(\psi + \dot{\omega}_{or}\varphi) + 3\omega_{or}^2(c_2 - c_3)\theta = c_4\ddot{El}C(Az) \\ c_3\ddot{\psi} + \left[(c_2 - c_1)\omega_{or}{}^2 + c_4\omega_{or}\dot{El}C(Az)\right]\psi + \left[(c_2 - c_3 - c_1)\omega_{or} + c_4\dot{El}C(Az)\right]\dot{\varphi} \\ + c_4\omega_{or}\dot{El}S(Az) = 0 \end{cases}$$

$$\tag{9.11}$$

方位角锁定后，转台的运动同样会引起卫星姿态角的耦合运动。方位角固定时，转台俯仰角的运动对卫星偏航角运动不产生干扰，当方位角转动 0° 时锁定，则转台的俯仰运动对卫星滚动角和偏航角运动的干扰力矩均为 0，且卫星俯仰角运动解耦，只有滚动角和偏航角之间存在角运动耦合。

9.5　载荷伺服机构锁紧

卫星激光通信系统中载荷的伺服机构在发射过程中需要可靠锁定，到达轨道后能够顺利解锁。设计铰链机构，利用火工品将载荷伺服机构的俯仰、方位组件锁定，火工品布局如图 9.3 所示。

采用 4 个火工品实现方位组件的锁定功能，U 形架与底座分别通过上部支架与下部支架由火工品连接起来，发射过程中保持方位组件锁定状态，入轨后火工品爆炸，解除锁定，方位组件转动 45° 达到工作位置，在工作位置实现 ±13° 的转动；采用 2 个火工品实现俯仰组件的锁定功能，火工品上下两个支架分别与 U 形架和光学天线连接，发射过程中保持俯仰锁定状态，入轨后火工品爆炸，解除锁定，俯仰机构实现俯仰功能。

准备选用 692 厂生产的爆炸螺栓 HgM-34，其安全性 (包括电磁环境安全性、热环境安全性和力学环境安全性) 满足 GJB 1307A—2004《航天火工装置通用规范》的要求，具有较好的安全可靠性。

爆炸螺栓设计有保护罩，防止起爆后对其他仪器产生影响。

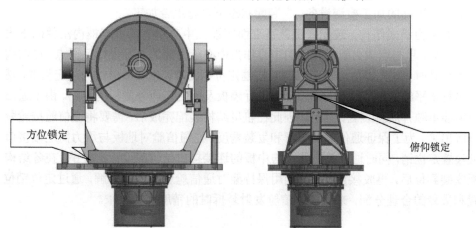

图 9.3　锁紧机构火工品布局图

9.6　载荷与卫星平台精密装配

卫星结构分系统研制一般需要经历设计分析、制造和试验三个过程。卫星结构设计的目的就是在设计原则的指导下，把卫星系统对结构分系统的设计要求转化为可实施的具体文件和图样，满足提供构型、安装设备、承受载荷等功能和性能要求。卫星结构设计主要包括结构构型设计、结构部件设计、结构连接设计和结构装配设计等内容。

结构构型设计的核心是以较少的结构材料获得较高的结构刚度和强度，提高结构效率。为提高结构效率，在结构构型设计时需要以力流连续性原理和直接的、最短路径传力为原则，开展传力路径设计。

而为减轻结构质量，卫星广泛采用复合材料结构部件。在承力筒式和板箱式结构中，中心承力筒是典型的复合材料壳体结构，结构板是典型的复合材料板式结构。在桁架式结构中，限位增强复合材料杆件是应用最为广泛的结构部件。

结构件的连接主要采用机械紧固连接、焊接和胶接三种方式。

在结构装备设计时，需要合理设计装配顺序和进行定位设计，对定位销位置和数量选取进行优化。同时，需要根据载荷结构的特点，设计必要的精度保持工装和辅助的地面工艺板，来共同保证装备精度和精度保持。另外，由于变轨发动机、有效载荷、太阳翼等部件对安装精度有较高的要求，在结构装配设计时需要考虑相关的精度要求，在结构装配设计中，还应进行合理的公差分配，以使后续的结构装配有可调节的余地。某些接口尺寸精度可通过装配后在装配体上采用组合加工的方法来实现。针对安装精度要求高、与整星基准位置要求高的部件，其安装接口应采用加工精度高的加工检测设备，在装配状态下进行组合加工。

对承力筒式结构，装配式工艺基准面应设在中心承力筒下端框内法兰的下表面，并以卫星与运载火箭对接面的中心作为中心承力筒的基准坐标系原点。在结构装配设计时，首先以中心承力筒的对接框定位销为准，建立整形结构装配基准，然后进行水平结构板的装配和统调，再进行隔板及南北东西外侧板的装配。由于通信舱需要单独开展总装测试工作，因此在整星结构装配完成后，需要将通信舱按舱段分解出来。为了保证通信舱的分解和复装精度，在通信舱对地板与承力筒连接接口处设置定位销，同时通信舱南北板与中板的连接接口处也应设计定位销。在各结构板安装到位后，再胶接定位销，利用保持架对通信舱进行整体分解，通过定位销位置和数量的合理分配，来保证通信舱发射装拆时的精度保持要求。

9.7　载荷热控设计

热控设计主要用于控制航天器内外的热交换过程，使航天器各部分的温度处于要求范围内，是航天器必不可少的分系统。航天器在飞行过程中，要经受十分严酷的热环境，其温度从零下二百多摄氏度至零上数千摄氏度。航天器的接头、仪器、设备和所载的生物都无法承受这样剧烈的温度变化。为了保证航天器正常地工作，必须对其进行合理的热控制设计。空间飞行段热控制是各类航天器所共用的热控技术。空间分型段热控制又可分为被动式和主动式两类。被动式热控制是通过选取不同的热控制材料和装置以及合理的总装布局来调节航天器内外的热交换过程，是航天器各部分温度在各种工作状况下都不超出允许范围的热控制技术。常用的被动热控制技术有：

(1) 在航天器表面覆盖具有合适太阳吸收率和反射率比值的热控涂层，以调节航天器的表面温度；

(2) 在航天器和仪器、设备、部件表面包覆多层隔热材料，以减少它们的散热和隔离外界热环境的影响；

(3) 在舱壁、仪器安装板上以及仪器之间布置热管，把热端的热量有效导向冷端，以减少温差；

(4) 采用在熔化、凝固过程中吸收、释放较高潜热的相变材料，以缓和热环境变化引起的仪器、设备的温度波动；

(5) 选用更合适发射率的热控制涂层及导热、隔热材料，以安排合适的传热通道。

主动热控制是在外热流或内热流发生变化时，能自动调节航天器内部温度，并保持在规定温度范围之内的热控制技术。常用的主动热控制技术有：

(1) 能随仪器、设备温度升降而自动改变表面组合发射率的辐射式热控制，如热控百叶窗和热控制旋转盘；

(2) 能随仪器、设备温度升降而自动改变热传导系数的传导式主动热控制，如接触导热开关和可变热导的热管；

(3) 能通过气体或液体循环改变流体对流热换系数的对流式热控制，如风机驱动的气体循环系统；

(4) 能遥控或自动控制的电热系统。

9.7.1 热控设计原则

(1) 系统以被动热控为主，对工作温度要求苛刻的仪器设备采用电加热控制；

(2) 尽可能采用成熟的热控技术和工艺，选用已使用过并被证明可靠的材料、器件和设备；

(3) 激光载荷的设备单独进行热设计，并与其他载荷之间采用热隔离；

(4) 考虑到激光器工作状态是间断式工作，所以开展瞬态热分析计算，并做在激光器工作和激光器不工作的情况下的瞬态热平衡试验。

9.7.2 热控分析

在地球同步轨道空间环境中，太阳辐射外热流和内部热源是影响地球同步卫星温度场变化的主要因素，两者的瞬变特性导致了卫星的温度波动较大，引起了光学系统的波前畸变、视轴漂移，导致激光通信连接无法建立。因此，有必要进行热控系统的设计，使温度场的变化趋于稳定。

进行热控系统设计，首先要根据季节的变化、地球同步卫星运动规律、内热源的工作情况、外热流的变化过程，分析一年中春分、秋分、夏至、冬至的外热流、内热源相机 (最大功率 5W)，方位电机 (最大功率为 45W) 和俯仰电机 (最大功率为 15W) 等的能量变化情况，确定卫星的工况；之后，通过仿真分析，得出不同工况下，采取热控措施前后的温度变化规律，确定合适的热控设计方案。

地球同步卫星载荷、遮光罩安装在 $+Z$ 面。在轨运行中，Z 轴指向地球，X 轴指向运动方向，Y 轴垂直于运行轨道平面。

地球同步卫星载荷六个面的太阳辐射具有日周期和年周期特性，在春分点和秋分点时辐射情况相似，冬至与夏至辐射情况相似，变化的是太阳对各面的辐射角系数和太阳辐射常数，外界极端工况为上述四个节点时热流情况。

1) 春分点、秋分点时的工况

在该工况下，太阳光的方向与轨道面平行，$+/-Y$ 面不受到太阳辐射，其他受到太阳辐射影响的四个面的太阳辐射外热流量变化规律，如图 9.4 春分点、秋分点外热流量所示。

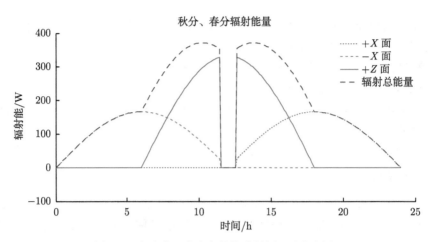

图 9.4　春分点、秋分点外热流量图 (后附彩图)

春分点和秋分点时, 载荷六个面吸收的太阳辐射外热流最大约为 350W。

2) 夏至点时的工况

太阳光在夏至日时照射到北回归线上, 方向与轨道面呈 23.5° 夹角。只有 $-Y$ 面接收不到太阳辐射热流, 其余 5 个面的夏至外热流量情况如图 9.5 所示。

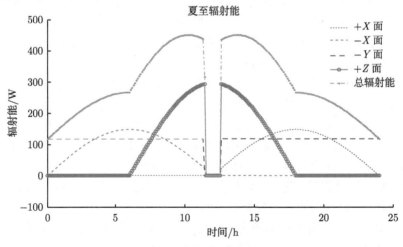

图 9.5　夏至外热流量情况 (后附彩图)

夏至点时, 载荷六个面吸收的太阳辐射外热流最大约为 450.5W。

3) 冬至点时的工况

太阳光在冬至日时照射到南回归线上, 方向与轨道面也呈 23.5° 夹角。只有 $+Y$ 面接收不到太阳辐射热流, 其余 5 个面的冬至外热流量情况如图 9.6 所示。

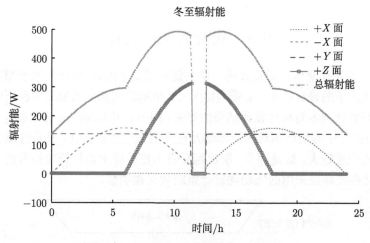

图 9.6 冬至外热流量情况 (后附彩图)

冬至点时,载荷六个面吸收的太阳辐射外热流最大约为 492.6W。

根据热辐射公式,计算出上述三种工况中内部温度为 20℃时,六个面未加包覆的情况下的漏热约为 460W,遮光罩通光口径直接辐射进来的热量最大约为 93W,通光口漏热为 32W。

9.7.3 热控具体设计

根据上述分析,对载荷进行包覆多层,包覆层数为 20 层,此时有效发射率约为 0.02,则外热流最大为 9.85W,载荷整体漏热为 9.2W。

综合外热流和内部热源,在内热源最大时 (相机 10W,电机堵转时总功率为 60W),内外热流差为 35.8W,需增加散热面。

内热源不工作时,内外热流差为 −31.35W,考虑到散热面的漏热,这时需要约 42W 的加热功率。可在相机处增加 7W 加热功率,维持相机的工作环境,在反射镜背部增加 15W 的加热功率,在载荷与遮光罩连接处增加 20W 的加热功率,抵消遮光罩通光口径的漏热。

在载荷与卫星连接处采用包覆多层的方式实现隔热,连接点采用六点连接方式,保证连接刚度与可靠性的基础上,减小热导途径,连接螺栓采用钛合金螺钉,并在载荷与螺钉之间采用玻璃钢垫圈进行隔热。

遮光罩与载荷之间采用包覆多层方式进行隔热,连接处采用玻璃钢垫圈减少连接热导率。遮光罩锥角为 ±5°,因此,太阳光进入载荷的时间最大为 40min,此时系统不工作,并使反射镜法线与遮光罩轴线垂直,减少外热流通过反射镜进入光学系统。

9.8　载荷低功耗设计

低功耗设计是通信终端设计的一个关键环节, 是在 IC 设计领域及整机设计各环节的自上而下的设计技术, 常采用如图 9.7 所示的比例关系来表明在不同层面上采用低功耗设计技术对整体设计结果的影响, 图 9.7 可以同样应用于设备的低功耗设计中 (与括号中的级别相对应), 即越是在高层采用相关设计, 其设计结果对整机性能改善的程度越大, 这是因为, 层次越高表明在设计中进行低功耗考虑得越早越全面, 因此在较高层采用的低功耗设计策略效果越明显。

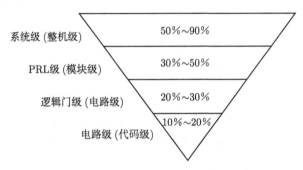

图 9.7　设计的不同层次对功耗的影响

按照自上而下的设计原则, 通信产品的低功耗设计可以分为整机级、模块级、电路级和代码级。

9.9　载荷轻量化设计

9.9.1　系统总体优化设计

对于轻量化的考虑主要是从总体设计和器件设备的材料上做考虑。小型化、轻量化、低功耗、一体化设计和制造技术是激光通信系统设计的重要组成部分, 其设计思想应贯穿在整个系统以及系统的各个组成部分的设计过程中, 需要进行一体化设计、材料选择、加工工艺、温度控制技术等几个方面的综合系统设计。

9.9.2　材料优化选取

随着科技的进步, 新型机械材料不断出现, 传统的碳钢等金属材料已经被各种新型合金所代替。虽然合金材料的价格较贵, 但是其优异的机械性能使其依然发展迅速, 尤其在航空航天工业中, 为了减轻飞机或其他航天器的质量, 同时保证系统机械部件刚度等要求, 各种合金已经得到了大量的应用, 并取得了很好的减重效果。合理地选择零部件的加工材料在满足零件力学性能的基础上减轻自身质量,是对结构优化的有力补充,可以进一步减轻整个系统的质量。

通过对空间机械材料的调查与研究,总结了常用的空间机械材料的物理特性和机械特性,如表 9.1 所示。

表 9.1 空间机械材料的物理特性和机械特性对比表

材料名称	密度 ρ /($\times 10^3$kg /m^3)	弹性模量 E/GPa	比刚度 E/ρ /($\times 10^4$m)	微屈服应力 MYS /MPa	线膨胀系数 α/ ($\times 10^{-6}$/K)	热导率 λ/(W/ (m·K))	热畸变 α/λ/($\times 10^{-9}$m/W)	比热 c_p /(J/(kg·K))
铝	2.71	69	2.6	65~200	23	171	136	960
铍	1.85	304	16.8	17	11.2	220	50.9	1.8×10^3
钛	4.43	110	2.53	482	8.8	7.2	1222	565
镁	1.85	44.8	2.47	41	25.2	76	332	1000
铟钢	8.03	145	1.84	69	0.54	13.8	39.1	502
硅铝合金	2.91	117	4.1	117	13	125	104	795
碳纤维/环氧树脂基	1.56	140	5.22	138	0.1	35	0.57	921

通过上表中对各种常用的空间材料的物理特性和机械特性的比较,可以看出,非金属材料中碳纤维/环氧树脂基复合材料比刚度较高,仅次于铍,高于其他机械材料。其线膨胀系数和热畸变最小,比铟钢线膨胀系数和热畸变分别小半个数量级和一个多数量级,比铍小两个数量级左右。它的各方面性能都优于其他可选的空间机械材料,空间遥感器本体支撑结构一般都首选碳纤维/环氧树脂基复合材料。但碳纤维/环氧树脂基复合材料不适于机械切削,基本都采用压塑成型的方法进行加工,使其不适于加工精密的机械部件,限制了它的使用。

在金属材料中铍的比强度最高,且热畸变较小,适合作为空间材料,但是由于铍有毒,不宜大量采用。现在应用最多的还是合金材料,以钛合金、镁合金和铝合金为主。

钛合金是一种重要的合金材料,很早就在航空航天领域得到了大量应用。钛合金的比强度、耐腐蚀性、耐高温性都优于其他合金,并且其密度低于碳钢,是传统碳钢材料的理想替代合金。钛合金的密度一般在 4.59g/cm^3 左右,仅为钢的 60%,弹性模量为 110GPa,接近于钢,远大于镁和铝。因此钛的比刚度 (刚度/密度) 远大于其他金属结构材料,可制出单位强度高、刚性好、质轻的零部件。在卫星载荷设计中,主要利用钛合金代替钢加工轴系部件等精度要求高、刚度要求大的部件。

镁合金的密度为 1.85g/cm^3 左右,与铍相当,可以极大地减轻零件的质量。但其弹性模量是几种金属中最小的,因此其不适于加工强度要求高的部件,一般用其加工壳体等部件。

铝合金的性能自其问世以来不断增强,不断有新型铝合金问世,并大量应用到航空及航天设备上,发挥了很大的功效。铝合金的密度为 $2.71g/cm^3$ 左右,处在三种材料的中间,其弹性模量略大于镁,但远小于钛。比刚度与镁接近。其他性能也与镁相近。铝合金的研究和发展比镁充分得多,因此其应用较广。

镁铝合金是一种结合了铝和镁的特点开发出的一种合金,铝镁合金质坚量轻、密度低、散热性较好、抗压性较强,其强度不如钛合金和钢,但密度小,利用铝镁合金加工壳体等非主要承重部件和非精密部件,质量将极大减轻。在载荷设计中主要用铝镁合金来加工壳体等刚度要求不高的部件,利用其密度小的特点减轻系统质量。

在表 9.1 对材料的分析中得知,钛合金有强度高、比刚度大的特点,且热变形小,适于加工刚度要求高的部件。铝镁合金强度低,但密度较小,适于加工壳体等部件。系统主要采用了以上两种合金代替传统的碳钢和铝合金。转台和 U 形架为薄壁壳体,对强度要求相对较低,因此采用铝镁合金铸造;轴系部件和反射镜安装架等精度和强度要求高,采用钛合金加工。在满足系统所需强度和刚度的前提下,与采用传统的铝合金和碳钢相比,系统质量得到了明显的减轻。

采用碳化硅 (SiC) 复合材料,这种复合材料比铝结构可以减轻质量 25%。碳化硅具有良好的热稳定性,其膨胀系数是超低膨胀玻璃的 1/35。最近开发出一种与铍的比刚度相同的碳化硅并用于航天仪器中,例如,"行星集成相机光谱计" 就用上了这种长寿命、不易受损的碳化硅材料。这种材料完全不受近地空间和深空间恶劣环境温度变化的影响。在结构连接件和紧固件中也已使用了碳化硅材料。碳化硅多层结构的加工工艺和有关碳化硅机械性能的数据库也先后建立。

9.9.3 结构轻量化设计

基于上述材料 SiC 的选取,对反射镜进行轻量化设计,可采用的结构如下:扇形、三角形和蜂窝形。对轻量化率而言,当轻量化孔的内切圆直径相同时,六角形孔轻量化率最低,三角形孔其次,扇形孔最高;就结构刚度而言,三角形孔的频率最高,其结构刚度最好,六角形孔刚度最差,四角形孔居中。通过有限元分析仿真结果比较,三角形孔的综合条件较为合理,且具有较好的加工性,因此,轻量化采用三角形轻量化孔形式。

9.9.4 电子系统高集成度设计

(1) 传统的捕获跟踪使用两个不同的 CCD 进行探测,增加了功耗和质量,目前采用单个 CCD 实现捕跟探测输出;

(2) 采用单信标激光器实现粗精信标束散角发射,节省一个光路和激光器。

第10章　激光通信有效载荷环境适应性技术

10.1　空间粒子辐射环境

空间粒子辐照环境主要来自于地球辐射带、太阳宇宙射线、银河宇宙射线等。主要成分是电子、质子及少量的重离子，它们构成了航天器轨道上的带电粒子环境。带电粒子对航天器材料、微电子器件、光学窗口、温控表面、生物及航天员等均产生辐射损伤，是目前航天器在轨异常和失效的重要原因。空间粒子辐射环境及其对航天器的影响，是目前航天界十分关注的热点之一。

10.1.1　空间粒子辐射类型

空间辐射类型主要包括以下几种。

(1) β粒子、电子、正电子。β粒子与电子质量相同，可以带正电或带负电。β粒子、电子、正电子尺寸和电荷小，容易穿透物质，也容易被偏转，电离效应弱。

(2) 质子。质子是氢离子，带有一个单位正电荷。质子质量是电子的1800倍，穿透能力弱，不容易被偏转。

(3) γ射线和X射线。它们是超短波长高能光子。γ射线来自核相互作用，X射线产生于电子或带电粒子的碰撞。γ射线和X射线与物质的相互作用方式相同，具有弱电离性和高穿透能力，不在被辐射的材料中留下放射性。

(4) α粒子。α粒子是氦离子，质量数为4，带有2个单位正电荷。具有高电离性，能与物质发生强相互作用，穿透性差，不易被偏转。

(5) 中子。中子与质子质量相同，但不带电荷，因而很难阻止它。中子容易被含氢材料减速，中子被捕获时产生γ射线。

(6) 重离子。重离子是质量数大于1的带电原子或原子核。重离子具有强电离性，能与物质发生强相互作用，穿透力差，不易被偏转。

10.1.2　不同轨道空间的粒子辐射特性

地球辐射带是指在近地空间被地磁场捕获的高强度带电粒子区域，它是地球外层大气中的放射性粒子受地球重力场和磁场的影响而集中起来的辐射能带，根据地球辐射带的结构和空间分布可分为内辐射带与外辐射带。地球辐射带是由美国学者范艾伦发现的，也叫范艾伦辐射带，通常将对航天器影响较大、离地面2000~8000km的内辐射带称为范艾伦内带；离地面15000~20000km的外辐射带称为范艾伦外带。为了尽可能地避免范艾伦内带的影响，延长卫星寿命，轨道高度的选择应尽量避开范艾伦带。LEO 卫星一般运行在范艾伦内带以下 (为了提高寿命，通常在 400km 以上)；MEO 卫星在内外两个范艾伦带之间；GEO 卫星则在范艾伦外带上。空间高能带电粒子对航天器的影响主要体现在两个方面：一是对航天器的功能材料、电子元器件、生物及航天员的总剂量效应；二是对大规模集成电路等微电子器件的单粒子效应 (single event effect, SEE)。

(1) 总剂量效应。空间带电粒子对航天器的总剂量损伤，主要是通过两种作用方式：一是电离作用，即入射粒子的能量通过吸收体的原子电离而被吸收，高能电子大都产生这种电离作用；另一种是位移作用，即入射的高能粒子击中吸收体的原子，使其原子的位置移动而脱离原来所处晶格的位置造成晶格缺陷，高能粒子和重离子既产生电离作用，又产生位移作用。带电粒子中对辐射剂量贡献较大的主要是能量不高、作用时间较长的粒子成分，大多是内辐射带的捕获电子和质子，外辐射带的电子、太阳耀斑质子等。对于低轨卫星，100krad ($1rad = 10^{-2}Gr$) 的抗辐射性能已可满足使用要求；对极轨任务，辐射剂量会更高，通常要求每年 100krad~1Mrad 的量级；对于同步赤道轨道卫星如通信与气象卫星，辐射剂量约为每年几千拉德；对于金星、火星、木星、土星及更远的星际任务要求会更严格。

(2) 单粒子效应。这是一个针对逻辑器件和逻辑电路的带电粒子辐射效应。当空间高能带电粒子轰击到大规模、超大规模电子器件时，造成微电子器件的逻辑状态发生改变，从而使航天器发生异常和故障。它包括单粒子翻转 (single event upset, SEU)、单粒子锁定 (single event latchup, SEL)、单粒子烧毁 (single event burnout, SEB) 以及单粒子栅击穿 (single event gate rupture, SEGR) 等多种形式。

SEU 指当高能带电粒子入射到微电子器件的芯片上时，在粒子通过的路径上将产生电离，电离形成的部分电荷在器件内部的电场作用下被收集。当收集的电荷超过临界电荷时，器件就会发生不期望的电状态翻转，比如存储器单元存储的数据从 '1' 翻到 '0'，或者从 '0' 翻到 '1'，导致电路逻辑功能混乱，从而使计算机处理的数据发生错误，或者指令流发生混乱导致程序 "跑飞"。SEU 不会使逻辑电路损坏，它可以重新写入另一个状态，因此称之为 "软错误"。虽然 SEU 并不产生硬件损伤，但它会导致航天器的控制系统的逻辑状态紊乱，从而可能对航天器产生灾难性的后果。SEU 现象早在 20 世纪 70 年代就已经在卫星上观测到，在以后直到现在的各种航天器中仍然屡见不鲜，并出现过多颗卫星 SEU 而导致卫星失控和损坏事件。

SEL 与 CMOS 器件特有的结构有关。目前使用较多的体硅 CMOS 器件，其自身具有一个固有的 PNPN 四层结构，即存在一个寄生可控硅。当高能带电粒子轰击该器件并在器件内部电离产生足够的电荷时，就有可能使寄生的可控硅在瞬间触发导通，从而引发单粒子锁定。

SEB 指具有反向偏置 PN 结的功率器件, 在受到带电粒子的辐射时, 将在 PN 结耗尽区由电离作用而产生一定数量的电荷, 这些电荷在 PN 结耗尽区强大的反电场下加速运动, 最终产生雪崩效应而导致 PN 结反向击穿, 在强大的击穿电流作用下烧毁。

10.1.3 辐射剂量与屏蔽层的关系

在多层材料屏蔽效果计算分析中, 采用 Space Radiation 空间辐射环境及效应分析计算软件包, 针对低地球轨道 (LEO) 分别计算了国际空间站运行轨道 (高度 400km, 倾角 51.6°) 和太阳同步轨道 (高度 800km, 倾角 98.8°) 高能电子和质子的能量积分谱, 计算结果表明, 基于 AE8 模型计算出的低地球轨道高能电子的年积分通量较低, 能量高于 3.0MeV 的电子年积分通量小于 5.7×10^8; 也针对高地球轨道 (HEO、GEO) 分别计算了地球同步轨道 (高度 36500km, 倾角 0°) 和地球辐射带中高能电子分布峰区轨道 (高度 20000km, 倾角 56°) 的高能电子和质子的能量积分谱, 计算结果表明, 基于 AP8 模型计算出的高地球轨道高能质子的年积分通量较低, 在地球同步轨道, 能量高于 2.0MeV 的质子年积分通量为零; 在高度为 20000km 的圆形轨道, 能量高于 7.0MeV 的质子年积分通量也为零。

在多层屏蔽结构设计过程中, 主要依据对不同单层材料屏蔽效果的计算分析结果, 选择对空间高能电子和质子屏蔽效果最好的钨作为主屏蔽材料, 辅助屏蔽材料选用卫星工程上常用的铝屏蔽材料。针对这两种材料, 设计了不同结构方式的四种多层屏蔽结构。在结构设计中, 总的质量厚度保持不变, 总质量厚度分别选取 $1.09g/cm^2$、$1.35g/cm^2$。另外, 在多层屏蔽结构设计中, 钨作为主屏蔽材料, 其厚度分别保持 0.1mm 和 0.2mm 不变。

经过计算可得出 3 层 Al-Ti-Al 结构对质子的屏蔽效果, 见表 10.1。

表 10.1 3 层 Al-Ti-Al 结构对质子的屏蔽效果

层数	材料	层密度/(g/cm^3)	层厚度/mm	沉积剂量/rad	误差/rad
1	Al	2.7	1.0	3.87×10^5	1.19×10^3
2	Ti	4.5	2.0	2.12×10^5	6.02×10^2
3	Al	2.7	1.0	1.74×10^5	7.49×10^2

利用 MULYSSIS 软件包, 针对几种屏蔽结构, 在保持结构中钨的厚度分别为 0.1mm、0.2mm 不变的情况下, 分别计算了在国际空间站运行轨道 (高度 400km, 倾角 51.6°)、太阳同步轨道 (高度 800km, 倾角 98.8°)、高地球轨道 (高度 20000km, 倾角 56°) 及地球同步轨道 (高度 36500km, 倾角 0°) 辐射环境中, 几种屏蔽结构对电子、质子的屏蔽效果和对二者引起的总剂量的屏蔽效果 (表 10.2 和表 10.3)。

表 10.2　MULYSSIS 软件计算结果 (钨材料厚度为 0.1mm)

轨道类型	剂量/rad(Si)(一年任务期)	不同屏蔽结构剂量分布/rad(Si)					
		单层 Al	单层 W	双层结构 A	双层结构 B	3 层结构	4 层结构
400km	60783.1	7.77	2.08	7.76037	7.30564	9.91849	4.47115
800km	436681.7	47.5	22.7	49.67802	36.85271	31.66539	41.0841
20000km	2.92912×10^7	12700	6580	8001.344	8757.173	6274.942	10313.03
CEO(以上为电子)	7.07415×10^7	1900	1820	458.7848	1098.78	1510.342	832.1011
400km	193581.9	59.7855		52.18862	61.90963	55.24275	52.50079
800km	3.67838×10^6	568.527		562.7996	747.4851	578.0841	538.3136
20000km	1.4436×10^{10}	0.0	0.0	0.0	0.0	0.0	0.0
CEO(以上为质子)	3.61319×10^9	0.0	0.0	0.0	0.0	0.0	0.0
400km	254365	67.555		59.95	69.21527	65.16124	56.97194
800km	4.11506×10^6	616.012		612.47762	784.33781	609.7494	579.3977
20000km	1.44653×10^{10}	127000		8001.344	8757.173	6274.942	10313.03
CEO(总剂量)	3.68393×10^9	1900		458.7848	1098.78	1510.342	832.1011

表 10.3　MULYSSIS 软件计算结果 (钨材料厚度为 0.2mm)

轨道类型	剂量/rad(Si)(一年任务期)	不同屏蔽结构剂量分布/rad(Si)			
		双层结构 A	双层结构 B	3 层结构	4 层结构
400km	60783.1	4.33074	4.81374	3.53063	3.18842
800km	436681.7	13.18282	22.14348	13.58488	14.99673
20000km	2.92912×10^7	5690.697	6190	4579.678	6448.759
CEO(以上为电子)	7.07415×10^7	446.8681	1654.256	466.556	759.9962
400km	193581.9	54.59786	61.85377	55.86929	52.43086
800km	3.67838×10^6	507.5111	1119.599	588.6845	575.6349
20000km	1.4436×10^{10}	0.0	0.0	0.0	0.0
CEO(以上为质子)	3.61319×10^9	0.0	0.0	0.0	0.0
400km	2.54365×10^5	58.9286	66.66751	59.39992	55.61928
800km	4.11506×10^6	520.69392	1141.74248	602.26938	590.63163
20000km	1.44653×10^{10}	5690.697	6190	4579.678	6448.759
CEO(总剂量)	3.68393×10^9	446.8681	1654.256	466.556	759.9962

　　从表 10.2 可以看出，就总剂量屏蔽效果而言，对于不同轨道，不同屏蔽结构屏蔽后的剂量分布不同；在主屏蔽材料钨的厚度保持 0.1mm 不变的情况下，对双层结构 A 而言，在不同轨道辐射环境下，综合起来看，其屏蔽效果较好；但 3 层

屏蔽结构方式对太阳同步轨道和 20000km 高轨道辐射环境下的总剂量屏蔽效果最好；另外，从表 10.2 也可以看出，双层结构 A 和双层结构 B 对总剂量屏蔽效果的主要差异是由其对高能质子的屏蔽效果不同而引起的。同样，从表 10.3 可以看出，就总剂量屏蔽效果而言，在主屏蔽材料钨的厚度保持 0.2mm 不变的情况下，在不同轨道辐射环境下，综合起来看，双层结构 A 和 3 层屏蔽结构方式其屏蔽效果最好；综合不同屏蔽结构在不同轨道辐射环境中对高能电子和质子的屏蔽效果看，存在着最佳的材料屏蔽结构方式，即高低 Z 值的材料组合结构可以优化和改善屏蔽效果，在质量厚度一定的条件下，这种最佳材料屏蔽结构方式与所选取高 Z 值屏蔽材料 (如本计算工作中选取的钨材料) 的厚度相关，但一般来讲，3 层屏蔽结构方式和双层结构 A 方式其屏蔽效果最好。在以电子为主的高轨道辐射环境中，最佳屏蔽结构是 Al/W/Al 3 层屏蔽结构方式，其主要原因是最外层的 Al 材料首先使大部分能量电子降低了速度，然后中间高 Z 值材料对韧致辐射产生很大的阻止作用，而最里层 Al 材料又可以吸收高 Z 值材料产生的二次电子及韧致辐射，从而形成了一种最佳 Al/W/Al 3 层屏蔽结构方式。

10.1.4 粒子辐射对激光通信载荷的影响

总剂量效应将导致激光通信载荷上的各种电子元器件和功能材料等的功能漂移、功能衰退，严重时会完全失效或损坏。比如，玻璃材料在严重辐射后会变黑、变暗，胶卷变得模糊不清；各种半导体器件功能衰退，例如，双极晶体管的电流放大系数降低、漏电流升高、反向击穿电压降低等，单极型器件 (MOS 器件) 的跨导变低、阈电压漂移、漏电流升高等，运算放大器的输入失调变大、开环增益下降、共模抑制比变化等，光电器件及其他半导体探测器的暗电流增加、背景噪声增加等，这些器件的性能衰退甚至损坏，严重时将使激光通信载荷电子系统不能维持正常的工作状态，对航天器造成严重影响。而在卫星光通信系统中静态随机存储 (SRAM)、金属–氧化物–半导体 (MOS) 存储单元广泛应用于多种控制器件，单粒子翻转事件影响 SRAM、MOS 存储单元，导致控制器件发生错误甚至失效，进而造成半导体激光器输出功率呈数量级下降、PAT 系统和光电探测器的灵敏度和精度降低等，影响卫星光通信系统整体性能，使卫星不能完成预期在轨任务，甚至缩短卫星寿命。

10.1.5 抗辐射加固技术

1. 总剂量加固

辐射加固建立在充分了解非加固器件辐射响应的原因以及可以满足加固要求的各种工艺改进措施上。抗辐射加固过程需要数学模型和物理分析的支持，需要完整研究辐射响应特性，定量评估氧化层和界面态。

从工艺角度看，对辐射总剂量加固基本上是从氧化层和界面态的了解、完善和优化入手。辐射加固的目标是通过改进工艺尽可能减少氧化层电荷和界面层电荷。减薄栅氧化层的厚度是提高辐射加固性能的关键手段，性能可提高 2~10 倍。

2. 单粒子效应加固

单粒子锁定。CMOS 器件的锁定机理是触发寄生 p-n-p-n 或 n-p-n-p 可控硅结构。对锁定效应的加固途径是消除可控硅结构或可控硅的触发条件。通过改进绝缘衬底工艺消除可控硅结构。如重掺杂的低电阻率衬底，减少了寄生晶体管的增益，可以提高抗单粒子锁定的性能。

单粒子翻转。单粒子翻转敏感度最重要的参数是临界电荷和电荷收集。减小器件的物理尺寸可以减小临界电荷。采用绝缘衬底或 "剪裁" 的衬底可以减小电荷收集效应。"剪裁" 衬底采用在重掺杂、低电阻率衬底上生长薄外延层。

3. 系统加固

航天器所有部件都能阻挡掉部分空间辐射，可以认为它们是相互屏蔽的。例如，自旋卫星四周包围的太阳电池阵能对卫星内部器件提供部分屏蔽保护，屏蔽效果相当于 3~4mm 的铝。通过优化卫星内部的布局，将辐射敏感的部件尽可能放在中间或大质量部件的后边，可以最大限度减少辐射对敏感器件的损伤。

4. 附加屏蔽

如果卫星上的固有质量不能有效保护所有的敏感元件，附加屏蔽是最后的手段。附加屏蔽的方法是在被保护对象外包围一层屏蔽材料，阻挡或减弱辐射能量。附加屏蔽的原则是 "局部屏蔽"。用紧凑的屏蔽将被保护对象包围起来，而不是在整个仪器外边加同样厚的屏蔽，以此节约质量。例如，一块集成电路最好的加固方法是直接在其封装外面填充屏蔽材料或用屏蔽材料作外壳。

(1) 局部屏蔽材料选择。

尽量选择原子序数较小的金属，而避免选择原子序数较大的金属，以避免带来更明显的次级辐射剂量。推荐选择的材料有 Al、Ta 等，不宜选择 Cu、Pb。

(2) 局部屏蔽的基本步骤。

(a) 确定局部屏蔽的电子元器件及其在航天器上的实际使用位置；

(b) 确定电子元器件自身的抗总剂量水平；

(c) 采用辐射剂量三维分析方法，确定电子元器件在实际使用中的剂量深度曲线；

(d) 计算电子元器件实际使用位置处的辐射剂量；

(e) 从剂量深度曲线中查找实际使用位置处的辐射剂量对应的屏蔽面密度；

(f) 计算在轨剂量防护所需要的局部屏蔽面密度；

(g) 选择防护材料，建议使用密度较大的金属，如钽 (Ta)，并根据局部防护屏蔽面密度，换算成钽的厚度；

(h) 防护材料加工成所需形状，并固定到管壳上。根据具体情况，可采取粘贴、机械连接等便于实施的方式。

(3) 局部屏蔽材料固定的要求。

(a) 局部屏蔽后的电子元器件使用应与普通电子元器件同样方便、可靠；

(b) 屏蔽材料固定的操作中，电子元器件的各项性能指标不应有任何降低和破坏；

(c) 屏蔽材料必须有一定的附着强度，能承受机械振动、温度循环、热真空等环境试验应力作用，不应该松动或脱落；

(d) 屏蔽材料造成电子元器件自重增加而导致安装强度不够时，应采取适当的措施加固；

(e) 固定屏蔽材料的黏合剂，涂料的挥发性及抗辐射性能应该符合航天工程要求；

(f) 固定屏蔽材料后不应破坏电子元器件原有的散热条件，保证电子元器件工作温度满足正常工作要求；

(g) 固定屏蔽材料后引起的分布电容、分布电感等的变化，不应影响电子元器件的正常电性能；

(h) 固定防护材料后，应保证屏蔽材料、电路板与电子元器件良好的绝缘性能；

(i) 实施局部屏蔽时，应防止电子元器件受到静电损伤；

(j) 实施局部屏蔽时，如果覆盖了电子元器件外壳上的标识，必要时应重新进行标识，以便能正确使用经过局部屏蔽的电子元器件；

(k) 局部屏蔽材料必须接地，绝对禁止成为悬空导体。

(4) 空间材料抗辐射性能筛选。

通过在轨飞行试验或地面模拟试验对空间材料进行辐射效应下的性能损伤退化评估，筛选抗辐射性能好的材料用于卫星研制，提高卫星抗辐射性能。

10.2 空间真空环境

10.2.1 空间真空环境描述

航天器运行的轨道高度不同，真空度也不同，轨道越高，真空度越高。海平面大气密度的标准值为 $1.225 \times 10^{-3} \mathrm{g/cm^3}$，压力的标准值为 101325Pa。因此，航天器入轨后始终运行在高真空与超真空环境中。

10.2.2　真空环境引起的冷焊效应

当航天器处于超高真空环境时,航天器运动部件的表面处于原子清洁状态,无污染。而清洁、无污染金属接触面间原子键结合造成的黏接现象和金属活动部件面间过度摩擦造成的凸点处局部焊接,导致金属撕落、转移,并进一步造成的接触面粗糙度增加的现象,称为冷焊效应。

这种现象可使航天器上的一些活动部件出现故障,如加速轴承的磨损,减少其工作寿命,使电机滑环、电刷、继电器和开关触点接触不良,甚至使航天器上的一些活动部件出现故障,如天线和重力梯度杆展不开,太阳电池展板、散热百叶窗打不开等。总之,一切支承、传动、触点部位都可能出现故障。

防止冷焊的措施是选择不易发生冷焊的配耦材料,在接触表面涂覆固体润滑剂或设法补充液体润滑剂,涂覆不易发生冷焊的材料膜层。

研究表明,一部分氧化膜和 MoS_2 膜有明显的减小冷焊的倾向,如 ZrO_2、CrO_2、MoS_2 等,其中 MoS_2 膜的防冷焊效果最好。

10.2.3　真空环境引起的放气效应

在真空条件下,材料的蒸发、升华和分解效应释放出气体,造成材料的质量损失,改变和降低材料的原有性能,尤其是对聚合物的性能产生影响。

金属材料放气包括表面吸附气体的释放和金属材料的升华。当周围环境的气压与金属材料的蒸气压力相当时,金属将升华而释放气体,升华率随温度而升高。在卫星上应用会出现放气而造成材料损失和表面污染。如表 10.4 所示。

表 10.4　金属升华率对应的温度　　　　　　　　　(单位: °C)

金属元素	升华率		
	0.1μm/a	10μm/a	1mm/a
Cd	38	77	122
Zn	71	127	177
Mg	110	171	233
Au	660	800	950
Ti	920	1070	1250
Mo	1380	1630	1900
W	1870	2150	2480

有机材料的放气效应包括气体的释放、扩散和材料的分解。材料所吸附的气体在真空环境下被释放,是一种质量小的放气效应。扩散效应是分子随机热运动引起的均化过程,主要发生在有机材料,扩散不限于材料表面,它的放气总量比吸附释放出的气量大得多。分解放气是材料的化学反应的结果。一种材料成分分解成两种或更多的物质,其中某种物质经扩散后释放到空间。材料分解放气比表面释放和扩散放气需要更高的激活能量。

10.3　空间太阳辐照环境

10.3.1　太阳辐照环境

太阳是个巨大的辐射源，太阳发射从 10^{-14}m 的 γ 射线到 10^2m 的无线电波的各种波长的电磁波。这些不同波的辐射能量的大小是不同的，可见光部分辐射能量最大。可见光和红外部分的通量占总通量的 90% 以上。太阳的可见和红外辐射、地球反射太阳的辐射以及地球大气系统自身的热辐射均影响卫星表面的温度，各种波长的辐射来自不同高度和不同温度的太阳大气层发射出来的，不能用单一温度的黑体或灰体辐射来代表。它的可见和红外辐射主要来自于太阳光球，$0.3\sim2.5\mu$m 的辐射相当于 6000K 的黑体辐射。$0.15\sim0.3\mu$m 的辐射相当于 4500K 的黑体辐射。0.15μm 以下的短波辐射主要来自日色球和日冕的高温辐射。无线电厘米波是由太阳色球发射的，米波则是由日冕发射的。

太阳紫外辐射波按波长分为三个区域：近紫外 $(0.38\sim0.3\mu\text{m})$、中紫外 $(0.31\sim0.17\mu\text{m})$ 和远紫外 $(0.17\mu\text{m}$ 以下)。

为定量地描述太阳辐射能量，定义在地球大气外，太阳在单位时间内投射到距太阳平均日地距离处，垂直于光线方向的单位面上的全部辐射能为一个太阳常数，等于 (1353 ± 21)W/m^2。这一数值是最近十几年内，不同研究者用不同方法测得太阳常数值的综合分析结果，测量误差为 $\pm1.5\%$。

10.3.2　太阳辐照环境对激光通信有效载荷的影响

太阳辐射是电磁辐射的一种，大致相当于 6000K 的黑体辐射。在一般情况下，太阳辐射量较为稳定，可用太阳常数这一概念描述。太阳常数，即太阳辐射量的平均值，是指日地平均距离处垂直于太阳光线的平面上，在单位面积上所接收的太阳辐射能，单位为 mW/cm^2 或 W/m^2。

在太阳背景辐射条件下，此时太阳进入了接收终端的视场角，而且太阳辐射强度几乎不随传输距离而发生变化，到达光电探测器端的太阳背景辐射功率可以达到几十甚至几百毫瓦，将引起某些光电探测器如 CCD 的饱和，甚至损伤。

10.4　空间原子氧环境

10.4.1　原子氧环境

原子氧是指低地球轨道 (通常认为 200~700km 高度) 上以原子氧存在的残余气体环境。在这个轨道高度上，气体总压力为 $10^{-5}\sim10^{-7}$Pa，环境组分有 N$_2$、O$_2$、Ar、

He、H 及 O 等，相应的粒子密度为 $10^6 \sim 10^9/cm^3$。原子氧在残余大气中占主要成分。

大量研究表明，波长小于 240nm 的太阳紫外线对残余大气中氧分子的光致解离是产生原子氧的主要机理。温度 100~3000K 的空间低能电子与氧离子的解离–再复合作用，也是产生原子氧的原因，这种作用伴随着激光和大气辉光现象。

原子氧的化学活性比分子氧高得多，其氧化作用远大于分子氧，同时其具有的 5.3eV 的碰撞动能，相当于 $4.8 \times 10^4 K$ 的高温。这种罕见的高温氧化、高速碰撞对材料作用的结果是非常严重的。由于上述原因，国外航天界专家一致认为原子氧是低地球轨道航天器表面最危险的环境因素。

10.4.2　原子氧环境对激光通信有效载荷的影响

由于激光通信有效载荷中激光通信光端机外露于卫星外部，原子氧主要对光端机中的光学元件材料和表面镀膜材料产生影响。

10.4.3　原子氧防护技术

目前，国外防护技术研究主要集中在研究抗原子氧新材料及防原子氧涂层两方面。前者如氟化聚合物、聚硅氧烷、聚酰亚胺等。后者以 SiO_2 为代表，为了有效防止原子氧、紫外、微小碎片综合效应的危害，近年来国外采用有机硅烷膜、多层复合膜等新型防护手段。

一种使用有效的防护膜材料必须经得起恶劣的空间环境的考验，还要完全满足航天器设计苛刻要求。其主要性能必须满足以下条件：

(1) 能长期抵抗原子氧高温氧化、高速碰撞产生的剥蚀；

(2) 柔韧、耐腐蚀；

(3) 抗紫外辐照退化，而且不改变基底材料的光学和热学性能；

(4) 质地轻薄，附着力强；

(5) 航天器设计的其他特殊要求。

1) 气相淀积防护膜

等离子体物理气相淀积膜是通过真空蒸镀、粒子溅射等方法将一种或数种构成薄膜的单质或化合物离子淀积到基底材料上，形成防护膜。等离子体化学气相淀积是将一种或数种构成薄膜的单质或化合物气体输送到等离子体反应区，在基底材料表面发生化学反应而形成薄膜。

2) 离子注入多层膜

首先在基底材料表面注入一层硅离子，然后采用物理气相淀积方法原位直接在其表面制备一层 SiO_2 防护膜。其可以缓解原子氧对基底材料的"潜蚀"效应损伤。

3) 化学改性防护膜

溶胶–凝胶法。采用溶胶–凝胶法制备 SiO_2 溶胶，在 SiO_2 溶胶中混合一定比例的有机硅树脂，制备有机硅/SiO_2 混合溶液。其适合大型复杂航天器表面的原子氧防护。

化学溶合法。有机硅烷化溶液在聚合物表面溶合形成一层含硅功能团的有机硅表面层，可以防护原子氧剥蚀损伤。

4) 纳米晶改性

环氧树脂是航天器常用复合材料的黏合剂，在原子氧环境中会产生严重的氧化剥蚀现象。在环氧树脂中添加一定比例的 SiO_2 和 Al_2O_3 纳米晶粒子，与原子氧作用后，材料表面会生成 SiO-O-C、Si-C 等新的化学结构，能够提高材料的抗氧化性能。

10.5 空间光污染环境

搭载在卫星平台的激光通信有效载荷的视轴是指向地球的，其主要的天空背景光为地球反射的太阳背景光。因为地球相对卫星平台的张角为 20°，远大于空间激光通信中的最大视场角，所以基本上无太阳光直射和其他点源 (如行星、恒星等)。

对于空间激光通信系统，信标光的接收波段为 800nm、通信光的波段为 1550nm，其所对应的地球反射光的天空背景辐射谱密度分别为 $\psi(800\text{nm}) = 1.6 \times 10^{-3}\text{W}/(\text{cm}^2 \cdot \text{sr} \cdot \mu\text{m})$ 和 $\psi(1500\text{nm}) = 0.5 \times 10^{-3}\text{W}/(\text{cm}^2 \cdot \text{sr} \cdot \mu\text{m})$。如果接收口径为 $D = 0.25\text{m}$，窄带滤光片带宽为 $\Delta\lambda = 5\text{nm}$，捕获探测器的单个像元对应的视场为 4μrad (捕获视场为 4mrad)，通信接收的视场为 100μrad，对应的天空背景光分别为 $P_{\text{BA}} = 0.5 \times 10^{-14}\text{W}$ 和 $P_{\text{BC}} = 9.6 \times 10^{-12}\text{W}$，远小于信标光和通信光的光功率。

但是，对于星地链路的有效载荷，则存在非常严重的太阳背景光和天空背景光，而且地面光端机的接收口径较大，影响更严重。根据卫星轨道和太阳的位置，当存在太阳直射入光学天线的条件时，切换到其他的地面站，主动避开太阳。

参 考 文 献

陈根祥, 秦玉文, 赵玉成, 等, 1998. 光通信技术与应用. 北京: 电子工业出版社.

陈振国, 杨鸿文, 郭文斌, 2003. 卫星通信系统与技术. 北京: 北京邮电大学出版社.

褚桂柏, 2002. 航天技术概论. 北京: 中国宇航出版社.

崔凯, 2013. 二维跟踪转台与卫星平台的动力学耦合技术研究. 北京: 中国科学院大学.

付强, 姜会林, 王晓曼, 等, 2012. 空间激光通信研究现状及发展趋势. 中国光学, 5(02): 116-
   125.

何非常, 2000. 军事通信. 北京: 国防工业出版社.

胡家升, 2002. 光学工程导论. 大连: 大连理工大学出版社.

黄载禄, 殷蔚华, 黄本雄, 2007. 通信原理. 北京: 科学出版社.

姜会林, 安岩, 张雅琳, 等, 2015. 空间激光通信现状、发展趋势及关键技术分析. 飞行器测控
   学报, 34(3): 207-217.

姜会林, 佟首峰, 2010. 空间激光通信技术与系统. 北京: 国防工业出版社.

姜文汉, 王春红, 凌宁, 等, 1998. 61 单元自适应光学系统. 量子电子学报, 15(20): 193-199.

姜义君, 2010. 星地激光通信链路中大气湍流影响的理论和实验研究. 哈尔滨: 哈尔滨工业大学.

柯熙政, 席晓莉, 2004. 无线激光通信概率. 北京: 北京邮电大学出版社.

柯熙政, 殷致云, 2009. 无线激光通信系统中的编码理论. 北京: 科学出版社.

李晓峰, 2007. 星地激光通信链路原理与技术. 北京: 国防工业出版社.

李玉权, 朱勇, 王江平, 2006. 光通信原理与技术. 北京: 科学出版社.

林如俭, 2003. 光纤电视传输技术. 北京: 电子工业出版社.

马养武, 王静环, 包成芳, 等, 2003. 光电子学. 杭州: 浙江大学出版社.

彭承झ, 彭明鉴, 2005. 光通信误码指标工程计算与测量. 北京: 人民邮电出版社.

吴从均, 颜昌翔, 高志良, 2013. 空间激光通信发展概述. 中国光学, 6(5): 670-680.

吴湛击, 2008. 现代纠错编码与调制理论及应用. 北京: 人民邮电出版社.

熊辉丰, 2007. 激光雷达. 北京: 中国宇航出版社.

杨海涛, 2014. 卫星激光通信技术. 科技创新与应用, (28): 35-36.

尹志忠, 王建萍, 刘涛, 等, 2009. 深空通信. 北京: 国防工业出版社.

余金培, 2004. 现代小卫星技术与应用. 上海: 上海科学普及出版社.

于志坚, 2009. 深空测控通信系统. 北京: 国防工业出版社.

张靓, 郭丽红, 刘向南, 等, 2013. 空间激光通信技术最新进展与趋势. 飞行器测控学报, 32(4):
   286-293.

赵尚弘, 2005. 卫星光通信导论. 西安: 西安电子科技大学出版社.

赵尚弘, 李勇军, 吴继礼, 2010. 卫星光网络技术. 北京: 科学出版社.

周仁忠, 阎吉祥, 1996. 自适应光学理论. 北京: 北京理工大学出版社.

周志成, 2014. 通信卫星工程. 北京：中国宇航出版社.

Akkaya K, Younis M, 2003. An energy aware QoS routing protocol for wireless sensor networks. Int. Conf. on Distr. Comp. Sys. Workshop: 710-715.

Allen L, Beijersbergen M W, Spreeuw R J C, et al, 1992. Orbital angular momentum of light and the transformation of Laguerre-Gaussian laser modes. Phys. Rev. A, 45(11): 8185-8189.

Aminian M, Dong Y, 2014. Routing in terrestrial free space optical ad-hoc networks. DOI:10.13140/2.1.2675.9369.

Andrews L C, Phillips R L, 2005. Laser Beam Propagation through Random Media. Bellingham: SPIE Press.

Andrews L C, Phillips R L, Hopen C Y, 2001. Laser Beam Scintillation with Applications. Bellingham: SPIE Press.

Anguita J A, Neifeld M A, Vasic B V, 2008. Turbulence-induced channel crosstalk in an orbital angular momentum multiplexed free-space optical link. Appl. Opt., 47(13): 2414-2429.

Arai K, 2012. Overview of the optical inter-orbit communications engineering test satellite (OICETS) project. J. Nat. Inst. of Info. & Comm. Tech., 59: 5-12.

Australia S, 2014. Safety of laser products-Part 1: Equipment classification and requirements. Instrumented Vehides.

Awan M S, Brandl P, Leitgeb E, et al, 2009. Results of an optical wireless ground link experiment in continental fog and dry snow conditions. International Conference on Telecommunications IEEE .

Awwad O, Al-Fuqaha A, Khan B, et al, 2012. Topology control schema for better QoS in hybrid RF/FSO mesh networks. IEEE Trans. Comm., 60(5): 1398-1406.

Bader I, Lui C, 1996. Laser safety and the eye: hidden hazards and practical pearls. Tech. Report: American Academy of Dermatology, Lion Laser Skin Center, Vancouver and University of British Columbia.

Baister G, Kudielka K, Dreischer T, et al, 2009. Results from the DOLCE (deep space optical link communications experiment) project. Proc. SPIE, Free Space Laser Comm. Tech. XXI, 7199: 71990B.

Batcheldor D, Robinson A, Axon D, et al, 2006. The NICMOS polarimetric calibration. Publ. Astron. Soc. Pac., 118(842): 642-650.

Beer R, Glavich T A, Rider D M, 2001. Tropospheric emission spectrometer for the Earth Observing System's Aura Satellite. Appl. Opt., 40(15): 2356-2367.

Bellinne F, Tonini D E, 1970. Flight testing and evaluation of airborne multisensor display systems. J Aircraft, 7(1): 27-31.

Biswas A, Boroson D, Edwards B, 2006. Mars laser communication demonstration: what it would have been. Proc. SPIE, Free Space Laser Comm. Tech. XVIII, 6105: 610502.

Blazevic L, Le Boudec J, Giordano S, 2003. A location based routing method for irregular mobile ad hoc networks. EPFL-IC Report Number IC/2003/30.

Bloom S, Korevaar E, Schuster J, et al, 2003. Understanding the performance of free-space optics. J. Opt. Netw. (OSA), 2(6): 178-200.

Bohmer K, Gregory M, Heine F, et al, 2012. Laser communication terminais for the European Data Relay System. Proc. of SPIE, 8246: 82460D-1-82460D-7.

Boroson D M, Biswas A, Edward B L, 2004. MLCD: Overview of NASA's Mars laser communications demonstration system. Proc. SPIE, Free Space Laser Comm. Tech. XVI, 5338.

Boroson D M, Robinson B S, Burianek D A, et al, 2012. Overview and status of the Lunar Laser communications demonstration. Proc. of SPIE, 8248: 82460C.

Boroson D M, Scozzafava J J, Murphy D V, et al, 2009. The Lunar Laser Communications Demonstration (LLCD). Third IEEE International Conference on Space Mission Challenges for Information Technology (SMC-IT): 23-28.

Bradford J N, Tucker J W, 1969. A sensitive system for measuring atmospheric depolarization of light. Appl. Opt., 8(3): 645-647.

Braginsky D, Estrin D, 2002. Rumor routing algorithm for sensor networks. Int. Conf. on Distr. Comp. Sys: 22-31.

Breger M, Hsu J C, 1982. On standard polarized stars. Astrophys. J., 262: 732-738.

Burleigh S, Hooke A, Torgerson L, et al, 2003. Delay-tolerant networking: an approach to interplanetary internet. IEEE Comm. Mag., 41(6): 126-128.

Carruthers J B, Kahn J M, 2000. Angle diversity for nondirected wireless infrared communication. IEEE Trans. Comm., 48(6): 960-969.

Cazaubiel V, Planche G, Chorvalli V, et al, 2006. LOLA: a 40.000 km optical link between an aircraft and geostationary satellite. Sixth International Conf. on Space Optics, The Netherlands, 10567: 1056726.

Chan V W S, 2006. Free-space optical communications. Journal of Lightwave Technology, 24(12): 4750-4762.

Chatterjee M R, Mohamed F H A, 2014. Modeling of power spectral density of modified von Karman atmospheric phase turbulence andacousto-optic chaos using scattered intensity profiles over discrete time intervals. Proc. SPIE, Laser Comm. And Prop. through the Atmosp. and Oce. III, 9224: 922404.

Chatzidiamantis N D, Sandalidis H G, Karagiannidis G, et al, 2010. New results on turbulence modeling for free-space optical systems. Proc IEEE, Int. Conf. on Tele. Comm.: 487-492.

Chen B, Jamieson K, Balakrishnan H, et al, 2002. SPAN: an energy-efficient coordination algorithm for topology maintenance in ad hoc wireless networks. J. Wireless Net. 8(5): 481-494.

Chen C C, 1975. Atteumation of electromagnetic radiation by haze, fog, cloud and rain. Tech. Report: R-1694-PR, United States of Air Force Project Rand.

Clausen T, Jacque P, 2003. Optimized Link State Routing Protocol. RFC 3626.

Collett E, Alferness R, 1972. Depolarization of a laser beam in a turbulent medium. J. Opt. Soc. Am., 62(4): 529-533.

Courtade T A, Wesel R D, 2009. A cross-layer perspective on rateless coding for wireless channels. Proc. IEEE, ICC.

Crane R K, Robinson P C, 1997. ACTS propagation experiment: rain-rate distribution observations and prediction model comparisons. Proc. IEEE, 86(6): 946-958.

Davis C, Smolyaninov I I, Milner S D, 2003. Flexible optical high data rate wireless links and networks. IEEE Comm. Mag., 41(3): 51-57.

Deadrick R, Deckelman W F, 1992. Laser crosslink subsystem–an overview. Proc. SPIE, Free Space Laser Comm. Tech. IV, 1635: 225-235.

Demers F, Yanikomeroglu H, St-Hilaire M, 2011. A survey of opportunities for free space optics in next generation cellular networks. IEEE Proc., Ninth Annual Communication Networks and Services Research Conference: 210-216.

Desai A, Llorca J, Milner S D, 2004. Autonomous reconfiguration of backbones in free-space optical networks. Military Comm. Conf. (MILCOM).

Desai A, Milner S, 2005. Autonomous reconfiguration in free-space optical sensor networks. IEEE J. Sel. Areas in Comm., 23(8): 1556-1563.

Dewan E M, Good R E, Beland R, et al, 1993. A model for Csubn(2) (optical turbulence) profiles using radiosonde data. Environmental Research Paper-PL-TR-93-2043 1121, Phillips Laboratory.

Djordjevic B, Arabaci M, 2010. LDPC-coded orbital angular momentum (OAM) modulation for free-space optical communication. Opt. Exp., 18(24): 24722-24728.

Doss-Hammel S, Oh E, Ricklinc J, et al, 2004. A comparison of optical turbulence models. Proc. SPIE, Free Space Laser Comm. IV, 5550: 236-246.

Draves R, Padhye J, Zill B, 2004. Routing in multi-radio, multi-hop wireless mesh networks. Proc. ACM, MobiCom.

Dreischer T, Tuechler M, Weigel T, et al, 2009. Integrated RF-optical TT & C for a deep space mission. Acta Astronautica, 65(11): 1772-1782.

Edwards B L, Israel D, 2012. The laser communications relay demonstration. International Conference on Space Optical Systems and Applications.

Felemban E, Lee C G, Ekic E, 2006. MMSPEED: multipath multi-SPEED protocol for QoS guarantee of reliability and timelinesin wireless sensor networks. IEEE Trans. Mob. Comp., 5(6): 738-754.

Fernandes J, Watson P A, Neves J, 1994. Wireless LANs: physical properties of infrared systems vs mmw systems. IEEE Comm. Mag., 32(8): 68-73.

Fletcher G D, Hicks T R, Laurent B, 2002, The SILEX optical interorbit link experiment. IEEE J. Elec. & Comm. Engg., 3(6): 273-279.

Franz J H, Jain V K, 2000. Optical Communications Components and Systems: Analysis, Design, Optimization, Application. New Delhi: Narosa Publishing House.

Fujiwaraa Y, Mokunoa M, Jonoa T, et al, 2007. Optical inter-orbit communications engineering test satellite (OICETS). Acta Astronautica, 61(1-6): 163-175.

General Atomics Aeronautical Systems, Inc., 2012. GA-ASI and TESAT Partner to Develop RPA-to-Spacecraft Lasercom Link.

Gfeller F R, Bapst U H, 1979. Wireless in-house data communication via diffuse infrared radiation. Proc. IEEE, 67(11): 1474-1486.

Ghassemlooy Z, Popoola W O, 2010. Terrestrial Free-Space Optical Communications. Intech, 17: 356-392.

Gibson G, Courtial J, Padgett M, et al, 2004. Free-space information transfer using light-beams carrying orbital angular momentum. Opt. Exp., (12): 5448-5456.

Gregory M, Heine F, Kampfner H, et al, 2012. Commercial optical inter-satellite communication at high data rates. Optical Engineering, 51(3): 031202-1-031202-7.

Grein M E, Kerman A J, Dauler E A, et al, 2011. Design of a ground-based optical receiver for the lunar laser communications demonstration. Space Optical Systems and Applications (ICSOS): 78-82.

Grosinger J, 2008. Investigation of polarization modulation in optical free space communications through the atmosphere. Master Thesis, Technical University of Vienna.

Gruneosen T, Miller W A, Dymale R C, et al, 2008. Holographic generation of complex fields with spatial lightmodulators: application to quantum key distribution. Appl. Opt., 47: A32-A42.

Gurvich S, Kon A I, Mironov V L, et al, 1976. Laser Radiation in Turbulent Atmosphere. Moscow: Nauka Press.

Hammons A R, Davidson F, 2010. On the design of automatic repeat request protocols for turbulent free-space optical links. Military Comm. Conf. (MILCOM).

Hammons A R, Davidson F, 2011. Diversity rateless round robin for networked FSO communications. DOI: 10. 1364/LSC.2011.LTuB1.

Hammons Jr A R, 2010. Systems and methods for a rateless round robin protocol for adaptive error control. US 867133282.

He T, Stankovic J A, Lu C, et al, 2003. SPEED: a stateless protocol for real-time communication in sensor networks. Proc. IEEE, Int. Conf. Distr. Comp. Sys.: 46-55.

Heatley D J T, Wisely D R, Neild I, et al, 1998. Optical wireless: the story so far. IEEE Comm. Mag., 12: 72-74, 79-82.

Hecht J, 2005. Beam: the race to make the laser. Tech. Report: Optics & Photonics News.

Hemmati H, 2009. 深空光通信. 王平, 孙威, 译. 北京: 清华大学出版社.

Hemmati H, 2009. Near-Earth Laser Communications. Boca Raton: CRC Press.

Henniger H, Wilfert O, 2010. An introduction to free-space optical communications. J. Radioeng., 19(2): 203-212.

Hirabayashi K, Yamamoto T, Hino S, 2004. Optical backplane with free-space optical interconnections using tunable beam deflectors and a mirror for bookshelf-assembled terabit per second class asynchronous transfer mode switch. Opt. Eng., 37: 1332-1342.

Hochfelder D, 2015. Alexander Graham Bell. Encylopedia Britannica.

Höhn D, 1969, Depolarization of a laser beam at 6328 Å due to atmospheric transmission. Appl. Opt., 8(2): 367-369.

Horwath J, Knapek M, Epple B, et al, 2006. Broadband backhaul communication for stratospheric platforms: the stratospheric optical payload experiment (STROPEX). Proc. SPIE, Free-Space Laser Communications: 63041N.

Hu Y, Powell K, Vaughan M, et al, 2007. Elevation information in tail (EIT) technique for lidar altimetry. Opt. Exp., 15(22): 14504-14515.

Huang H, Xie G, Yan Y, et al, 2013. 100Tbit/s free-space data link using orbital angular momentum mode division multiplexing combined with wavelength division multiplexing. OFC/NFOEC.

Huang X, Fang Y, 2008. Multiconstrained QoS multipath routing inwireless sensor networks. J. Wireless Net., 14(4): 465-478.

Hufnagel R E, 1974. Variations of atmospheric turbulence. Tech. Report.

Hufnagel R E, Stanley N R, 1964. Modulation transfer function associated with image transmission through turbulence media. J. Opt. Soc. Am., 54(52): 52-62.

Hutt D L, Snell K J, Belanger P A, 1993. Alexander Graham Bell's photophone. Tech. Report: Optic & Photonics News.

Intanagonwiwat C, Govindan R, Estrin D, 2000. Directed diffusion: a scalable and robust communication paradigm for sensor networks. Proc. AMC MobiCom: 56-67.

Intanagonwiwat C, Govindan R, Estrin D, et al, 2003. Directed diffusion for wireless sensor networking. IEEE Trans. Net., 11(1): 2-16.

Isbel D, O'Donnell F, Hardin M, et al, 1999. Mars Polar Lander/Deep Space 2. NASA Tech. Report.

ITU, 2007. Prediction methods required for the design of terrestrial free-space optical links. Recommendation ITU-R P. 1814.

Jahir Y, Atiquzzaman M, Refai H, et al., 2009. Multipath hybrid ad hoc networks for avionics applications in disaster area. IEEE Conf. on Digital Avionics Sys. Conf.

Jahir Y, Atiquzzaman M, Refai H, et al, 2010. AODVH: Ad hoc on-demand distance vector routing for hybrid nodes. IEEE.

Jeganathan M, Wilson K E, Lesh J R, 1996. Preliminary analysis of fluctuations in the received uplink-beacon-power data obtained from the GOLD experiments. TDA Progress

Report 42-124, Comm. Sys. and Research Sec.: 20-32.

Johnson B, Maltz D A, Broch J, 2001. DSR: the dynamic source routing protocol for multi-hop wireless ad hoc networks // Perkins C E. Ad Hoc Networking. New York: Addison-Wesley: 139-172.

Jurado-Navas A, Garrido-Balsells J M, Paris J F, et al, 2012. Impact of pointing errors on the performance of generalized atmospheric optical channels. Opt. Exp., 20(11): 12550-12562.

Kah S A, Arshad S A, 2009. QoS provisioning using hybrid FSO-RF based heirarchical model for wireless multimedia sensor networks. J. Comp Sc. and Inf. Security, 4(1): 2.

Kaine-Krolak M, Novak M E, 1995. An introduction to Infrared technology: Applications in the home, classroom, workplace, andbeyond. Trace R & D Center, University of Wisconsin.

Karp S, Gagliardi R M, Moran S E, et al, 1988. Optical Channels: Fibers, Clouds, Water, and the Atmosphere. New York: Plenum Press.

Kashani A, Uysal M, Kavehrad M, 2015. A novel statistical channel model for turbulence-induced fading in free-space optical systems. New York: Cornell University.

Kashyap A, Lee K, Kalantari M, et al, 2007. Integrated topology control and routing in wireless optical mesh networks. J. Comp. Networks, 51(15): 4237-4251.

Kaushal H, Kumar V, Dutta A, et al, 2011. Experimental study on beam wander under varying atmospheric turbulence conditions. IEEE Photon. Tech. Lett., 23(22): 1691-1693.

Khalighi M A, Uysal M, 2014. Survey on free space optical communication: a communication theory perspective. IEEE Comm. Surve. & Tut., 16(4): 2231-2258.

Kim I, Achour M, 2001. Free-space links address the last-mile problem. Laser Focus World, 37(6): 121-130.

Kim I, McArthur B, Korevaar E, 2000. Comparison of laser beam propagation at 785nm and 850nm in fog and haze for optical wireless communications. Proc. SPIE, Opt. Wireless Comm. III, 4214: 26-37.

Kim I I, Korevaar E J, 2001. Availability of free space optics (FSO) and hybrid FSO/RF systems. DOI: 10.1117/12.449800.

Kneizys F X, 1983. Atmospheric Transmittance/Radiance [microform]: Computer Code LOWTRAN 6. USAF.

Ko Y B, Vaidya N H, 2000. Location-aided routing (LAR) in mobile ad hoc networks. Wireless Net., 6(4): 307-321.

Kulik J, Heinzelman W, Balakrishnan H, 2002. Negotiation-based protocols for disseminating information in wireless sensor networks. J. Wireless Net., 8: 169-185.

Langer R M, 1957. Effects of atmospheric water vapour on near infrared transmission at sea level. Report on Signals Corps Contract DA-36-039-SC-723351, J. R. M. BegeCo.,

Arlington, Mass.

Leach J, Courtial J, Skeldon K, et al, 2004. Interferometric methods to measure orbital and spin, or the total angular momentum of a single photon. Phys. Rev. Lett., 92(1): 013601-1-013601-4.

Liu X, 2009. Free-space optics optimization models for building sway and atmospheric interference using variable wavelength. IEEE Trans. Comm., 57(2): 492-498.

Llorca J, Desai A, Vishkin U, et al, 2004. Reconfigurable optical wireless sensor networks. Proc. SPIE, Optics in Atmosphe. Prop. and Adaptive Sys. VI, 5237.

Long R K, 1963. Atmospheric attenuation of ruby lasers. Proc. of the IEEE, 51(5): 859, 860.

Mahalati R N, Kahn J M, 2012. Effect of fog on free-space optical links employing imaging receivers. Opt. Exp., 20(2): 1649-1661.

Mai V V, Pham A T, 2011. Performance analysis of cooperative-ARQ schemes in free-space optical communications. IEICE Trans. Comm., 97(8): 1614-1622.

Majumdar A K, 2015. Advanced Free Space Optics (FSO): A Systems Approach. New York: Springer.

Majumdar A K, Ricklin J C, 2008. Free-Space Laser Communications: Principles and Advances. New York: Springer.

Manjeshwar A, Agrawal D P, 2002. APTEEN: a hybrid protocol for efficient routing and comprehensive information retrieval in wireless sensor networks. Proc. IEEE, Int. Parall. and Distri. Proc. Symp. (IPDPS).

Maryam H F, Hazem H R, Peter G L, et al, 2010. Reconfiguration modeling of reconfigurable hybrid FSO/RF links. IEEE Int. Conf. on Comm.: 1-5.

Moreira J C, Tavares A M, Valadas R T, et al, 1995. Modulation methods for wireless infrared transmission systems performance under ambient light noise and interference. Proc. SPIE, Wireless Data Trans., 2601: 226-237.

Murthy S, Garcia-Luna-Aceves J J, 1996. An efficient routing protocol for wireless networks. Mobile Networks and Applications, 1(2): 183-197.

Nakamaru K, Kondo K, Katagi T, et al, 1989. An overview of Japan's Engineering Test Satellite VI (ETS-VI) project. Proc. IEEE Communications, Int. Conf. on World Prosperity through Comm., 3: 1582-1586.

Narra H, Cheng Y, Çetinkaya E K, et al, 2011. Destination-sequenced distance vector (DSDV) routing protocol implementation in NS-3. Wireless Sensor Network-3.

Nesargi S, Prakas R, 2000. A tunneling approach to routing with unidirectional links in mobile ad-hoc networks. Int. Conf. On Comp.,Comm. and Networks.

Nichols R A, Hammons A R, Tebben D J, et al, 2007. Delay tolerant networking for free-space optical communication systems. Proc. IEEE, Sarnoff Symp.

Oh E, Ricklin J, Eaton F, et al, 2004. Estimating atmospheric turbulence using the

PAMELA model. Proc SPIE, Free Space Laser Comm. IV, 5550: 256-266.

Oh E, Ricklin J C, Gilbreath G, et al, 2004. Optical turbulence model for laser propagation and imaging applications. Proc. SPIE, Free Space Laser Comm. and Active Laser Illumina. III, 5160: 25-32.

Ortiz G G, Lee S, Monacos S P, et al, 2003. Design and development of a robust ATP subsystem for the altair UAV-to-ground lasercomm 2.5-Gbps demonstration. Proc. SPIE, Free Space Laser Comm. Tech. XV, 4975.

Parikh J, Jain V K, 2011. Study on statistical models of atmospheric channel for FSO communication link. Nirma University Int. Conf. on Eng. (NUiCONE): 1-7.

Park V D, Corson M S, 1997. A highly adaptive distributed routing algorithm for mobile wireless networks. Proc. IEEE, Comp. and Comm. Soc. (INFOCOM).

Park J, Lee E, Yoon G, 2011. Average bit-error rate of the Alamouti scheme in gamma-gamma fading channels. IEEE Photon. Tech. Lett., 23(4): 269-271.

Paterson, 2005. Atmospheric turbulence and orbital angular momentum of single photons for optical communication. Phys. Rev. Lett., 94(15): 153901.

Peach R, Burdge G, Reitberger F, et al, 2010. Performance of a 10 Gbps QoS-based bufferin a FSO/RF IP network. Proc.SPIE, Free Space Laser Comm. X, 7814: 781402.

Pearlman R, Hass Z J, 1999. Determining the optimal configuration for the zone routing protocol. IEEE J. Sel. Areas in Comm., 17(8): 1395-1414.

Perillo M A, Heinzelman W B, 2003. Sensor management policies to provide application QoS. Proc. Elsevier, Ad Hoc Networks., 1: 235-246.

Perkins C E, Royer E M, 1999. Ad-hoc on-demand distance vector routing. Proc. IEEE, Workshop on Mobile Comp. Sys. and Appl. (WMCSA): 90-100.

Perkins E, Belding-Royer E, Das S, 2003. Ad hoc on-demand distance vector (AODV) routing. Report.

Perlot N, Knapek M, Giggenbach D, et al, 2007. Results of the optical downlink experiment KIODO from OICETS satellite to optical ground station Oberpfaffenhofen (OGS-OP). Proc. SPIE, Free-Space Laser Comm. Tech. XIX and Atmospheric Prop. Of Electromag. Waves, 6457: 645704-1-645704-8.

Pribil K, Flemmig J, 1994. Solid state laser communications in space (SOLACOS) high data rate satellite communication system verification program. Proceedings of SPIE the International Society for Optical Engineering.

Psounis F K, Helmy A, 2005. Analysis of gradient-based routing protocols in sensor networks. IEEE International Conference on Distributed Computing in Sensor Systems, 3560.

Ramirez-Iniguez R, Green R J, 1999. Indoor optical wireless communications. IEE Colloquium on Opt. Wireless Comm., 128: 14/1-14/7.

Ren Y, Huang H, Xie G, et al, 2013. Atmosphetic turbulence effects on the performance of a free space optical link employing orbital angular momemtum multiplexing. Opt. Lett., 38(20): 4062-4065.

Ren Y, Huang H, Xie G, et al, 2013. Simultaneous pre- and post-turbulence compensation of multiple orbital-angular-momentum 100-Gbit/s data channels in a bidirectional link using a single adaptive-optics system. Frontiers in Optics (OSA).

Rjeily A, Haddad S, 2011. Cooperative FSO systems: performance analysis and optimal power allocation. J. Lightwave Tech., 29(7): 1058-1065.

Roggermann M C, Welsh B M, 1996. Imaging through turbulence. Boca Raton: CRC Press.

Rouissat M, Borsali A R, Chiak-Bled M E, 2012. Free space optical channel characterization and modeling with focus on Algeria weather conditions. Int. J. Comp. Netw. and Infor. Secur., 3: 17-23.

Roy S A, Shin J, 2009. QUESt: A QoS-based energy efficientsensor routing protocol. J. Wireless Comm. and Mobile Comp., 9(3): 417-426.

Roychowdhury S, Chiranjib P, 2010. Geographic adaptive fidelity andgeographic energy aware routing in ad hoc routing. Int J. Comput. & Comm. Tech., 1(2): 309-313.

Rui-Zhong R, 2009. Scintillation index of optical wave propagating inturbulent atmosphere. Chinese Phy. B, 18(2): 581-587.

Sandalidis H G, 2010. Performance analysis of a laser ground-station-to-satellite link with modulated gamma-distributed irradiance fluctuations. J. Opt. Comm. and Net., 2(11): 938-943.

Schmidt G D, Elston R, Lupie O L, 1992. The hubble space telescope northern-hemisphere grid of stellar polarimetric standards. Astron. J., 104(4): 1563-1567.

Seel S, Kampfner H, Heine F, et al, 2011. Space to ground bidirectional optical communication link at 5.6 gbps and EDRS connectivity outlook. 2011 IEEE Aerospace Conferences: 1-7.

Shah R, Rabaey J, 2002. Energy aware routing for low energy ad hoc sensor networks. Proc. IEEE WCNC: 350-355.

Sharma V, Kumar N, 2014. Improved analysis of 2.5 Gbps-inter-satellite link (ISL) in inter-satellite optical wireless communication (ISOWC) system. Opt. Comm., 286: 99-102.

Shokrzadeh H, Haghighat A T, Tashtarian F, et al, 2007. Directional rumor routing in wireless sensor networks. Proc. IEEE, Int. Conf. in Centr. Asia on Internet: 1-5.

Sidorovich V G, 2002. Solar background effects in wireless optical communications. Proc. SPIE, Opt. Wireless Comm. V, 4873.

Sivathasan S, 2009. RF/FSO and LEACH wireless sensor networks: a case study comparing network performance. Proc. IEEE, Wireless and Opt. Comm. Net. (WOCN): 1-4.

Smith D E, Zuber M T, Frey H V, et al, 2001. Mars orbiter laser altimeter: experiment summary after first year of global mapping of Mars. J. Geophysic. Research, 106(E10): 23689-23722.

Smith F G, Accetta J S, Shumaker D L, 1993. The Infrared & Electro-optical Systems handbook II: Atmospheric Propagation of Radiation. Bellingham: SPIE press.

Sodnik Z, Lutz H, Furch B, et al, 2010. Optical satellite communications in Europe. Proc. SPIE, Free Space Laser Comm. Tech. XXII, 7587: 758705.

Sohrabi K, Gao J, Ailawadhi V, et al, 2000. Protocols forself organization of a wireless sensor network. IEEE Persn. Comm.: 16-27.

Sova R M, Sluz J E, Young D W, et al, 2006. 80 Gb/s free-space optical communication demonstration between an aerostat and a ground terminal. Proc. SPIE, Free Space Laser Comm. VI, 6304: 630414.

Street M, Stavrinou P N, O' Brien D C, et al, 1997. Indoor optical wireless systems–a review. Opt. and Quant. Electr., 29: 349-378.

Suriza Z, Rafiqul I M, Wajdi A K, et al, 2013. Proposed parameters of specific rain attenuation prediction for free space optics link operating in tropical region. J. of Atmosp. And Solar-Terres. Phys., 94: 93-99.

Takashi J, Yoshihisa T, Koichi S, et al, 2007. Overview of the inter-orbit and orbit-to-ground laser communication demonstration by OICETS. SPIE, 6457: 645702.

Tang A P, Kahn J M, Ho K P, 1996. Wireless infrared communication links using multi-beam transmitters and imaging receivers. Proc. IEEE Int. Conf. on Commun.: 180-186.

Tatarskii V I, 1971. The Effects of the Turbulent Atmosphere on Wave Propagation. Jerusalem: Israel Program for Socientific Translations.

Thuillier G, Herse M, Labs D, et al, 2003. The solar spectral irradiance from 200 to 2400 nm as measured by the SOLSPEC spectrometer from the Atlas and Eureca missions. Solar Phys. 214(1): 1-22.

Toyoshima M, Jono T, Yamawaki T, et al, 2001. Assessment of eye hazard associated with an optical downlink in free-space laser communications. Proc. SPIE, Free Space Laser Comm. Tech. XIII, 4272.

Toyoshima M, Takenaka H, Shoji Y, et al, 2009. Polarization measurements through space-to-ground atmospheric propagation paths by using a highly polarized laser source in space. Optics Express, 17(25): 22333-22340.

Tyson R K, 1996. Adaptive optics and ground-to-space laser communication. Appl. Opt., 35(19): 3640-3646.

Valley G C, 1980. Isoplanatic degradation of tilt correction and short-term imaging systems. Appl. Opt., 19(4): 574-577.

van Zandt T E, Gage K S, Warnock J M, 1981. An improve model for the calculation of profiles of wind, temperature and humidity. Twentieth Conf. on Radar Meteor.,

American Meteor. Soc.: 129-135.

Vavoulas A, Sandalidis H G, Varoutas D, 2012. Weather effects on FSO network connectivity. J. Opt. Comm. and Net., 4(10): 734-740.

Wallace J M, Hobbs P V, 1977. Atmospheric Science: An Introductory Survey. Salt Lake City: Academic Press.

Wang J, Yang J Y, Fazal I M, et al, 2012. Terabit free-space data transmission employing orbital angular momentum multiplexing. Nat. Photon., 6(7): 488-496.

Weichel H, 1990. Laser Beam Propagation in the Atmosphere. Bellingham: SPIE Press.

Willebrand H, Ghuman B S, 2002. Free Space Optics: Enabling Optical Connectivity in Today's Networks. Hoboken: Sams Publishing.

Williams W D, Collins M, Boroson D M, et al, 2007. RF and optical communications: a comparison of high data rate returns from deep space in the 2020 timeframe. Tech. Report: NASA/TM-2007-214459.

Wilson K E, 1996. An overview of the GOLD experiment between the ETS-VI satellite and the table mountain facility. TDA Progress Report 42-124 Communication Systems Research Section: 9-19.

Wilson K E, Lesh J R, 1993. An overview of Galileo Optical Experiment (GOPEX). Tech Report: TDA progress Report 42-114, Communication Systems Research Section: 192-204.

Yang Y F, Yan C X, Hu C H, et al, 2017. Modified heterodyne efficiency for coherent laser communication in the presence of polarization aberrations. Optics Express, 25(7): 7567-7591.

Yu Y, Estrin D, Govindan R, 2001. Geographical and energy-aware routing: a recursive data dissemination protocol for wireless sensor networks. Tech. Report: UCLA Computer Science Department-UCLA-CSD TR-01-0023.

Yura H T, McKinley W G, 1983. Optical scintillation statistics for IR ground-to-space laser communication systems. Appl. Opt., 22(21): 3353-3358.

Zhao S M, Leach J, Gong L Y, et al, 2013. Aberration corrections for free-space optical communications in atmosphere turbulence using orbital angular momentum states. Opt. Exp., 20: 452-461.

Zhao S, Wang B, Zhou L, et al, 2014. Turbulence mitigation scheme for optical communications using orbital angular momentum multiplexing based on channel coding and wavefront correction. arXiv: 1401. 7558.

Zhao S M, Wang B, Gong L Y, et al, 2013. Improving the atmosphere turbulence in holographic ghost imaging system by channel coding. J. Lightwave Tech., 31(17): 2823-2828.

Zhao Z J, Liao R, Lyke S D, et al, 2010. Reed-solomon coding for free-space optical communication through turbulent atmosphere. Proc. IEEE, Aerospace Conf.: 1-12.

彩 图

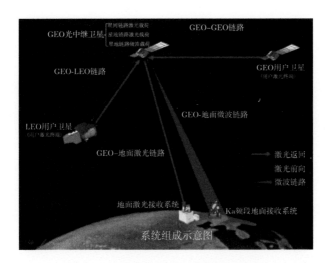

图 3.2 空间激光通信系统链路示意图

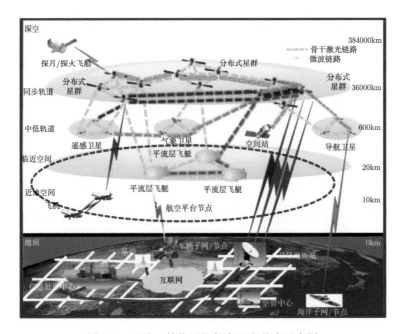

图 4.7 天地一体化网络航空平台节点示意图

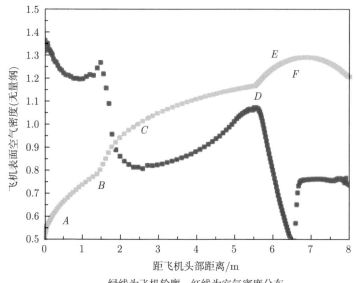

绿线为飞机轮廓，红线为空气密度分布

图 4.13   空气密度与安装位置的关系

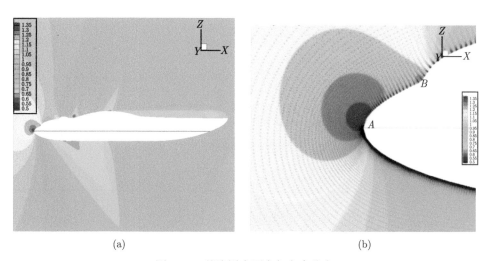

(a)   (b)

图 4.14   整流罩表面空气密度分布

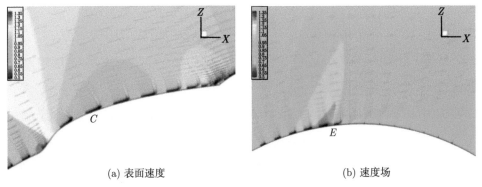

(a) 表面速度   (b) 速度场

图 4.15 整流罩表面密度和速度场分析结果

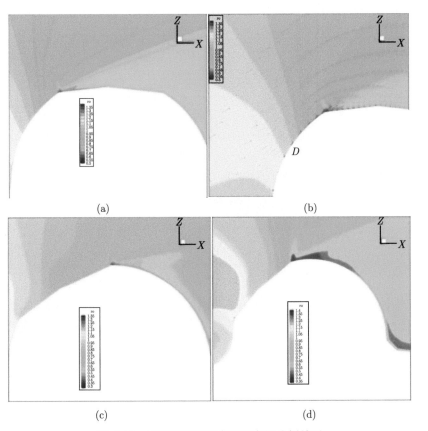

图 4.16 光端机表面密度和速度场分析结果

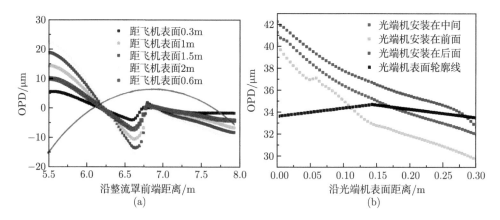

图 4.17　整流罩表面与光端机表面光程差分析结果

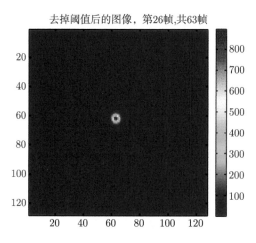

图 4.28　达到衍射极限分辨率

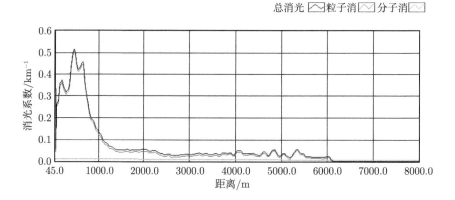

图 4.40　消光系数廓线

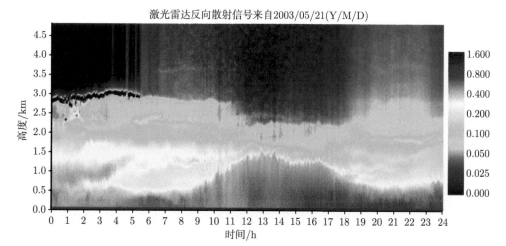

图 4.43　大气气溶胶粒子后向散射时空演变

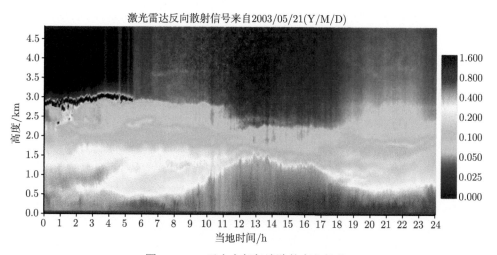

图 5.13　一天内大气气溶胶的变化趋势

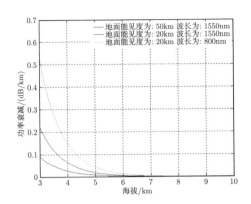

图 5.15 不同海拔信道的散射衰减仿真曲线

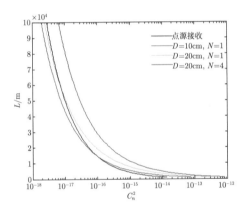

图 5.29 不同接收口径、不同发射数量、不同通信波长, 在不同的湍流条件下可获得的极限
通信距离

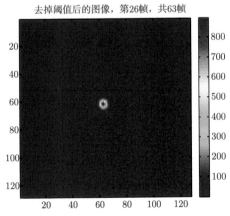

图 5.32 达到衍射极限分辨率

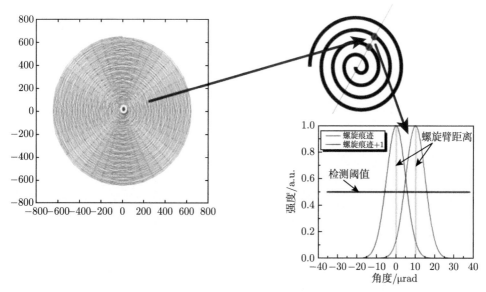

图 8.31　信号光扫描示意图

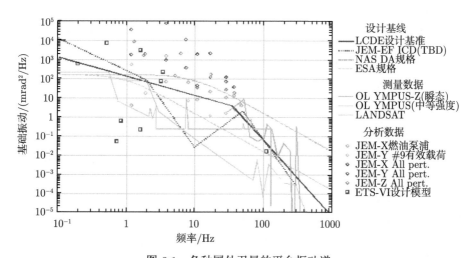

图 9.1　各种国外卫星的平台振动谱

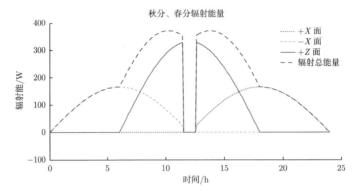

图 9.4　春分点、秋分点外热流量图

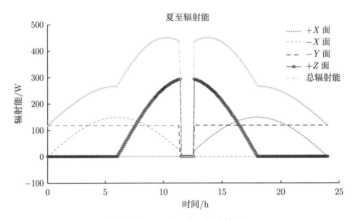

图 9.5　夏至外热流量情况

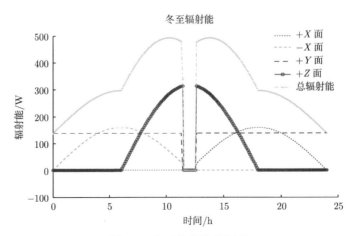

图 9.6　冬至外热流量情况